The Social Conquest of Earth

群的征服

人的演化、人的本性、人的社會，
如何讓人成為地球的主導力量

Edward O. Wilson
愛德華・威爾森

鄧子衿——譯

目錄 Contents

序言 Prologue 007

I
高等社會性生物為何存在？ Why Does Advanced Social Life Exist?

1 人類的現況 The Human Condition 015

II
我們從哪裡來？ Where Do We Come From?

2 占領地球的兩條路徑 The Two Paths to Conquest 021

3 演化迷宮 The Approach 029

4 抵達 The Arrival 037

5 通過演化迷宮 Threading the Evolutionary Maze …… 049
6 創造之力 The Creative Forces …… 053
7 人類的基本特徵：部落生活 Tribalism Is a Fundamental Human Trait …… 061
8 人類的遺傳詛咒：戰爭 War as Humanity's Hereditary Curse …… 067
9 從非洲突破 The Breakout …… 079
10 創造力爆發 The Creative Explosion …… 087
11 衝向文明 The Sprint to Civilization …… 097

III 社會性昆蟲稱霸無脊椎世界 How Social Insects Conquered the Invertebrate World

12 真社會性的創新 The Invention of Eusociality …… 107
13 社會性昆蟲的創新之處 Inventions That Advanced the Social Insects …… 115

IV 社會演化的驅力 The Forces of Social Evolution

14 真社會性為何如此罕見 The Scientific Dilemma of Rarity …… 127

15 真社會性昆蟲的利他行為從何而來 Insect Altruism and Eusociality Explained …… 131

16 昆蟲邁開的大步 Insects Take the Giant Leap …… 139

17 天擇創造社會性本能之道 How Natural Selection Creates Social Instincts …… 149

18 社會演化的驅力 The Forces of Social Evolution …… 157

19 新的真社會性理論 The Emergence of a New Theory of Eusociality …… 173

V 我們是什麼？ What Are We?

20 何謂人類本性？ What Is Human Nature? …… 181

21 文化如何演化 How Culture Evolved …… 199

22 語言的起源 The Origins of Language …… 207
23 文化差異的演化 The Evolution of Cultural Variation …… 219
24 道德與榮譽的起源 The Origins of Morality and Honor …… 223
25 宗教的起源 The Origins of Religion …… 237
26 創造性藝術的起源 The Origins of the Creative Arts …… 249

VI 我們要往哪兒去？ Where Are We Going?

27 新啟示 A New Enlightenment …… 265
致謝 …… 275
讀後記 社會性征服與物種思維：物種「真社會性」可以讓我們思考什麼？ 李宜澤 …… 277
註釋 ……〔1〕

序言
Prologue

在人類心智活動所追尋的聖杯中，沒有比找出解開人類現況的鑰匙更為重要，也更為困難的。那些尋找鑰匙的人都習慣於用這樣的鑰匙通過神祕難解的迷宮：對宗教來說，神祕難解之事是創造的奧義和先知的夢境；對哲學家來說，是格物致知與從中拓展而出的思維；對文藝創作而言，是各種感官交織呈現出的陳述。

其中，視覺藝術是特別的，因為它表現了無法用筆墨形容的情感起伏，以及個人的心路歷程。迄今，藏得越深的，或許具有更本質上的意義。高更一直在尋找神祕的事物，並有「神話製造者」（Maker of Myth）的稱號，而他試著用繪畫呈現出這個關鍵。[1] 他的故事值得一說，我們可以此當成目前說明尋找這個關鍵的背景。

一八九七年末，在大溪地首府巴比提（Papeete）大溪地港（Tahitian port）三公里外的普納奧亞（Punaauia），高更坐在畫布前，進行他最巨幅也是最重要的畫作。此時他身染梅毒，之前又經歷過數次心臟病突發，身體已經非常衰弱了。他的錢包快要見底，住在法國的女兒愛琳（Aline）之前死於肺炎，消息傳來，更讓他深陷憂鬱之中。

高更知道自己來日無多，意識到眼前這將會是他最後一幅作品。完成這幅畫之後，他走進巴比提外的山中自殺。他帶著之前積攢下來的砷，不過他可能不知道用這種毒藥自殺會多麼地痛苦。他想要在服毒之前先躲起來，這樣他的屍體就不會被人發現，並成為螞蟻的餌食。

但是後來他尋死的念頭消失了，回到普納奧亞。雖然知道自己活不了多久，但是他下定決心活下去。他為了討生活在巴比提的公共工作與調查局中擔任事務員，每週工作六天。到了一九〇一年，為了能夠更遠離人群，他搬到偏遠的馬克薩斯群島（Marquesas archipelago）中的希瓦瓦島（Hiva Oa）。兩年後，高更死於梅毒引發的心臟衰竭，死前還有法律問題纏身。他葬在希瓦瓦島的天主教墓園。

高更在死前幾天寫信給地方法官，說道：「我是野蠻人，不過受過文明洗禮的人懷疑這一點，因為在我的作品中，沒有比『不由自主的野蠻』這個面向更讓人感到驚訝與困惑。」

對當時的人而言，法屬玻里尼西亞可能是地球上最難抵達的地方（僅次於皮特肯群島和復活節島）。高更來到這裡是為了獲得平靜，並且拓展新的藝術表現領域。之後，高更就算沒有獲得平靜，但是的確拓展了新的藝術領域。

高更一生的身體與心靈之旅和同時代的藝術家大不相同。高更一八四八年出生於法國巴黎，在祕魯首都利馬和法國的奧爾良長大。他的母親有一半祕魯人的血統，這樣的種族混血預示了他將來會走上的道路。他年輕時加入法國的商船隊，花了六年環遊世界各地，這段期間中，一八七〇到一八七一年他在地中海和北海目睹了普法戰爭。後來他回到巴黎，一開始並沒有想要從事藝術工作，而是在他富有的監護人阿羅沙（Gustave Arosa）的引導之下，成為股票經紀人，不過阿羅沙激發並支持他對藝術的興趣。阿羅沙收藏許多法國藝術作品，包括印象畫派的最新畫作。一八八二年一月，法國股市崩盤，高更就職的銀行倒閉，他把重心轉移到繪畫，過人的天分從此得以發展。這時滋養他的都是最偉大的印象派藝術家，包括畢沙羅、塞尚、梵谷、馬內、秀拉和竇加，他也奮力要躋身到這些前輩之中。在從蓬圖瓦茲（Pontoise）到盧昂（Rouen），以及從阿旺橋（Pont-Aven）到巴黎的旅途中，高更創作了人像畫、靜物畫、風景寫生等，其中的幻想氣息逐漸濃厚，預示了往後出現的風格。

但高更努力的結果換來了失望，他只能和那些優異的當代畫家暫時做夥，並沒能靠自己的畫名利雙收。之後他還宣稱，他知道自己是個偉大的藝術家。他一直希望能夠有更單純、更寬裕的生活，好完成自己成為一個偉大藝術家的天命。他在一八八六年寫道，巴黎「是窮人的荒原……我要前往巴拿馬，過著原始的生活……我會帶著油墨和畫筆，在遠離世人的地方重新振作起來」。

讓高更遠離文明的原因不只是窮困。他本來就是個停不下來的人，是天生的冒險者，渴望在異地發現新的事物。因此在藝術上他屬於實驗主義者。他在流浪的旅途從非西方的文化中吸收了異國風格，他想要沉浸在這些異國事物，以尋找新的視覺藝術表現方式。他在巴拿馬與馬丁尼克島（Martinique）住過一陣子，後來回到法國，應徵在越南北部、當時屬於法國領地的東京（Tonkin）的工作，但是沒有成功。他最後選擇前往法屬玻里尼西亞，那片最後的人間淨土。

一八九一年六月九日，高更抵達了巴比提，完全沉浸在原住民文化中，最後還成為原住民權益的擁護者，當然也成了殖民地官員眼中的麻煩人物。更重要的是，他成為「原始主義」（primitivism）這種新風格的先驅。原始主義的風格是畫面沒有立體感，主題為真實的田園生活，通常使用對比強烈的顏色，非常簡單、直接，而且真實。

我們還是要提出個結論。高更追求的不只是新的生活形式，他也對人類的現況充滿興趣，想要了解真實狀況並且加以呈現。在法國的都會地區，特別是巴黎，是有許多人在吶喊發聲以爭取注意力的場所，智識活動和藝術活動受到組織化的主管機構掌控，每個機構都根植於自我專業的小天地中。高更覺得沒有人能夠統合這些雜亂的聲音。

不過在大溪地生活簡單多了，但是生活功能依然完善，或許能夠達成這個目標，有可能深入了解造成人類現況的原因。就這方面來看，高更和梭羅很像，後者在更早的時候就已經到華登湖（Walden Pond）畔的小木屋中隱居，「面對的只有生活中的必要之事，看我是否能學習到如此生活所教導之事，例如除草整地、修整小路。在物質狀況最低的條件下勉強過日子。」

最能展現這種看法的是高更一幅寬三點六公尺的大作。這幅畫背景部分混入了大溪地各個地貌、山脈與海洋，前面則是一排人物，其中大部分都是女性（代表了身為大溪地人的高更）。這些人物以寫實與超寫實的方式，表現出人一生當中的各個階段。高更希望我們從右往左看：在最右邊的嬰兒代表了「出生」。中間性別模糊的成年人高舉著雙手，代表著個人的自我認知（self-recognition）。往左一些，一對年輕情侶正在摘蘋果吃，其原型是亞當與夏娃，象徵對於知識的追求。在最左邊，一位老婦人痛苦且絕望地蜷曲著身子，代表死亡，靈感被認為來自於杜勒一五一四年的刻版畫〈憂鬱〉（*Melancholia*）。

左邊的背景中有一尊淡藍色的神像正在看著這些人。祂的雙手舉起，好似進行某種儀式。祂可能是善神，也可能是惡神。高更很明顯運用詩一般的曖昧來描述這個神像：

在這裡，神像沒有字面上的解釋。不過這個雕像可能不是動物的塑像，也不是動物，而是在我夢中出現的神像，祂和整個大自然一起出現在我的小屋前，主宰了我原始的靈魂，是在想像中能撫平我們痛苦的慰藉。在面對人類神祕的起源與未來時，這些痛苦包含了某種價值與難以理解的事物。

畫布的左上角是這幅畫著名的標題：
我們從何處來？我們是誰？我們往何處去？（*D'où Venons Nous / Que Sommes Nous / Où Allons Nous.*）
這幅畫並非給出答案，而是提出問題。

I

高等社會性生物為何存在？

WHY DOES ADVANCED SOCIAL LIFE EXIST?

CHAPTER

·1·

人類的現況
The Human Condition

「我們從何處來？我們是誰？我們往何處去？」高更在大溪地完成的傑作上提出了這個至為單純的問題，事實上這個問題是宗教與哲學的核心問題。我們能夠回答這些問題嗎？有的時候看起來似乎束手無策，但或許我們辦得到。

人類現在就像夢遊者，深陷於睡夢中的幻想與真實世界的渾沌之中。我們內心不斷地追尋，卻找不到確切的地點和時間。我們帶著石器時代的情感、用中世紀的制度規章，加上神一般的科技，創造出「星際大戰」那樣的文明。但是我們騷動、不安，光是「存在」這個事實就讓我們畏懼困惑，對我們和世界上其他的生命造成了危險。

宗教將無法解答此一重大難題。從舊石器時代以來，成千上萬的部落都各自發明了自己的神話。在人類祖先剛誕生的漫長「夢境時代」（dreamtime）＊，超自然的存在會和預言家與巫師說話。這些超自然存在本身的定位是各種永恆的生命，例如上帝、神族、聖族、聖靈、太陽神、祖靈、聖蛇、多種動物混合而成的人物、人類和動物混合的生物、全能的飛翔蜘蛛等。只要是在夢中出現，或是服食迷幻藥物之後受到激發產生，或是由心靈導師豐富想像力所創造出來的任何東西，

＊譯註：dreamtime是澳洲原住民神話中人類祖先誕生的時代。威爾森在這整本書中多次把這類學術專有名詞當成雙關語使用。

都可以成為超自然存在。牠們的造型多少也受到發明諸神之人所處環境的影響。在玻里尼西亞的神話中，諸神把天空從大地與海洋上撬起來，並在其間創造出各種生命，然後創造出人類。猶太教、基督教和伊斯蘭教起源於沙漠的父族社會，這些宗教中的先知會設想出一位神聖全能的族長，藉由聖典訓示族人，也就沒什麼好驚訝的了。

每個部落創造出來的神話都是用來解釋這個部落的存在。這些神話讓部落的人感覺備受眷顧、得到保護，其程度超越了其他所有部落。而諸神要求的回報則是絕對的忠誠與順從。這很合理，因為創世神話是維繫部落必要的連結物。相信同一個神話的一群人，擁有獨特的一致性，具備忠誠心，會更守秩序，並從宗教中衍生出法律，勇猛與犧牲之心也增加了，還同時了解了生死輪迴的意義。如果沒有一個能夠確定自身存在意義的宗教，那麼這個部落無法長久存續，終將步上衰弱、解散和滅亡之路。因此在每個部落的初期歷史中，神話都是堅定不變的基礎。

創世神話是達爾文式的創造物，用以維持部落存續。部落之間發生的衝突，等於是部落內的信仰者與部落外異教徒之間的對抗，這種對抗也是雕塑人類生物本性的主要力量。事實上，每個神話都存活於心靈，而非理性思考的心智。創世神話本身並無法讓我們發現人類的起源和意義，但反之則是有可能的。如果能夠發現人類的起源與意義，或許就能夠解釋神話的起源與意義，並隨之解釋制度化宗教的核心內容。

這兩種世界觀能否彼此調和？坦白地說，答案是不可能。兩者無法調和。科學相信經驗主義，宗教信仰超自然現象，意見的對立注定讓科學與宗教爭論不休。

如果以神話為基礎的宗教無法回答人類現況這個重大的難題，那麼格物致知的方式也辦不到。沒有外在的協助，理性探究無法設想出「理性探究」這個過程。人類的意識甚至無法感知人腦中大部分的活動。就如同達爾文所說的，人腦是座堅固的要塞，直接攻擊是無法突破的。

在創造性藝術中，主要的過程是思索「思考」這個過程，但是這樣做卻無法讓我們知道人類究竟如何思考。意識是數百萬年來、在生死掙扎中演化而來的。也因為其由來是為了掙扎求生，意識是設計來生存與繁衍後代，而非用來自我檢視。意識思考由情感驅動，所作所為的最終目的就是生存與生殖。具備精緻細節的藝術創作有可能傳遞出錯綜複雜的心智變形，但在這些創作的基礎中看不出人類本性是如何演化而來。藝術創作中的深刻隱喻，並不會比古希臘的戲劇與文學讓我們更接近這個重大難題的答案。

科學家則是搜索這個碉堡周邊的陣地，找尋圍牆上任何可能突破的縫隙。科學家為了這個目的而設計出的各種科技，已經能夠解讀神經的密碼，並且追蹤幾十億個神經細胞的訊息傳遞路徑。我們可能在下一個世代就可以取得足夠的進展，解釋意識的物理基礎。

但是，當我們了解了意識的本質，就能夠知道人類的本質以及人類從何而來嗎？不，還是辦不到。了解大腦生理運作的基本方式有助於我們接近這個崇高的目標，但是要找到這座聖杯，我們還需要來自科學與人類學的知識。我們得了解大腦是如何，以及為何要演化成現在這個樣子。

還有，想藉由哲學尋找這個重大難題的答案也是徒勞。雖然純哲學的歷史悠久、目標崇高，但也早就放棄了關於「人類存在」之類的基本問題。這本來就是一個惡名昭彰的殺手級問題，對哲學家來說就像是希臘神話中的蛇髮女妖，就算是最頂尖的思想家也不敢面對。這也情有可原。在哲學歷史中的大部分時間都無法建立心智的模型。在語場（field of discourse）中，滿是意識理論的殘骸。邏輯實證主義（logical positivism）嘗試把科學與邏輯融合成一個封閉系統，但它在二十世紀中葉衰退後也步上了相同的道路，專業的哲學家則四散飄零到智識孤島中。他們轉移到還沒被科學占據又比較容易研究的領域，例如智識史、語意學、邏輯、基礎數學、倫理學、神學，並在處理生活適應方面的問題上，獲利最多。

哲學在這些領域中繁盛興旺，但至少就目前來看，藉由消去法，要解決這個重大的難題還是要靠科學。科學所承諾給予的答案，以及已經給出的部分答案，就是本書接下來要討論的內容。那是人類起源的真實故事，也是唯一的故事。這個故事並非神話，而是經過研究與試驗一步步完成的，內容豐富、基礎穩固。

我將會指出科學的進展，特別是近二十年來的成就，在某種程度上已經足以應付「我們從何處來？」以及「我們是誰？」這兩個問題。不過在此之前，我們先得回答在研究這些答案時出現的兩個更基礎的問題。第一個問題是，為何複雜的社會性生物會存在，但在生命的歷史中卻又如此稀少？第二個問題是找出驅動社會性生物出現的力量。

這得將分子遺傳學、神經科學、演化生物學，一直到考古學、生態學、社會心理學和歷史等許多領域的內容都集合在一起，才能解決這些問題。

在檢驗能夠解釋這個複雜過程的理論之際，同時討論一些占據地球的社會性生物，將會大有助益，這些生物包括螞蟻、蜜蜂、黃蜂和白蟻，牠們對於了解社會演化理論不可或缺。我很清楚把昆蟲和人類並列會招致誤解。你可能會說，把猿類和人類並列就已經夠糟了，更何況是昆蟲？但在人類生物學的領域中，這樣的並列大有幫助，把大小不同的生物加以比較有許多前例可循。生物學家就是經由研究細菌和酵母菌而了解人類分子遺傳學的原理，他們從線蟲和軟體動物習得了人類的神經組織與記憶的基礎知識。果蠅也提供了我們人類胚胎發展的好點子。在探尋人類起源與意義時，我們也可以從社會性昆蟲那兒學到一樣多的東西。

II

我們從哪裡來？

Where Do We Come From?

CHAPTER

·2·

占領地球的兩條路徑

The Two Paths to Conquest

人類藉由可塑性語言創造了文化。我們發明了符號，以便了解自己與他人，我們如此創造出來的溝通網絡會比其他動物的複雜許多。人類占據了整個生物圈，還把廢物亂丟在上面，地球上從來沒出現過這樣子的生物。人類做的事讓人類如此獨特。

但是人類所具備的情緒並不獨特，我們可以從人類的解剖結構和面部表情發現這些情緒，達爾文指出，這是動物為人類遠祖的鐵證。人類是演化上的拼湊物。在生活中，我們的智能由動物的本能所操控。因此人類會漫不經心地破壞生物圈，也對人類的永久續存造成威脅。

人類本身是一項偉大但脆弱的演化成就。我們這個物種讓人印象深刻的地方在於，人類在演化史詩的故事中位居頂點，但是這部史詩一直都面臨終結的危險。在大部分時間，我們的遠祖數量都很少。就一般的哺乳動物史來看，這個數量少到很容易早就滅絕了。把任一時間所有人類之前的祖先數量總加起來，個體數量最多也只有幾萬個。人類的遠祖在非常早期便分裂成兩個，或是兩個以上的群體。在這個時期，每個哺乳動物物種的平均存在時間大約是五十萬年。根據這個原理，大部分從人類遠祖分支出去的旁系都已經滅絕了，只有其中一支成為現代人類的祖先，這一支物種在過去五十萬年間至少一度瀕臨滅絕，甚或可能多次處於即將滅絕的狀況。人類演化史詩可能因為這樣的困境而終結，就地質學來看，其存在也不過就一眨眼的時間。這種狀況可能是在不恰當的時間和地點發生了嚴重的乾旱，也有可能是周遭的動物帶入的外來疾病席捲整個族群，還有可能是其他更具有競爭能力的靈長類所帶來的壓力。然後，就沒有然後了。生物圈的演化過程有可能會被拉回去，再也不會演化出人類。

社會性昆蟲是目前陸生無脊椎動物中的霸主，在億萬年前演化出來之後，續存至今。專家估計，白蟻是在兩億兩千萬年前的三疊紀中期演化出來的，螞蟻大約是在一億五千萬年前、侏儸紀晚期和白堊紀早期之間出現。熊蜂（bumblebee）和蜜蜂大約出現在八千萬到七千萬年前，那時是白堊紀晚期。中生代這些社會性昆蟲出現之後，牠們演化支系的多樣性和開花植物同時增加，並隨之拓展棲地。螞蟻和白蟻經過了很長的時間，才取得目前陸生無脊椎動物霸主的地位。牠們的能力是一個接著一個，逐漸發展出來，到了約六千五百萬到五千萬年前才達到現在的水準。[1]

螞蟻和白蟻散布到整個世界時，有許多其他的陸生無脊椎動物和牠們共同演化，結果這些動物不但存活下來，而且子孫繁茂。植物和其他動物則演化出抵抗其侵略的方式。有些生物專門以螞蟻、白蟻，或是蜜蜂為食，這些掠食者包括了豬籠草、毛氈苔等植物，這些植物能夠捕捉並消化許多昆蟲，得到來自土壤之外的養分。還有許多植物和動物與社會性昆蟲之間有密切的共生關係，彼此就像是伙伴。有很高比例的生物完全依靠社會性昆蟲才得以生存。對這些生物來說，社會性昆蟲是獵物、共生者、清除者、傳粉者，或是土壤的翻動者。

總的來說，螞蟻和白蟻演化的速度比較慢，其他生物因而能夠演化出與之對抗的策略，維持生態系的平衡。因此這些昆蟲雖然數量龐大，但不會破壞陸地生物圈，而是成為其中活躍的成員。目前由牠們所主宰的生態系是可以永續發展的，也需要牠們才能夠永續發展。

人類這個物種和這些社會性昆蟲則形成了鮮明的對比。智人（*Homo sapiens*）在數十萬年前才出現，並在最近的六萬年散布到全世界。在這麼短的時間，生物圈裡沒有其他的生物和人類共同演化。其他的物種沒有準備好面對人類的猛攻，缺乏這段時間讓其他生物很快就面臨了嚴重的後果。

一開始，人類近祖在舊世界的散播稀疏而零星，對環境而言是無害的。其中大部分的族群都滅絕了，各個分支走上死路，就像生命樹上的枝椏停止了生長。動物學家會和你說，就地理模式來看這沒什麼異常之處。在爪哇東部的小巽他群島（Lesser Sunda）曾經住著體型嬌小的「矮人」，稱為弗洛瑞斯人（*Homo floresiensis*），他們的腦只比黑猩猩大一點，還沒有發展出石器，除此之外我們對他們的生活所知甚少。在歐洲和地中海的東岸地區曾經住著尼安德塔人（*Homo neanderthalensis*），他們是與智人相近的一支，和人類的祖先一樣是雜食物種。不過尼安德塔人的骨架和腦都要比現在的智人大，他們使用的石器還很粗糙，並不是為了個別特殊的功能所打造。尼安德塔人中大部分的族群都適應了「猛獁草原」（mammoth steppe）惡劣的天候，這些草原是位於冰河外圍的寒冷草地。如果有足夠的時間，尼安德塔人或許可以演化成更先進的人類，但他們卻沒有這樣發展，而是衰退，之後滅絕。在我寫這本書的時候，人類故事有了新的進展。科學家經由研究一些骨頭碎片，確認了在亞洲北部曾有另一種人類：丹尼索瓦人（Denisovan），證據指出，他們是尼安德塔人往東遷徙時產生的替代種*。

我們可以把以上的人類近祖和其他人類物種概稱為「人屬」（*Homo*），他們都沒有存活下來。如果這些人屬物種至今仍然存在，其存在對現代所造成的道德與宗教問題將會讓人猶疑恐懼。（尼安德塔人的民權、小矮人的特殊教育？所有人屬的救贖方式與天堂該是如何？）雖然目前缺乏直接的證據，

＊譯註：替代種（vicariant），族群分居兩地而演化形成的新種。

但是根據在直布羅陀所發現的三萬年前的尼安德塔人遺跡，科學家認為他們滅絕的原因應該是食物和空間受到了競爭，或是他們全部都被殺死，也有可能這兩件事都發生了。在人屬四散遷徙、適應不同環境的過程中，人類的祖先不但消滅了尼安德塔人，也滅絕了其他人種。當智人的祖先還侷限在非洲活動時，尼安德塔人依然活躍，但智人祖先的後代注定會爆炸似地往其他大陸遷徙。他們占滿了舊世界，然後一路拓展到澳洲，最後散居到美洲以及太平洋的各個群島上。在這個過程中，遇見他們的其他人屬都被他們擊敗，然後滅絕了。

農業是在大約一萬年前才發展出來的，在舊世界和美洲，農業至少獨立發展出了八次。人類有了農業，能夠得到的食物量陡增，陸地上人類密度也隨之增加。這個決定性的進展讓人口數量以幾何級數的方式成長，也使得陸地上大部分的自然環境轉變成極為簡單的生態系統。當人類占據一塊野地，其中的生物多樣性就會大減，衰退成五億年前的早期狀態。這個強大的征服者好像是憑空出現的，世界上其他的生物都來不及與之共同演化，因而無法在人類的猛烈攻擊中生存下來，許多物種接二連三地在人類的壓力之下崩潰。

用定義動物的技術語言來說，智人是生物學家所謂的「真社會性」（eusocial）動物。這個意思是說該種動物的群體中包含多個世代的成員，傾向以分工的方式從事利他行為。從這個角度看，人類可以和螞蟻、白蟻，以及其他真社會性昆蟲相互比較。但我馬上要補充一點：人類除了獨有文化、語言和高度智能之外，還有最基本的一點是人類社會中所有正常的個體都能夠生殖，而且幾乎會為此和其他的個體競爭。還有，人類群體之間的結盟很有彈性，不只會和親人結盟，也會和不同的家族、性別、階級與部落結盟。這種結盟能夠成立，在於個人和群體能夠了解其他的個人與群體，同時也能夠分配個人的所有物以及地位。

由於結盟的成員彼此要仔細估量對方，因此人類的遠祖發展出真社會性所走過的道路，就會和其他由本能驅動的昆蟲截然不同。個體在群體中的成功，和所屬群體在其他群體中的成功，彼此間有著競爭關係，這樣天擇出來的結果鋪成了通往真社會性的道路。這種競爭的策略中密集交錯著各種現象，包括了仔細盤算過的利他關係、合作、競爭、支配、互惠、背叛與欺騙。

如果要用人類的方式玩這個遊戲，各個族群就得演化出更高程度的智能。他們必須要有同理心，要能知道朋友和敵人的情緒，並且判斷兩者的意圖以定下個人的社交互動策略。結果就是人腦得具備很高的智能，同時又要熱心於社交活動。腦子得很快地在心裡發展出個人人際關係的劇本，包括短期與長期的關係；腦中的記憶要能夠保留久遠之前的情節，也要能夠想像到未來各個關係可能的結果。這些各自不同的計畫是由腦中的杏仁核（amygdala）和其他情緒控制中心，再加上自主神經系統一起掌控的。

所以人類的狀況就是這樣：有的時候自私，有的時候無私，兩種衝動彼此衝突。在穿越演化這個巨大迷宮的旅途中，智人是如何得到現在這樣獨特的地位？答案就在於人類的命運已經由遠祖的兩個生物特性所決定了，這兩個特性就是體型大與活動能力有限。

回到中生代，當時最早出現的哺乳動物和周遭最大型的恐龍相較之下算是極小隻的了。不過也只有當時是那樣，而哺乳動物留存到了現在。相較於猛獁象，昆蟲和其他大部分的無脊椎動物也非常小。恐龍消失之後，爬行動物時代結束，哺乳動物時代繼起，哺乳動物繁衍出成千上萬個物種，填滿了各式各樣的生態區位（niche）。蝙蝠能夠在空中飛翔，捕食飛行的昆蟲；巨大的鯨魚縱橫四海，濾食浮游生物。最小的蝙蝠只有熊蜂那麼大，藍鯨的身體則可長達將近三十公尺，重十二萬公斤，是現存與曾經存在過最大的動物。

哺乳動物在陸地上輻射適應（adaptive radiation）而演化出各個物種時，只有一些種類的體重超過十公斤，包括了鹿，以及其他以植物為食物的種類，還有以這些大型動物為食物的大型貓科動物與其他的肉食動物。不論在什麼時候，世界上哺乳動物種類的數量大約都介於五千到一萬種之間。在始新世晚期，大約三千五百萬年前，舊世界靈長類出現了，那是最早的狹鼻類動物（Catarrhini），牠們是目前舊世界猴類、猿類以及人類的祖先。大約在三千萬年前，舊世界猴子的祖先開始走上和現代猿類與人類不同的演化道路。其中有些後來成為專門以植物為食的物種，有的則以狩獵或是找尋屍體的方式取得肉類，還有一些成為雜食動物。[2] 哺乳動物輻射演化的時候，其中一個分支成為人類早期祖先。

除了體型之外，人類的遠祖基本上也適合成為真社會性動物。在四億年前，泥盆紀初期，陸地上剛出現植被的時候，昆蟲便出現了。時至今日，牠們身上都披著如騎士穿著的盔甲，那是由幾丁質（chitin）構成的外骨骼（exoskeleton）。在每個生長階段結束後，昆蟲會把舊殼蛻去，長出比較大的新殼。哺乳動物和其他脊椎動物的肌肉長在骨骼外面，拉動的是骨骼表面。昆蟲的肌肉則相反，位於幾丁質骨骼的內部，從裡面拉動骨骼，因此昆蟲無法長得太大。世界上最大的昆蟲是非洲的大角金龜（goliath beetle），大小有如人類的拳頭。在遙遠的紐西蘭群島由於沒有原生鼠類，有種叫做巨沙螽（weta）蟋蟀狀的昆蟲，在生態系中便扮演了小鼠的角色。

真社會性昆蟲能在昆蟲世界中占有數量優勢，但牠們在征服的過程中只能依靠很小的腦，與依照本能發展出的行為。此外，還有一個更重要的因素——牠們太小了，無法點燃並且控制火。所以不論經過多久，昆蟲都無法演化出人類這樣的社會。

昆蟲在演化出真社會性的曲折道路上具有一個絕佳的優勢：牠們有翅膀，可以比哺乳動物移動得更遠。若拿哺乳動物和昆蟲的體型相較，這項差異便更為明顯。一群人類出發前往新的殖民地，在各紮營地之間移動，一天可以輕鬆地前進十公里。但若以剛交配過的火蟻蟻后當作數千種蟻類中的典型，她在幾個小時內就可移動相同的距離，然後發展出新的族群。當她著陸之後，翅膀就會掉落（翅膀是由已經死亡的組織構成，就像人類的頭髮和指甲），然後她會在土壤中挖出一個小巢，利用身上脂肪和肌肉中的養分製造出卵，產下一群未來會成為工蟻的女兒。人類的高度是蟻后的兩百倍，換算下來，蟻后十公里的飛行旅途相當於一個人從波士頓走到華盛頓特區。一隻有翅膀的螞蟻就算只是從自己出生的巢花半分鐘飛個幾百公尺遠，到自己建立的新巢，就已經相當於人類跑半馬的距離了。

以昆蟲的體型來說，牠們的飛行距離讓每一代蟻后散播到更遠的地方。螞蟻的祖先是非群居生活的黃蜂，牠們應該有這種能力。白蟻的祖先是非群居生活的原始蜚蠊（protoblattoid），牠們應該也有。

飛翔螞蟻祖先的每一代蟻后都是獨自出發，繁衍下一代，在地上蹣跚步行的人類祖先則被迫待在一起。乍看之下，這似乎是人類演化出在昆蟲中不太可能出現的複雜社會行為的原因。事實卻正好相反。在持續變動的環境中，飛翔螞蟻在著陸時比流浪的哺乳動物更容易找到沒有被其他同類占據的地方。此外，一隻蟻后需要的空間比一隻哺乳動物小得多，因此她的領地並不容易和其他同類蟻后已經占據的領地重疊。

這個飽含潛力社會性昆蟲還有另一項優勢：蟻后在展開旅程的時候不需要雄蟻的陪伴。蟻后在之前進行交配飛行的時候就已經受精，得到的精子會儲藏在腹部一個稱為貯精囊（spermatheca）小囊中。蟻后只要讓一個精子和她的卵受精一次，就能在一年中生出幾十萬隻工蟻。切葉蟻（Leafcutter ant，學名為 *Acromyrmex echinatior*）是這項紀錄的保持者：一個蟻后在其一生十多年的歲月中能夠生下一億五千萬隻工蟻，不論何時，她的手下都有三百萬到五百萬隻僕役，這個數量大約介於拉脫維亞和挪威的人口數。

哺乳動物，特別是肉食哺乳動物，在定居下來並且準備成家時，需要保護的領域則大得多了。哺乳動物不論走到哪裡都很有可能遇到競爭者。雌性也無法把精子儲存在身體中，需要找到雄性交配才能產下後代。這樣的機會與環境造成的壓力使得群體社會生活比較有利。群體社會生活需要個體之間的連結與同盟才能成形，而連結與同盟的基礎是智能與記憶。

在這裡我們可以總結地球上兩大征服者的情況。社會性昆蟲的祖先與人類的祖先，在生理與生活史上完全不同，演化出複雜社會的過程也大相逕庭。昆蟲中的女王能夠依照本能，像機器人般地產下後代。人類的祖先則需要依靠個體之間的連結與合作。在昆蟲中，只要篩選一代代的女王，便有可能演化出真社會性。人類祖先在演化出真社會性的過程中則是個體篩選和群體篩選交互發生作用。

CHAPTER

·3·

演化迷宮
The Approach

沒有任何一種演化路徑可以預測得出來，開頭無法預測，抵達終點的路線也是。天擇可以把一個物種帶向革命性改變的邊緣，又突然撒手不管。不過有些演化路線可以預先判斷出是否可能發生，至少在地球上是如此。昆蟲可以演化成小到要用顯微鏡才看得見，但絕對不會大如大象；豬可能演化成水中動物，但是牠的後代不可能會飛行。

一個物種可能發生的演化過程可以看成是一趟穿越迷宮的旅途。要達成真社會性這麼巨大的進步，每個遺傳變異、在迷宮中的每個轉彎，要不是遠離了終點、走進死巷，就是能夠找到正確的道路，進入下一個轉折。最初的幾步仍保有各種選擇，但因為還有很長的路要走，遙遠的終點幾乎看似不可能到達。到了只剩下最後幾步，距離出口已近，好像也就比較容易完成了。在此同時，迷宮本身也會受到演化的影響。舊的走道(生態區位)可能會關閉，新的通道可能會打開。這個迷宮的構造有一部分是由穿越其中的生物所決定，包括每一個物種。

生物會一代接著一代進行隨機發生的演化遊戲，在這個遊戲中有許多個體能存活下來，也會有許多個體死亡。這個「許多」並非無法計算，而是可以大致估計出一個數字，至少有可能猜測到數量級的精確程度。從一億年前原始哺乳動物祖先出現，一直到演化成為現代人類的這條支系上應該要有一千億個個體。牠們的生存與死亡成就了人類，但是卻沒人知道牠們。[1]

許多參加這場遊戲的物種，以及其他一起演化的物種，每個世代平均通常會有成千上萬個具備繁衍能力的個體，這些物種絕大多已經衰退，或消失了。如果在智人遠祖這條綿長的支系上，其中有一個物種發生了這樣的狀況，那麼人類的演化史詩便會提前結束。人類祖先的遠祖並沒有受到眷顧，也不具備偉大之處，就只是運氣好而已。

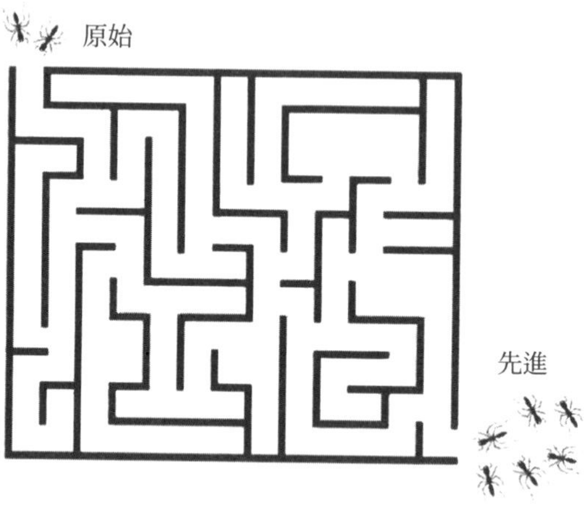

圖 3-1｜演化迷宮。我們可以將一個物種的演化看成在「環境」這個迷宮中前進，迷宮本身就會演化，各種機會會重複地出現或消失。這裡畫的例子是原始的社會性生物演化成為複雜的社會性生物。

最近在數個科學領域中的研究開始揭露出導致人類現況的演化步驟，這讓困惑著科學家和哲學家的「人類獨特性問題」，多少有了些答案。從頭綜觀人類成為現在這個樣子的過程，每一步都可以用「預先適應」(preadaptation)來解釋。這樣說吧，我的意思是，那個之後會演化成為人類的物種，原本並不是要朝著這樣的終點前進。事實上，每個步驟都是當下的適應，是該物種在所處的時空狀態下對天擇的反應。

第一個預先適應就是之前提過的，哺乳動物和昆蟲相比之下那較大的體型，以及比較遲緩的行動能力，這影響了哺乳動物的演化之路。在最終出現了人類的演化時間軸上，第二個預先適應是八千萬到七千萬年前，出現在早期靈長類動物身上的一些特性，其中最大的變化是靈長類動物的手掌和腳掌演化出抓握的功能。除此之外，靈長類動物手足的形狀以及肌肉的結構更適合在樹枝間擺盪，而不只是抓住樹枝來支撐身體；與其他四指相對的拇指比較大，使得牠們能更有效率地執行抓握的動作；手指和腳趾的指甲變成扁平狀（這點和其他樹棲哺乳動物尖銳的爪子不同）也有幫助；手掌和腳掌皮膚上的紋路有助於抓握；手腳上感覺壓力的受器增加，使觸覺更敏銳。凡此種種，都讓早期靈長類能夠用手摘取水果、剝開，把種子一粒粒挑出來；也能夠用指甲邊緣切開或刮開手中的物體。這樣的動物用後腿移動，能夠帶著食物前進一段相當遠的距離，牠們不像貓或狗是用叼的，也不像親鳥得先把食物吃下肚，回巢後再把肚子裡的食物吐出來。

由於靈長類動物的取食行為複雜且充滿彈性，再加上牠們的棲息地是上下四方都可移動、開放的森林，為了應付這種狀況，身為人類祖先的靈長類演化出了比較大的腦。同樣地，牠們也比較依賴視覺，而不像其他大部分的哺乳動物那樣依賴嗅覺。牠們有了比較大的眼睛，能分辨顏色，兩個眼睛都朝向前方以便產生雙目視覺（binocular vision），對於景深的感覺也更加敏銳。步行時，人類遠祖的靈長類後腿不會左右平行地分開，幾乎都在同一條線上交互移動。除此之外，牠們的子代數量比較少，需要比較多的時間才能發育成熟。

在非洲，這些奇特樹棲生物中的一支演化成到地面生活，下一個預先適應出現了，這是在演化迷宮中一次幸運的轉彎。這個生物變成以兩足步行，這樣手就可以空出來做其他的事。現存與人類親緣關係最接近的兩個物種，黑猩猩和巴諾布猿（bonobo），都很早而且大約在同一時期就往這個方向發展了。現在這兩種猿類如果在地面上活動，經常會把手舉高，用雙腿步行或奔跑，牠們也能製作原始的工具。

人類祖先演化的路徑和猩猩不同，他們在這個時候成為了另一群稱為南猿（australopithecine）的物種，能用雙足步行得更快。＊牠們的身體整個因此重塑，腿變得比較長也比較有力量；腳也變長了，這讓走路時身體的重心能夠前後移動；內臟的重量下沉，骨盆的形狀變得像個淺碗，好支撐內臟。猿類的軀幹是水平的，內臟懸在其中。

作為人類祖先的南猿演化出雙足步行的方式，可能是牠們獲得全面性成功的原因。我們至少能夠從牠們的體型、下顎肌肉的結構，以及牙齒的變化，了解牠們的多樣性。大約在兩百萬年前的某段時期，非洲大陸上至少有三個南猿類物種，從牠們的身材比例、站立姿勢、可以在脖子上晃動的頭部，以及能用來走跳的加長後肢來看，模樣和現代人類有一段很大的距離。牠們會集結成小群體一起移動，和現代的狩獵–採集者一樣。牠們的腦沒有比黑猩猩的更大，但是最早的智人就是從這個模樣的古老物種演化出來的。多樣性造就了機會，南猿把握了這個機會。

古老的南猿和牠們的後代演化成人屬。人屬居住的環境適合直立步行，他們走路的時候不再像黑猩猩或其他現代猿類那樣，得把拳頭像是前腳般扣到地上。新一代的南猿走路時兩臂在身體的兩側擺動，這樣花的能量少，還能夠走得更快。不過這樣會造成背部和膝蓋的問題，也讓新演化出的沉重頭部為了在精細又挺直的脖子上維持平衡，增加了許多風險。[2]

一開始，靈長類的身體適合在樹上的生活。變成用兩隻腳移動後，牠們跑得算快，但比不上牠們狩獵的四足動物。羚羊、斑馬、鴕鳥，還有其他動物短跑的速度遠超過人屬物種。牠們數百萬年來被獅子和其他肉食動物這類短跑健將追著跑，自己也變成了百米冠軍。早期人類在動物的奧林匹克運動會中，短跑贏不過牠們，但在馬拉松上的持續力更強。在某些方面，人類變成了長跑選手，他們只要開始追蹤，就會跟著獵物長途跋涉，等到獵物筋疲力盡就能得手。[3]人類祖先演化出高有氧能力（aerobic capacity），同時腳底前端變成圓形的，讓他們能夠踏穩每一步，並且以固定的速度前進。此外，他們除了頭部、陰部和能夠製造費洛蒙的腋下，皮膚上的毛髮都掉落了，取而代之的是布滿身上的汗腺，這讓裸露的身體表面能夠更快速地降溫。

在《與羚羊賽跑》（*Racing the Antelope*）這本書中，傑出的生物學家兼超長跑紀錄締造者海因里希（Bernd Heinrich）詳盡地說明了馬拉松這個主題。他引述了二〇〇〇年美國二十五公里長跑的國家冠軍方德（Shawn Found）的話，來說明持續跑步所帶來的原始樂趣：「在跑步的時候，你會體驗到狩獵這件事。獵物在短跑上會贏過你，但你會在將近五十公里的追逐中得到牠，然後把牠帶回村子裡。這是件很棒的事情。」[4]

同時，人類祖先的前肢也變得更為靈活，以便操控物體。以手臂來說，特別是雄性的手臂，能更有效地投擲物體，例如石塊，以及後來的矛，這是人類祖先頭一次能在一定的距離之外獵殺動物。在與其他工具沒這麼好的群體起衝突時，這種能力絕對能帶來很大的貢獻。

今日的黑猩猩中至少有一個族群也發展出投擲石塊的能力。這項行為看似一種文化創新，其實可能只是某一個個體無意之間想到的。不過要黑猩猩能夠和現代的人類運動員並駕齊驅是不可能的。沒有一頭黑猩猩丟石塊的時速能夠達到每小時一百四十公里，或是能夠擲出穿越一個足球場的標槍。不論再怎麼訓練，年輕的黑猩猩丟東西的技巧也比不上人類的兒童。早期的人類具有天生的本領，同時也可能有這樣的意圖，會想以投擲物體的方式來追捕獵物或擊退敵人。[5] 這個優勢具有決定性的影響。矛頭和箭頭是在考古遺址發現最早的手工製品之一。

人類祖先的演化史詩進行的當下，環境狀況也正好適合兩足步行，有利於他們善於長跑的後代。

＊譯註：本書中人屬物種用「他」，其餘靈長類用「牠」。

在這段演化上的關鍵時期，非洲撒哈拉沙漠以南的地區進入了旱期，雨林往赤道的方向縮減，在北部地區留下零星分散的樹林。此時非洲大陸的大部分地區變成了莽林，其中交錯著乾燥的森林與草原。人類祖先和人屬物種在開闊的地區尋找食物的時候，會站在低矮的植被中觀察獵物，也觀察把自己當成獵物的掠食者，受到威脅時也能跑到附近的林中躲避。刺槐和其他主要的樹種長得比較低矮，樹枝也伸得比較低，很容易就能爬上去——這對雙足的祖先來說很有用。目前在塞倫蓋提（Serengeti）、安博塞利（Amboseli）、戈龍戈薩（Gorongosa），還有東非其他大型國家公園中還保留著這樣的環境。比起非洲撒哈拉沙漠以南的其他地區，詩人和遊客更喜歡這些土地給他們的感覺。數百萬年來，人類的內在本質在同樣的環境中演化，這使得我們很容易因為這樣的環境而感動，原因我之後會解釋。

孕育人類的搖籃並非位於高聳的樹冠層之下，或是雨林陰暗的深處，也不是相較之下沒什麼特色的草原和沙漠。人類是在莽原中誕生的，莽原中有各種各樣不同的棲地，有助於人類生存。

邁向真社會性的下一步，是能控制火。直到現在，非洲的草地和森林中還是很容易出現因雷擊而造成的地火（ground fire）蔓延。林地周遭的溪流，以及容易蓄水的沼澤會讓土壤濕潤，使得地火受到抑制，但這時林地下的灌木叢也更加濃密，變成像是個引火的火絨。雷擊或地火侵襲會引發野火，火焰會橫掃地面上的植物，也會往上延燒周遭莽林的樹冠層。有些動物，特別是那些年幼的、生病的和年老的，會被困在火裡，然後死亡。四處遊蕩的人類祖先很難不發現這一點——野火波及之處，是重要的食物來源地。他們還發現這些死亡的動物已經煮熟了，很容易就能把肉撕下來吃。

澳洲的土著至今都還在野火中撿便宜，不只如此，他們還會用樹枝做成的火把刻意製造野火。人類祖先會做相同的事嗎？現在不可能知道這種做法最早是如何出現，但毫無疑問地，在人屬歷史初期，人類祖先能夠控制火，是朝向現代人類的曲折旅途中一個至關重要的事件。

從另一方面來看，昆蟲和其他陸生的無脊椎動物就永遠沒有辦法用火。牠們的體型太小，無法點燃容易燃燒的東西，攜帶著火的東西時自己也免不了成為燃料。當然，水中動物不論體型大小、天生智能高低，也無法用火。智人只有在陸地上生活，智能才能夠提升，這一點在地球或其他可能有生物的星球上都一樣。就算在幻想世界，美人魚或海神也得先在陸地上演化出來，之後才移居到水中。

如果我們相信來自其他動物的證據，那麼下一步就是人類成為真社會性動物的關鍵：以營地為中心組成小團體。這樣的組合包括比較大的家族，而且如果我們以現存的狩獵－採集社會為例，這個團體還會把與異族通婚而嫁進來的女性也算進去。

從豐富的考古證據中我們可以得知，非洲的智人與他們在歐洲的親戚尼安德塔人都會建立營地，這兩種人的共同祖先直立人（*Homo erectus*）也會，因此這項活動至少從一百萬年前就已經開始了。之前的經驗讓我們相信，營地是通往真社會性的道路上一項關鍵性的適應，因為事實上營地就是人類打造出來的巢穴。無一例外，所有真社會性的動物一開始都會打造巢穴，以抵抗外敵。這些動物以及牠們的祖先都會在巢穴中扶養後代，離開巢穴收集食物，然後把找到的東西帶回來和其他成員分享。我們可以在原始的白蟻、粉蠹蟲（ambrosia beetle）身上發現相似的行為，讓植物產生癭球的蚜蟲和纓翅蟲（thrip）則是直接把食物當成巢穴。雖然各有變化，但是基本上是相同的：生物要演化出真社會性，打造巢穴是先決條件。

那些需要照顧無助雛鳥的鳥類也有類似的預先適應。這些鳥類中的某些種類，年輕的成鳥會留在親鳥身邊一陣子，幫助照顧自己的手足。不過沒有一種鳥類演化出完整的真社會社群。鳥類只有喙和爪，不可能多細膩地操作工具，當然也無法用火。狼和非洲野犬也會如黑猩猩與巴諾布猿那般，形成組織有序的群體去狩獵。非洲野犬還會挖掘地穴，讓一、兩隻母野犬生下一大群幼犬。獸群中有些成員會去打獵，然後把一些食物帶回來給地位最高的母犬和幼犬吃，有一些則會留下來保護巢穴。這些卓越的犬類雖然已經擁有了最罕見與難能可貴的預先適應，但是依然沒有成為真社會性動物，也不具備工蟻那樣的階級，或是猿類般的智能。牠們不會製造工具，也沒有能夠抓握物體的手和柔軟的指尖。牠們依然用四足走路，依賴尖銳的牙齒和蓋滿毛髮的爪子。

CHAPTER

·4·

抵達
The Arrival

兩百萬年前，人模人樣的靈長類用加長的後肢，踏過非洲的土地。如果我們採用遺傳多樣性的標準，牠們是成功的，這個多樣性能夠從牠們結構上的遺傳差異上看出。牠們已經達到了輻射適應，也就是說這類生物中有許多個物種同時存在，而且各自的地理分布區域有部分重疊。有兩到三種屬於南猿，而且至少有三種的腦容量和牙齒的差異已經大到足以讓分類學家把牠們歸類到新演化出來的人屬當中。這些靈長類動物都生活在複雜的環境中，其中有莽原、莽林，以及沿著河流分布、如同廊道的狹長林地。這些南猿是吃素的，食物包括樹葉、果實、種子和地下的塊莖。這些人屬人種會收集植物來吃，除此之外，他們也會吃肉，這些肉主要來自被其他狩獵者撂倒的大型獵物屍體。他們有時候也會抓自己能力所及的小動物來吃。在演化的迷宮中，這項改變讓他們走上了另一條路，而結果完全不同。

兩百萬年前的類人靈長類產生了許多變化，而在牠們周遭的羚羊與猴科靈長類並沒有發生同樣的改變。這些類人靈長類充滿潛能，現在人類得以出現就是最好的證明。但從這一代繁衍到下一代的過程中依然充滿危險。和其他大型草食動物相比，牠們的族群比較分散，數量也比周遭一些體型相當的肉食動物少。

在新近紀（Neogene period）這段長達一千萬年的時間裡經常出現惡劣的氣候。這段期間，體型像人類這麼大的哺乳動物，也在類人靈

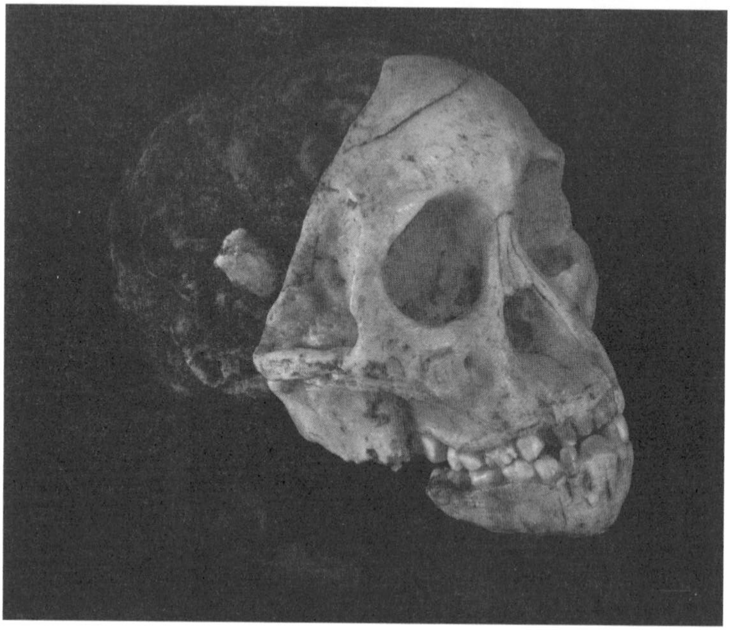

圖4-1｜阿法南猿（*Australopithecus afarensis*），牠們可能是人類的祖先，500萬到300萬年前居住在非洲。上圖為成年男性的頭部模型，下圖為顱面和下頜骨的化石標本。

長類興起時很快地演化出來，但滅絕的速度更快。在極端的環境變化之下，平均而言，比較小的哺乳動物比大型哺乳動物（包括人類）要來得更能夠適應環境。牠們能用的方法包括躲到洞穴裡面、避寒，以及延長冬眠的時間，這些適應方式是大型的哺乳動物做不到的。[1] 古生物學家發現，會形成社會群體的哺乳動物，物種轉換的速度比較快。他們指出，社會性群體在繁殖的時候有彼此遠離的趨向，這會造成族群比較小，使得這類動物遺傳上的分歧進展得比較快，滅絕的比例也比較高。[2]

在類似黑猩猩的人類祖先演化到智人出現的這六百萬年中，許多快速接連發生的事件，使得這個物種在非洲爆炸似地出現。大陸冰河往南延伸，穿過歐亞大陸，非洲的氣候變得比較冷，也同時歷經一段長時間的乾旱。陸地上許多地區成了不毛的草原和沙漠。在這個充滿壓力的時期，數千個個體死亡，甚或只有幾百個個體死亡，都足以截斷那條演化出智人的道路。雖然在這般各種逆境交錯攻擊的環境中，類人動物被迫向前奔跑，但可能也就是因為這樣，智人出現了，而且準備好從非洲出發，散播到其他地方。

是什麼讓類人動物有著比較大的腦、比較高的智能，能夠因此發展出以語言為基礎的文化？這當然是大哉問。之前，南猿已經有了一些重要的預先適應，現在南猿中的某一種更進一步，成為主宰世界的物種，而且可能永遠不會滅絕。

這項成就是地球生命史數個重大的轉折之一，但並不是簡單地一步達成。預示這個結果的演化早在很久以前就出現了。三百萬到兩百萬年前，有某一種南猿改變了，牠們開始吃肉。說得更仔細一點，是牠們在原本的植物飲食中加入了肉類。這種變化在巧人（*Homo habilis*）出現之前便已經發生了。巧人是南猿的後代，他們的化石在非洲坦尚尼亞的奧杜威峽谷（Olduvai Gorge）出土，活動的時間在一百八十萬到一百六十萬年前。雖然沒有鐵證證明巧人是智人的直系祖先，但巧人具有的一些重要特徵，往前能連結到原始的南猿，往後則可連結到目前已知最早且比較先進的物種，這些物種幾乎可以確定就是智人的直系祖先。巧人的腦容量有六百四十立方公分，只有現代人類（智人）的一半，南猿則只有四百到五百五十立方公分。他們的臼齒比較小，這是經常和吃肉一起出現的演化特徵。同時他們的犬齒也變大了，這是轉變成食肉的進一步證據。巧人的眉脊比較低，臉部比較內縮，南猿則是往前凸，模樣比較接近猿類。他們腦部額葉（frontal lobe）折疊的模式和現代人類相似。巧人的腦部還有其他朝向現代人類腦部演進的特徵：布羅卡區（Broca's area）中有發展完整的隆起，維尼克區（Wernicke's area）部分區域也是。在現代人類的大腦，這個區域是負責組織語言的神經中樞。[3]

分析人類演化時，巧人和其他類人動物於三百萬到兩百萬年前在非洲的狀況，是非常重要的。巧人頭骨的改變可以解釋成他們在朝著現代人類的演化方向上衝刺。他們不僅代表身體結構上的進展，也表示巧人族群在生活方式上發生了基本的變化。最簡單的說法就是，巧人比周遭其他的類人動物更聰明。

為什麼南猿中的一支會朝著這個方向演化？考古學家普遍抱持的觀點是，非洲氣候與植物的改變有利於演化出這樣的適應能力。經由特定物種增加和減少的資料，我們發現在兩百五十萬到一百五十萬年前，非洲整體環境開始變得比較乾燥。原本覆蓋非洲大陸大部分地區的雨林，變成乾燥的熱帶旱林和過度性莽林（transitional savanna forest），然後這些林地大多又會繼續變成草原和持續擴大的沙漠。南猿祖先必須增加食物的多樣性才能適應這樣嚴苛的環境。[4]例如牠們會在乾旱期利用工具挖掘植物的根和塊莖。當然，牠們也具備了能夠使用工具的認知能力。這一點顯而易見，我們也可以在現代非洲莽林中的黑猩猩身上觀察到這樣的行為。牠們會把牛骨頭、木片和樹皮當作挖掘的工具。[5]住在海邊或陸上水邊的南猿也有可能把貝類納入飲食之中。

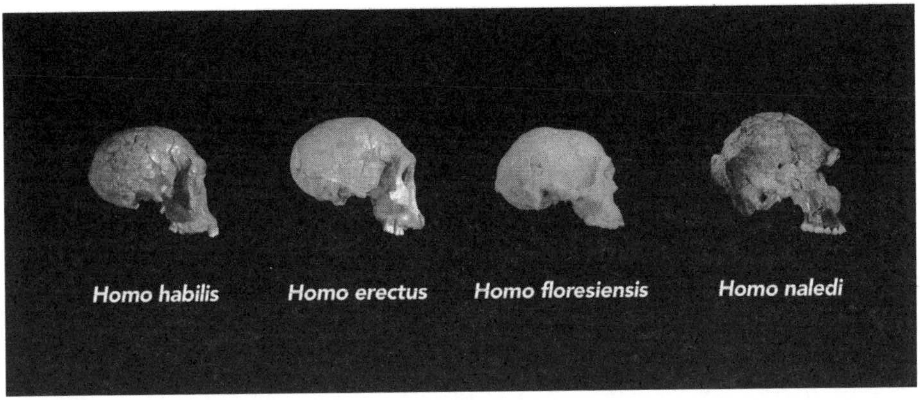

圖4-2｜人類遠祖的腦容量。由左至右分別為：巧人（*Homo habilis*），腦容量640立方公分；直立人（*Homo erectus*），550-1100立方公分；弗洛瑞斯人（*Homo floresiensis*）約為426立方公分，納萊迪人（*Homo naledi*）則為466-560立方公分。

傳統說法可能有點道理：新環境中的變化讓能發現並使用新資源、躲避敵人的遺傳種類得以冒出頭，同樣的遺傳種類還包括擊退食物與空間的競爭者的能力。這些遺傳種類能夠創新發明，並向競爭者學習。牠們能在艱難的情況中存活下來，這些具備彈性的物種演化出比較大的腦。

這個耳熟能詳的「創新-適應」學說，能夠應用於其他動物種類的研究嗎？在一項研究中，科學家分析了六百多種鳥類，這些鳥類都是用人為的方式將其從原生環境搬移到世界上其他地方，也就是移到一個陌生的環境。分析的結果似乎支持這個學說。那些相對於其身體尺寸擁有比較大腦部的鳥類，通常在新的環境過得比較好。也有證據指出，這種腦部比較大的鳥類比較聰明，且富創造力。[6]不過，將這個關於非本地鳥類的觀察結果應用到人類演化史，可能還嫌過早。因為這項研究中的物種是突然被丟到完全不同的環境，對於這些鳥類的篩選標準，和當初施加在身為巧人祖先的南猿身上的天擇壓力，是極為不同的。巧人祖先是花了幾十萬年，在變動的環境中逐漸演化出來，情況和那些鳥類並不相同。

最有可能影響早期類人動物演化的環境改變，就是草原和莽林的面積增加了。類人動物並不是「能夠適應」這些棲地內部與周遭變化的物種，而是「專門」在這種環境中生存的物種。所有曾經在莽林中從事研究的博物學家，對這些生態系中各式各樣的棲地都知之甚詳。那裡有樹木疏密程度不同的森林，森林間有遼闊的草原，草原中點綴著濃密的灌木林，河邊有林地，隨著季節變化還會有沼澤出現。年復一年，每種棲地都在變化，有的棲地變成另外一種樣貌，有的範圍增加、有的減少，不過這種萬花筒般地變化，之於動物的世代交替和生態步調，速度算是很慢的了。類人動物的體型大，所需要的領域直徑至少要有十公里。在這種各式棲地交雜的環境，他們會走過草原，找尋可以吃的獵物和植物，掠食者出現時會跑到附近的灌木林，爬到樹上躲起來。他們可以在遼闊的土地中挖掘能夠食用的塊莖，並且從林地中的灌木與樹上摘取果實和可食用的嫩芽。我認為他們並非適應當地的某一種棲地，或是從某一種生態系統轉換到另一種，而是適應增加的生活區域，並在演化時光中，在這個萬花筒般的模式變化裡保持相對穩定的狀態。

早期類人動物可能是數十個群居在一起，如同現在與人類血緣最親近的黑猩猩和巴諾布猿。看起來似乎無庸置疑：如果複雜的社會行為需要演化出相對於身體尺寸而言比較大的腦，那麼比較大的腦應該就可以作為社會行為的一項指標。假設這個說法是正確的，那麼為了適應環境變化而演化出比較大的腦，應該可以當成社會行為的先決條件。不過這種腦部大小和社會行為間的關係，如果用來檢驗許多現存、或只剩下化石的肉食動物，包括貓科動物、犬類、熊與黃鼠狼等，並無法發現其關聯性。這樣的聯想既不普遍，也沒有大到足以形成能觀察到的趨勢。負責這個研究的芬納雷利（John A. Finarelli）和佛林（John J. Flynn）提出了這個結論：「現代肉食動物腦身比例大是由複雜的程序所造就。」換句話說，是有多種選擇壓力造成的。[7]

如果不是為了適應環境的改變（而且這件事也尚在未定之天），那是什麼讓類人動物的腦部在演化的路上快速增大？在眾多的原因中，最有可能的是肉類在飲食中的比例大幅增加，且成為主要的蛋白質來源，而證據是顱骨和牙齒構造的改變。這樣的改變也並非突然發生。在改變之前，巧人祖先已經開始從大型動物的屍體上取肉來吃。最早的石器可以追溯到六百萬到兩百萬年前，這些粗糙的石器經由敲打製成，有各種不同的用途。有些橢圓形石器具有銳利的邊緣，從某塊羚羊骨頭上發現的切痕看來，我們可以合理推測，這類的工具是用來取下大型動物屍體上的肉和骨髓，而工具的主人可能還會趕走其他吃屍體的動物，把屍體占為己有。在這個演化階段的類人動物，很明顯是南猿。[8]

在一百九十五萬年前，巧人已經出現了，但是外貌更接近現代人類的直立人還沒出現。這時，古老的類人動物也會捕捉水裡面的獵物，包括龜類、鱷魚和魚類，鯰魚可能是他們最常捕的魚類。其實到了現在也還是一樣，乾旱時鯰魚往往會擠在池塘裡，徒手也可輕易捕捉。我自己在野外研究動物的時候就曾見過因為乾旱而縮小的池塘，裡面的魚類和水蛇糾結在一塊，毫不費力就能捉到幾十條。（我也毫不費力地就能夠想像，自己和一群巧人獵捕晚餐的情況，前提是他們要能看得慣我較大的體型和奇怪的頭形。）[9]

雖然捕捉獵物能夠得到有助於大腦發育的動物性蛋白質，但光這樣還是無法解釋為何類人動物的腦部會急遽增大。看來，真正的原因可能是捕捉獵物的方式。現代的黑猩猩會打獵，主要的獵物是猴子，但是肉類只占牠們飲食中總熱量的百分之三。現代人類如果能夠選擇，來自肉類的熱量會高達三成。雖然動機微弱，但黑猩猩依然組成團隊，發展出複雜的策略來狩獵。牠們這種行為在靈長類動物中幾乎可算得上是獨一無二了。目前已知只有另一種、非人類的靈長類動物會在狩獵的時候合作，牠們是分布在中南美洲、有個大腦子的捲尾猴（capuchin monkey）。

圖4-3｜研究人員認為直立人是人類的直系祖先，他們在朝著現代人類社會的道路上，邁進了兩大步：建立營地、控制用火。圖為羅德西亞人（*Homo rhodesiensis*）想像圖，左前方蹲著的人正在用石頭敲碎種子，旁邊站著的人左手握著燧石。羅德西亞人生活於30萬到12.5萬年前，目前認為他們可能是智人的祖先。

黑猩猩的狩獵團隊全部由雄性組成，有人觀察到牠們會合作捕捉猴子。首先，牠們會從猴群中趕一隻猴子出來，把牠逼到一棵單獨的樹上，一、兩隻黑猩猩會爬上這棵樹追捕獵物，其他的分別守在附近的樹下，以防那隻猴子跑到其他的樹冠上，再沿著樹幹爬下來逃跑。牠們捉到獵物後會先把牠打死咬死，然後這群狩獵者會把獵物撕開，彼此分享。牠們也會不情願地將少部分的肉分給同一群中的其他個體。科學家在與黑猩猩親緣關係非常接近的巴諾布猿中，也觀察到同樣的行為，而且牠們不分公母都會參與狩獵。就算狩獵團隊是由母巴諾布猿率領，也會造成一樣的威脅。[10]

一般說來，哺乳動物成群狩獵的情況相當少見，除了靈長類動物，另一個例子就是母獅子。（每個獅群中會有一、兩隻公獅子，牠們分食獵物，但自己幾乎不上場狩獵。）此外，狼和非洲野犬也會成群狩獵。

黑猩猩和巴諾布猿在六百萬年前有著共同的演化歷史，這個時間點推估也是人類支系與牠們分道揚鑣的時間。分開之前，人類和牠們有共同的祖先，那麼牠們為何沒有到達人類這樣的水準呢？可能的原因是，黑猩猩和巴諾布猿的祖先在捕食動物上的投資比較少。演化成人屬的族群特化成攝食大量動物性蛋白質的種類。牠們必須仰賴高度的團隊合作才能成功，而這樣的努力是有回報的，就相同的重量來說，肉類所含的能量比植物更高。這個趨勢在尼安德塔人身上達到高峰，這個與人類非常接近的物種在冰河時期與人類並存，他們在冬天的時候靠打獵維生，包括大型的狩獵活動。[11]

在這個早期類人動物演化出大腦袋和複雜社會行為，最簡化的劇本中，還缺了一小部分。前面我曾經強調，目前已知每種演化出真社會性的動物，一開始都是為了要保護自己的巢穴，因為掠食者會攻擊巢穴。另一種比較大、而且幾乎進展到如同螞蟻一般具備真社會性的動物，是東非的裸鼴鼠（naked mole rat，學名為 *Heterocephalus glaber*）。牠們也依循這個保護巢穴的原則。每一群裸鼴鼠都是由一個大家族構成，每一群都有一個地下巢穴系統，其中的「女王」是母親，「工鼠」具備繁殖能力，但只要女王還保持活躍，這個能力就不會展現出來。群體中甚至還有「兵鼠」，牠們活動力更強，能夠對抗蛇和其他的敵人，以保護巢穴。另一種真社會性動物是在非洲納米比亞的達馬拉鼴鼠（Damaraland mole rat，學名 *Fukomys damarensis*），只是在細節上和裸鼴鼠有些不同。昆蟲界中和裸鼴鼠最接近的是真社會性薊馬與真社會性蚜蟲，牠們會刺激植物長出瘤，這些中空膨大的植物組織既是這些昆蟲的巢穴，也是食物來源。

保護巢穴為何這麼重要？因為這會強迫群體中的成員一起行動。這些成員遠離巢穴探索並且收集食物，牠們也必須要返回巢穴。黑猩猩和巴諾布猿會占據領地，也會對其嚴加保護，但牠們是在領地內漫遊、找尋食物。作為人類祖先的南猿和巧人可能也都是這樣。黑猩猩和巴諾布猿有時會分成小群，然後再重新集合。牠們會彼此回報哪裡有果實纍纍的樹木，但不會分享自己摘到的果實。牠們有時候會形成小群狩獵，但是好心腸最多也就只到這裡了。最重要的是，這些猿類並不會圍著營火聚集。

肉食動物在營地會被迫做出流浪在外時不需要展現出來的行為。牠們得分工，有些採集食物，有些狩獵，有些負責保護營地和幼小的個體。不論是動物性食物或植物性食物，都要以彼此能夠接受的方式分享，否則會減弱連接彼此的凝聚力。除此之外，群體中的個體無可避免會和其他成員競爭，以分到比較多的食物、得到交配的機會，還有比較舒適的睡眠場所。在這種種壓力之下，如果能夠了解其他個體的意圖、具備得到其他個體信賴與協助的能力，以及處理競爭對手，就能占有優勢。因此，具備社會智能將會得到很多的回報。敏銳的同理心會讓情況大為改觀，再加上能夠操控其他個體的能力，既可增加合作的機會，也容易欺敵成功。簡單來說，機靈的社交手腕是有報酬的。無庸置疑，聰明的人類祖先群體能夠擊敗並且取代愚笨無知的群體。即使到了現在，比較聰明的軍隊、公司和足球隊，也是一樣會勝出。

群體為了保護領域、營地而集中所產生的凝聚力，不只是通過演化迷宮的一步，也是讓現代智人演化出來的最後一股驅動力，這點我將在之後詳細說明。

CHAPTER

·5·

通過演化迷宮
Threading the Evolutionary Maze

人類的演化起源就和其他科學中的重大問題一樣，乍看之下盤根錯節，其中有部分是可見的事實，有些內容和過程則是想像出來的。有些要素發生在過往悠久的地質時間，可能永遠都無法明確地了解。不過我還是把這篇演化史詩中研究人員都同意的內容組合起來，空白之處則用目前已有憑據的想法加以填補。我認為這個順序大致上是正確的，至少是最能符合目前證據的。

總的來說，現在有可能可以好好解釋為何人類目前的狀況是如此特殊，以及為何在這麼長的時間裡，像人類這樣的情況只出現了一次。原因很簡單：那些必要的預先適應幾乎不可能全部再次發生。這些演化步驟本身都已經是完善的適應，每個也都需要一個或一連串先前發生過的預先適應。智人是唯一一個體型夠大的哺乳類（大到能夠演化出人類目前這麼大的腦），又能在演化迷宮中幸運轉對每個彎的物種。

第一個預先適應是在陸地上生活，這是比敲打石器和製作箭矛等技術還要重要的進展。海豚和章魚不論有多聰明，就算牠們能夠發明風箱並且鍛造金屬，也不可能發展出能夠製造顯微鏡、研究光合作用中氧化還原反應，或是拍攝土星衛星照片的文化。

第二個預先適應是比較大的體型。地球史上所有的陸生動物物種中，人類的體型可以算得上是前百分之幾的。如果一個發育成熟的動物體重少於一公斤，腦的大小就會受到嚴格的限制，無法發展出思考能力和文化。況且即使是在陸地上，這樣大小的身體也可能無法生火與控制火。切葉蟻可以算是除了人類之外擁有最複雜社會的生物，也能夠依照本能從事農業並建立具有空調設備的城市，但該物種本身在出現後經過了兩千萬年，並沒有什麼重大的進步。

在這一連串預先適應中的下一個是具備有抓握能力的手，以及柔軟的長手指，這是演化來握住並控制物體的。在所有的陸生動物中，只有靈長類才有這個特徵。一般動物配備的利爪獠牙都不適合發展出科技。（描寫外星人入侵地球的作家注意了，請記得你筆下的入侵者必須具備柔軟能夠抓握物品的手或觸腳，不然就得要有其他肉質的柔軟肢體。）

為了能夠有效地運用手和手指，朝著真社會性演化的物種必須把手從「移動」的功能中解放出來，才能輕鬆並且巧妙地操控物體。早在最原始的類人動物祖先基盤屬（*Ardipithecus*）身上就出現了這個特徵。基盤屬可能是人類的古老祖先，能夠爬樹、站立，以及只使用後肢步行。在使用手和手指操控物體這方面，現代人類是天才，這種能力需要使用到額外發展出來的肌肉運動感覺。為了使用手掌操控物體而衍生出的各種感知作為背後需要完整的腦部能力，這些能力後來分散開來成為其他各種智能。

演化迷宮中下一個正確的轉彎是在飲食中加入大量肉類，這些肉來自於屍體，也來自於自己狩獵殺死的動物。同樣重量的食物，肉類能提供的能量比植物多。在某個生態區位中演化出吃肉行為之後，就不容易改變了，因為吃肉得到的能量比較多。

彼此合作能夠更容易取得肉類，這讓高度組織化的群體得以形成。最早的社會是由家族擴大而成，但其中也包含了收養來的個體和同盟者。群體會持續成長直到當地環境無法承受為止。不同群體之間的衝突無可避免，其中比較大的群體會占優勢。形成群體以及群體的優點可見於現代人類社會

（包括狩獵－採集社會和都市社會），黑猩猩中也可見到一些。

大約在一百萬年前，人類的祖先開始能夠用火了，這是只有類人動物獲得的成就。我們的祖先能夠利用火把從雷擊處取火，把火拿到其他地方，這在各方面都對生存有好處。控制火能使得動物驚慌失措，更容易落入陷阱，增加了肉食的取得。施放野火和現在使用獵狗狩獵的效果是相同的。死在火場中的動物同時也被火煮熟了。對於最早的肉食人屬來說，煮熟的肌肉、肌腱和骨頭更容易取得與消化，這個好處帶來了深遠的影響。在接下來的演化過程中，人屬的咀嚼過程和消化生理都已經特化處理烹煮過的肉類和植物。烹煮成為人類共同的特徵。分享烹煮好的食物是建立社會聯繫的共通方式。

能夠攜帶的火就像肉類、果實和武器，屬於資源的一種。粗的樹枝或是綁成一束的細樹枝，點火之後能夠悶燒數個小時。有了肉類、火和烹煮的能力，營地可以持續固定在一處，因此就需要將其當成棲息地好好保護，如此便又往前邁進了重要的一步。這樣的營地已經可以稱之為巢穴，目前已知巢穴是所有其他動物在具備真社會性之前的必備條件。考古證據顯示，遠在直立人時代就已經有了營地與相關的器物。直立人是人類祖先，腦部大小介於巧人與現代智人之間。

和生火營地同時出現的是分工，而這個特徵之前就已經準備好發展出來了。群體本來就有一種傾向，就是由主宰階層形成的自我組織化。更早之前，雄性與雌性、年幼與年長個體之間就有差異。此外，每個小團體具備的領導能力也不同，而且有的小團體需要留在營地。這些預先適應交織在一起必然產生的結果就是複雜的分工。

到了直立人時代，除了用火，其他邁向真社會性的步驟，現代的黑猩猩和巴諾布猿也都辦得到。因為這些獨特的預先適應，我們當時能夠遠遠地拋開這些親緣關係比較遠的表親。舞台已經搭建完成，就等具有最大腦袋的非洲靈長類動物跨出決定性的一大步，讓他們最大的潛能發揮出來。

CHAPTER

·6·

創造之力
The Creative Forces

如果來自外星的科學家在四百萬年前登陸地球，他們會驚嘆於蜜蜂、建造蟻丘的白蟻，以及切葉蟻。在那個時候，這些動物的聚落就是昆蟲世界中至高的「超生物」(superorganism)，它們當然也是這個星球上最複雜、在生態上也最成功的社會系統。

這些訪客也會研究在非洲的南猿，這些少見的雙足步行動物，腦子和猿類差不多。外星科學家的結論是，和非洲當地以及其他地方的脊椎動物相比，牠們沒什麼特殊的能力。畢竟這樣大小的生物從那之前的三億年以來，就一直在地球上走動了，而這其間並沒有什麼特殊的事情發生。地球上所能夠出現最厲害的生物，似乎就是那些真社會性昆蟲了。

再想像一下，當外星科學家完成調查任務，離開了地球。以他們所見，地球的生態系是穩定的。他們會在日誌中記載：「之後數百萬年將不會有什麼重要的事情發生。真社會性昆蟲位居社會演化頂點的時間已經超過了一億年，牠們主宰了陸地上的無脊椎動物世界，而且很可能會在接下來的一億年中，繼續保有主宰地位。」

不過在他們離開之後，真正異常的事情發生了。有一種南猿的腦部開始快速地增大。在外星科學家來訪的時候，南猿的腦容量大約是五百到七百立方公分，但是經過了兩百萬年，就增加到一千立方公分，而在接下來的一百八十萬年又增加為一千五百到一千七百立方公分，是南猿祖先的兩倍。智人出現了，用社會性征服地球的過程即將展開。

如果那些外星人的後代現在又來到地球，他們在這四百萬年中一直在和其他許多有趣的恆星系統建立友好關係。他們看到地球這時的狀況會大吃一驚，因為幾乎不可能發生的事情發生了。之前他們發現的雙足步行靈長類中，有一種不只存活了下來，還發展出了以語言為基礎的原始文明。同樣令人震驚且讓人不安的是這些靈長類正在破壞自己所處的生物圈。

這種動物總加起來的生物質量很少，七十多億個個體全部堆疊起來，只能形成一個邊長一點六公里的立方體；但是這個新物種成為改變地質的力量。他們使用來自太陽和化石燃料的能量，也把大部分的淡水挪為己用，讓海洋變酸，並且讓大氣轉變成有可能殺死生物的狀態。這些來自外星的訪客可能會說：「這樣使用科技實在是太笨了。我們應該早一點來阻止這樣的悲劇發生。」

現代人類能夠出現完全是運氣，這對智人這個物種來說是件暫時的好事，但對大部分其他的生物來說是永遠的壞事。我之前說明的那些預先適應是讓人類出現的演化步驟。如果這些預先適應出現的順序是正確的，就有可能讓某一種大型的動物建立出真社會。每一種預先適應都有科學作者認為那是讓早期類人動物一躍成為現代人類的關鍵步驟。所有的猜想都有部分是正確的。但是，沒有人體會到，每個步驟都只是演化序列中的一部分，要全部事件都依照順序發生，人類才有可能演化出來。

在不斷變動的演化中，是什麼力量讓人類的分支穿過演化迷宮？地球環境和古代的哪些情勢，讓這個物種沿著發生順序正確的遺傳變化前進？

非常崇信宗教的人當然會說這是經由上帝之手完成的。不過，這樣的事情就算是以超自然力量也極不可能完成。為了造就目前人類的狀況，那位神聖的造物主必須在基因組中灑下如星星一樣多的突變，還要控制物理及生物周遭的環境長達數百萬年，好讓古代人類的祖先能夠前進在正確的道路上。

造物主使用一整排亂數產生器或許也能完成相同的工作。沒有事先設計的天擇，是讓線穿過針孔的力量。

近五十年來，認真找尋符合自然律的人類起源之因的科學家中（我是其中之一）有很多人認為，親緣選擇（kin selection）是人類演化的主要動力。至少從表面看來，親緣選擇被認為造就了一種群體性質，這種性質是「總體利益」（inclusive fitness）。這使得親緣選擇成為一種具有吸引力，甚至有魅力的概念。親緣選擇指出，親代、子代、表親和其他旁系的親戚會彼此協調、團結一致，對其他個體展現出無私的行為，好讓群體的目標能夠達成。利他行為（altruism）平均而言對於群體中每個個體都是有利的，因為群體中大部分利他主義者擁有共同的祖先，有共享的基因。與有親緣關係的人分享利益，這樣的犧牲使得這些基因在下一代的數量會比較多。如果這樣讓基因增加的數量，多於基因傳給個體後代而減少的數量，那麼利他行為就會占優勢，社會就因此能演化出來。把個體區分成有生殖能力和沒有生殖能力，就是親緣選擇發揮作用後所表現出來的一種自我犧牲行為。[1]

只是很不幸地，總體利益這個一般性理論的基礎建立在親緣選擇的假定，但即便最堅實證據也仍存在著歧異，因此這個基礎事實上已經分崩離析。這個傑出的理論一直都無法順利應用，而它現在垮了。

最新的社會演化理論有部分是由我與理論生物學家諾瓦克（Martin Nowak）和塔尼塔（Corina Tarnita）所提出，也有部分來自於其他研究人員的工作成果。這個理論能夠解釋真社會性昆蟲的起源，另一方面也可以說明人類社會的起源。對螞蟻和其他真社會性無脊椎動物而言，這個過程並非親緣選擇或群體選擇（group selection），而是來自於（螞蟻或其他膜翅目昆蟲）女王個體階層的選擇，工蟻、工蜂這個階級則是女王表現型的延伸（extension of phenotype）。之所以可以經由這種方式演化，是因為在群落演化早期，女王會遠離自己出生的群落，獨自產下新群落中的成員。[2] 從史前時代至今，人類產生新群體的方式基本上是不同的——至少就我個人的看法是如此，有些科學家基於比較生物學（comparative biology）的角度也同意這點。人類群體演化動力同時由個體選擇和群體選擇所驅動。達爾文最先考慮到多階層選擇（multilevel selection）的過程，並且在他的著作《人類原始與性擇》（*The Descent of Man*）中寫道：

若在聚落中有某人較為聰慧，發明了新陷阱或武器，或是攻擊他人或保護自身利益之法，屆時同聚落之成員縱無此思考能力，也會爭相模仿而蒙其利。每種新技術熟能生巧之後，應可使智能稍有提升。若新發明是重要的，聚落的人口和領域或可增加，排擠其他聚落。人數較多之聚落，出現聰明才智者的機會亦高。若此些人的後代遺傳了心智卓越之處，那麼聰明才智更高之士誕生的機會亦會增加，此一小型聚落肯定將有更佳發展。即使此類聰慧之人無有後代，聚落中依然有其血親。農牧專家已確定，當宰殺某隻牲畜時若發現此動物之價值高，則保留其所屬的親族，並加以交配，則可得到期盼之高價值特性。

針對個體特徵的選擇力量，加上其他針對群體特徵的選擇力量，彼此交互作用，組成了多階層選擇。傳統理論的基礎建立在家族關係，或是某些可以計算出來的親緣遠近程度，新的理論則是要取代這個傳統理論。諾瓦克也以多階層選擇的理論來解釋社會性昆蟲的演化。這項研究有可能在縮短整個篩選程序的情況下，使得聚落中每個個體及其直系後代的基因組受到影響。不需要參考每個聚落、個體之間親緣關係的遠近程度，只要根據親代與子代親緣關係的遠近程度，就能得出結果。

如果我們把考古證據和現代狩獵－採集者的行為當成指標，那麼智人的祖先會形成組織良好的群體，彼此爭奪領域和其他稀少資源。通常，兩個群體間的競爭會影響每個成員的遺傳適應（genetic fitness，這指的是在這個群體未來的成員中，該成員後代所占有的比例），使得遺傳適應增加或減少。一個人可能因為死亡或是失能，失去自己的遺傳適應，但增加了群體的遺傳適應，比如那個人是在戰爭或對抗殘暴極權時死亡或失能的。如果我們假設各個群體在武器和其他科技上的水準大同小異（事實上數十萬年來，原始社會絕大部分的時間中也都是這樣），那麼就可以預期兩個團體之間的競爭結果主要取決於每個群體應對狀況時，社會行為的細節。這些特徵包括了群體的大小、群體的團結程度、溝通的品質，以及成員分工的情形。這樣的特徵多少可以遺傳，換句話說，群體之間的差異有部分是由成員基因的差異所造成。每個成員的遺傳適應（也就是他留下的具有生殖能力後代）是由這個成員作為群體中的一分子時，所消耗的資源與增加的利益所決定，其中包括了群體中其他成員對該成員的喜惡，而這基本上是由該成員的行為所決定。這個「喜好的互通有無」可以換取直接或間接的互惠，後者會以尊敬和信賴的形式呈現。一個群體的表現是否良好，取決於群體中成員的合作有多密切，這些成員個人對其他成員的好惡程度並不重要。

因此，一個人的遺傳適應，必定是個體選擇和群體選擇加總的結果，不過這種狀況只在具備可受到選擇的目標時才能夠成立。不論這個目標是個體為了自己的利益所進行的行為，或是個體以群體成員身分為了群體的利益所進行的交互作用，最後受到影響的是個體整體的基因密碼。如果以群體成員身分所得到的利益比獨自行動的少，那麼演化會偏好讓群體分裂，或是個體會有欺瞞作弊的行為，只要時間夠久，社會就會分崩離析。如果從群體成員身分所得到的利益高到某個程度，或是自私的領導者可以讓聚落扭曲到為其個人的利益服務，那麼群體中的成員就會傾向利他行為或是順從領導。由於所有正常的成員至少都具備了生殖能力，因此在人類社會中，在個體階層上的天擇和在群體階層上的天擇，彼此間無可避免地會發生衝突。

有助於成員利用其他成員來增加自身生存與繁殖的對偶基因（alleles，基因的變異形式，每一種基因都有各式不同的對偶基因），總是會和其同種基因的不同對偶基因，以及其他偏好利他與團結基因的對偶基因競爭；那些促進利他與團結的行為又決定了個體的生存與繁殖。自私、膽小、不合道德的競爭，都有利於選出著重個人利益的對偶基因，使得利他而有利於群體選擇的對偶基因所占的比例減少。與這些破壞性傾向抗衡的，是讓個體為了同一群體成員而做出英雄般利他行為的對偶基因。在敵對的群體間發生衝突時，由群體選擇挑出來的特徵，地位會大為提升。

所以說，控制現代人類社會行為的遺傳密碼是混合的。有一部分負責讓個體在群體中取得成功，另一部分負責讓所處的群體在與其他群體競爭時能夠成功。

天擇在個體階層發揮的作用，以及個體演化出能夠具有最多成熟後代的策略，在生命史中無時無刻都在出現。在個體階層的天擇作用通常會改造生物體的生理與行為，讓生物體適合獨自生存，不然頂多加入結構鬆散的群體。在真社會中，個體的行為得完全相反，這使得真社會性在生命史中相當地罕見，因為在真社會中群體的力量必須超強，強到讓個體從個體選擇的桎梏中解放出來。這個時候就能夠改變由個體選擇造成的保守效應，並讓群體成員的生理與行為都具有高度的合作性。

螞蟻和其他膜翅目（hymenoptera）的真社會性昆蟲（蜜蜂、黃蜂）的祖先，也曾面對過這些人類所遇到的問題。牠們的適應方式是演化出某些非常有彈性的基因，並將其適當地安排，使得展現利他行為的工蟻雖然在控制生理和行為上的基因和蟻后*的相同，但是牠們和蟻后、以及牠們彼此之間，相關的特徵還是有極大的差異。在個體階層的篩選——蟻后與蟻后之間的篩選——依然存在。不過在昆蟲社會中，由於聚落之間會彼此較勁，因此群體選擇持續進行。這個表面上的矛盾其實很容易解決。對於天擇來說，大部分注重的是社會行為的形式，一個聚落就其運作而言，其實只有蟻后和她延伸的表現型，也就是那些像機器人一樣工作的工蟻。在此同時，群體選擇也會增進工蟻之間的遺傳多樣性，原因之一是這樣的基因組比較能夠幫助聚落抵抗疾病。這種多樣性是由與蟻后交配的雄蟻所提供的。從這樣看，每個個體的基因型都是遺傳上的混合物，同一聚落中的成員含有一些沒有變化的基因，這些基因因為彈性所呈現出來的形式，造就了各種階級。牠們也有一些和同聚落成員不同的基因，這樣的基因能夠抵抗疾病。

在哺乳動物中，這樣的適應不可能出現，因為哺乳動物的生活史基本上和昆蟲的不同。在哺乳動物的生活史中，雌性會守在自己出生時的領域，她無法離開自己出生的群體生活，除非直接進入鄰近的其他群體。這種情況在動物和人類當中相當常見，但會受到嚴密的控制。相反地，雌性的昆蟲交配之後會把精子放在貯精囊，就像攜帶著雄性配偶那樣，移動到很遠的地方。她也能夠在遠離出生巢穴處建立新的聚落。

群體選擇力量遠遠壓過個體選擇的情況，在哺乳動物和其他脊椎動物中不但相當罕見，而且一直以來沒有，將來也不太可能完備。哺乳動物的生活史與族群結構基本上會阻止這樣的情況發生。哺乳動物的社會演化過程不可能創造出昆蟲般的社會系統。

在人類演化過程中可以預期到的情況如下：

＊譯註：原文為「queen」，泛指蟻后、蜂后等，此處為了語句通順故皆使用「蟻后」。同理，「worker」亦都使用「工蟻」。

- 群體間的競爭激烈，會發生許多狀況，其中包括侵略彼此的領域。
- 群體的組成並不穩定。遷移、觀念改變和征服其他群體，會使群體變大進而獲得利益。竄位有時會讓群體分裂，也有機會使群體獲利。造成這兩種利益的機會彼此間會互相競爭。
- 榮譽、美德與義務是群體選擇的產物。另一方面，自私、膽小與偽善是個體選擇的產物。兩類產物之間的戰爭無法避免，也不會停止。
- 在人類社會行為的演化過程中，最重要的是讓快速清楚了解他人意圖的這項能力盡善盡美。
- 大部分的文化（特別是藝術創作）源自於個體選擇和群體選擇之間無可避免的衝突。

總而言之，人類目前的混亂狀況，源於創造出人類的演化過程。人類本性中最糟的部分和最佳的部分同時存在，未來也將是如此。如果有可能將之抹殺，人類就不像人類了。

CHAPTER

·7·

人類的基本特徵：部落生活
Tribalism Is a Fundamental Human Trait

形成群體、從熟悉的伙伴中得到安慰與驕傲，並且熱心對抗來自對手群體的攻擊，是人類最基本的通性之一，也是文化的本質之一。

不過，當群體建立起來、有著共同的目標，群體的界線便是有可塑性的。我們通常會把家族納為群體中的次級群體，不過成員對於其他群體的忠誠，往往會讓家庭分裂。同盟者、招募來的成員、皈依者、擔任榮譽職者，或是來自敵對群體背叛者和群體的關係也是如此。群體中每個成員都會被賦予身分和某種程度的權力。反過來說，成員可以把自己的身分和權力借給其他的成員，換取聲望與財富。

從心理學的角度來看，現代的群體等同古代及史前時代的部落。這些群體都是原始的人類祖先群體的直系後繼者。把人維繫在群體中的本能，是群體選擇的產物。

人類必須屬於某一個部落。部落讓人們在這個渾沌的世界中有一個自己所屬的名分，並且找到身處於社會中的意義。在現代社會中，每個人並不屬於某一個部落，而是處於許多部落交扣而成的系統，在其中很難找到單一的界線。人們會喜好志趣相投的朋友，渴望躋身最佳群體之中，不論是海軍陸戰隊、菁英大學、公司董事會、某個宗教派、兄弟會，或是園藝俱樂部。任何一個這樣的群體都可以拿來和同樣領域中其他的競爭群體相互比較，進而找到一個適合自己的。

現在世界各地的人注意到戰爭的可怕，並且害怕戰爭帶來的結果，轉而越來越注意團隊運動，這種運動在道德上和戰爭是等價的。人們對於成為團隊一分子以及所屬團隊優越感的渴望，可以從他們所支持的戰士在儀式化的戰場中得到勝利而滿足。就像是在美國南北戰爭時，華盛頓特區的公民興高采烈地盛裝出門看第一次牛奔河之役（First Battle of Bull Run），運動賽事的觀眾也是如此津津有味地觀看比賽。粉絲們看到團隊的運動服、團隊符號和使用到的運動器具，就會精神大振；看到冠軍獎盃、展現出來的旗幟，以及半裸的啦啦隊少女時也是。啦啦隊在英文中被稱為「歡呼帶領者」（cheerleader）真是再適合不過。有些粉絲穿著奇特的服裝、塗抹特殊的彩妝，只是為了向自己支持的團隊致意。他們也會在團隊獲勝之後加入狂歡。許多人，特別是和運動員及啦啦隊員同年齡的那些，卸下所有限制，以戰鬥般的精神加入其中，並在歡慶之後造成騷亂。一九八四年六月的某天晚上，當波士頓塞爾堤克隊擊敗洛杉磯湖人隊，贏得美國職籃冠軍後，全隊陷入狂喜，口中唸著「塞爾堤克最強！」社會心理學家布朗（Roger Brown）親眼目睹了比賽後的情況，說道：「不只是球員覺得自己最強，所有的粉絲也是。整個北區陷入狂歡之中，粉絲從波士頓花園運動場和附近的酒吧湧出，在街上手舞足蹈，抽菸尖叫。有輛車的引擎蓋被壓扁了，因為有三十個人嗨翻了疊在上面，身為粉絲的車主則高興地微笑。車輛即興集合而成隊伍，按著喇叭到處遊行。對我來說，我不認為這些粉絲是為了他們支持的隊伍而高興，是他們自己就嗨了起來。那天晚上，每個粉絲都飄飄然了起來。一種社會身分的確會影響許多人的個人身分。」

然後布朗道出了重點：「運動團隊的身分認同帶有一些小群體的隨意性。你不需要在波士頓出生，甚至不用住在波士頓，就可以成為塞爾堤克隊的粉絲，甚或成為球員。不論是作為個人、或和其他團隊出鋒頭的成員在一起，粉絲和隊員都有可能處於彼此敵對的態勢。只要塞爾堤克隊一直這麼出鋒頭，所有人就會陷在高漲的情緒之中。」[1]

多年來，社會心理學家從實驗中已經發現了人們在分成各個群體時有多麼明快果決，同時會偏好自己所屬的群體進而對他人產生差別待遇。即使在實驗中的群體是任意分配產生，只是給不同的人貼上標籤，讓他們能夠分辨自己所屬的群體，接下來受試者之間的互動內容也都是一些雞毛蒜皮的小事，但是偏見依然很快就出現了。不論這些群體中的成員是在一起小賭，或是認為自己這一夥人都崇拜某一位抽象畫家，這些受試者總是認為非我群類者比較差。他們認為這些「對手」比較不討喜、不公平、不值得信賴，也沒有能力。就算和這些受試者說，被選入哪個群體根本是隨機的結果，這些偏見依然不會消失。這一系列實驗中，有一個是要受試者把成堆的洋芋片分給來自兩個群體的匿名成員，結果也出現了偏見。只要是屬於同一群的受試者，就算沒有動機、之前也沒接觸過，還是會持續出現強烈的偏袒行為。[2]

形成群體且偏好群體成員這種力量常見又強大，這種傾向來自本能。有人反駁說，會偏袒所屬群體的成員，是由之前的經歷制約而產生，因為這種偏好有助於和家庭成員建立密切關聯，與鄰居小朋友玩耍也會助長這種偏好。但即使這樣的經驗的確扮演了某種角色，那也只是心理學家所謂「先備學習」(prepared learning，生來就能明快果決地學習某些事物）的例子之一。如果偏好群體成員的傾向符合這些標準，那麼我們就可以合理推測，這種傾向是經由天擇而演化產生。其他關於人類先備學習的確切例子還包括語言、避免亂倫，以及學到害怕某些事物。

如果偏好自己所屬群體的行為真的是來自遺傳而來的先備學習，那麼我們應該預期非常小的嬰兒也會出現類似的跡象，而認知心理學家的確發現了這樣的現象。新生兒對於最早聽到的聲音、母親的面容，以及母語，都特別敏銳。嬰兒會優先看著之前說過母語的人，並且會注意聽他們說話。學齡前的兒童會傾向和說母語的人做朋友。這種偏好在他們了解語言的意義之前就已經出現。在了解語言的意義之後，若所聽到的語言有不同的腔調，也會出現這種偏好。[3]

讓人形成群體並且樂於成為群體成員的基本驅力很容易就能轉換成比較高階的形式，讓群體成為部落。人們很容易就會產生民族優越感。這讓人不舒服，但是事實。在能夠選擇且不會讓人產生罪惡感的情況下，人們往往偏好和同種族、國家、宗族和宗教的人在一起。人們比較相信這樣的人，在公務場合和社交場合中跟這些人在一起會比較放鬆，而且大部分的時候會偏袒他們，類似偏袒婚姻伴侶那樣。如果非我族類者明顯地做出了不公平的舉動，或得到不該有的報酬，人們馬上就會勃然大怒。當群體外的人侵占了自己所屬群體的領域或資源，人們便會產生敵意。在文獻和歷史中充滿了把這類狀況推衍到極致的結果，例如在《舊約》〈士師記〉的第十二章第五、六節便說道：

> 基列人把守約但河的渡口，不容以法蓮人過去。以法蓮逃走的人若說「容我過去」，基列人就問他說：「你是以法蓮人不是？」他若說「不是」，就對他說，你說「示播列」（Shibboleth）。以法蓮人因為咬不真字音，便說「西」播列（Sibboleth），基列人就將他拿住，殺在約但河的渡口。那時以法蓮人被殺的有四萬二千人。*

科學家在一些實驗中讓美國黑人快速看過美國白人的照片、讓白人看黑人的照片，這些受試者腦中負責恐懼與憤怒的中樞杏仁核產生的反應之快、之細微，連腦中的意識中樞都無法察覺，因此這些受試者無法控制自己的反應。但是如果在不同的情境下，例如照片中的黑人是醫生、白人是他的病人，那麼腦中的扣帶皮質（cingulate cortex）和背側前額葉皮質（dorsolateral prefrontal cortex）這兩個高階的學習中心會產生反應，抑制神經輸入信號到杏仁核中。[4]

因此腦中的不同部位已經由群體選擇而演化，進而創造出了群體性（groupishness）。有些部位的構造傾向貶低非我族類者，也有些部位站在相反的方向去壓抑這種即時的自動反應。人們在觀賞充滿暴力的運動賽事和戰爭影片時，只要杏仁核占有主導地位，而且故事的發展能確保敵人將會被打敗，那麼人們就能夠充分地享受此一過程，而幾乎不會產生絲毫的罪惡感。

＊譯註：本書所有聖經內容翻譯引自和合本聖經。

CHAPTER

·8·

人類的遺傳詛咒：戰爭
War as Humanity's Hereditary Curse

詹姆斯（William James）在一九〇六年發表的反戰論述，應該是這類文章中最好的。他說道：「歷史中充滿血腥。現代戰爭代價高昂。我們覺得交易是較好的方式，不需進行掠奪，但是現代人遺傳了祖先與生俱來好戰爭榮的特質。就算知道戰爭是多麼地荒謬與恐怖，也是無用。這種恐怖反而具有魅力。戰爭強大而且極端的生活方式，只有戰爭稅會讓人毫不遲疑地上繳，一如所有國家的預算向我們展現的那樣。」[1]

人類血腥的本性根深蒂固，這可以用現代生物學來解釋，因為這種本性來自群體間的競爭，而這樣的競爭是得以演化出人類主要的驅動力。在史前時代，群體選擇把類人動物升級為高度團結的領域性肉食動物，讓人類具有才能、勇於冒險，也會恐懼。每個部落都知道如果自己沒有武裝和準備，部落的續存將岌岌可危。在整個歷史中，許多科技之所以能夠提升，用於戰鬥是主要的原因。看看許多國家的月曆，有多少假日是為了慶祝戰爭的勝利，要為那些陣亡者舉行紀念儀式。訴諸對於戰鬥死亡的情感最能挑起大眾的強烈支持，這個時候杏仁核是主宰。仔細想想會發現，人類要不是在和原油外洩對抗，就是在抵抗通貨膨脹，不然就是處於癌症戰爭之中。不管哪裡有對手，不論對手有沒有生命，我們就是要勝利。我們就是要在前線獲得勝利，不顧後方付出了多少代價。

任何開戰的理由，只要看起來是保護部落所需要的，就會成為真正的理由。過往戰爭的恐怖並不能對阻止未來戰爭的發生發揮任何效用。在一九九四年的四月到六月之間，占盧安達人口多數的胡圖族（Hutu）想要根絕當時統治國家的少數圖西族（Tutsi），在那一百天無限制地殺戮中，有八十萬人死於刀槍之下，大部分是圖西族人。全盧安達的人口因此減少了一成。最後，殺戮行動停止時，有兩百萬胡圖族人因為害怕遭到報復而逃出自己的國家。這次大屠殺的近因是政治與社會上的不平等，但還可以上溯到一個更基本的原因：盧安達是非洲人口最密集的國家，人口持續成長使得每個人能夠分配到的耕地持續縮小，縮小到近乎極限。引起殺機的爭論在於，哪一個族群能夠擁有並控制所有的土地。

在大屠殺之前，圖西族位於主宰地位。之前比利時殖民盧安達時認為圖西族比其他兩個族群更加優秀，因此支持他們。圖西族自己當然也是這麼認為。雖然這三個族群說著相同的語言，但是圖西族認為胡圖族是次等民族。對胡圖族來說，圖西族是幾代之前來自衣索比亞的入侵者。許多胡圖族人攻擊自己的鄰居，因為他們被允諾可以得到所殺圖西族人擁有的土地。他們把圖西族人的屍體丟到河中，還諷刺地說他們是要讓這些死者回到衣索比亞。

當一個群體已經分裂且完全喪失人性，任何殘忍的事情似乎都變得合理，而這種情況可能發生在任何規模的群體，可以大至種族，或是國家。俄羅斯在史達林統治時期的「大恐怖」（Great Terror）時蓄意造成的饑荒讓蘇維埃治下的烏克蘭在一九三二到一九三三年冬季有三百多萬人死亡。在一九三七和一九三八年，有六十八萬一千六百九十二人遭宣稱因為犯了「政治罪」而被處決，其中有超過九成是被認定為拒絕集體生活的農民。之後，蘇聯受到納粹的入侵，狀況同樣血腥。納粹宣稱入侵的理由是要壓制「次等的」斯拉夫民族，好讓「純種的」亞利安人有擴張的空間。[2]

如果沒有其他方便的理由來進行戰爭，以擴張領土，還可以拿神當藉口。十字軍東征是為了遵從神的意志。他們事先就得到了教宗的恩赦，他們在十字架的旗幟之下行軍，而且要求將那塊聲稱為基督教真正聖地的地方，回歸到基督徒的掌握之下。在一一九一年的阿卡圍城戰（siege of Acre）中，李察一世把兩千七百名穆斯林戰俘帶上前線，以便薩拉丁可以親眼看到他們，然後他讓這些戰俘死於劍下。有人說他的動機是要讓穆斯林的領導者看看這位英國的君主意志有多麼地堅定，但另一個可能的原因是李察不希望釋放這些戰俘。不論原因為何，這種恐怖事件最終的動機是要從穆斯林那兒奪取土地和資源，好讓基督教國家壯大。

接下來換伊斯蘭世界報復了，同樣也是為了神。一四五三年，穆罕默德二世所統治的鄂圖曼土耳其帝國軍隊包圍了君士坦丁堡。當鄂圖曼軍隊朝著聖殿（Augusteum）會合之際，基督徒擠在聖索菲亞大教堂（Hagia Sofia）的大殿中，向聖父、聖子、聖靈和所有的聖人禱告，他們的懇求沒有回應。那天，神站在穆斯林這一方，這些基督徒不是遭到殺害，就是被販賣為奴。

對於人類以神為名的暴力和亞伯拉罕宗教之間緊密的關聯，沒有人比馬丁・路德說得更清楚，他在一五二六年的文章〈士兵也可以得到救贖嗎〉（*Whether Soldiers, Too, Can Be Saved*）中寫道：

> 事實上，人們不會維持和平，而是會搶劫、偷竊、凌虐婦孺，並且奪走財產與貞操。我們應該如何應對？戰爭武鬥這樣不和平的事情必須受到限制，因為當全世界失去了和平，每個人都會遭殃。因此上帝給予劍至高的榮耀，只有祂才握有使用的權柄（〈羅馬書〉第十三章第一節），而不想要人類去說或是去想這劍是由人類發明或是握有的。揮劍殺人的不是經由人類的手，而是經由上帝之手。各種燒殺擄掠的勾當都是上帝所為，不是人類。所有的事情都是上帝的作為與審判。[3]

一直以來都是如此。根據修昔底德（Thucydides）的紀錄，當年在伯羅奔尼撒戰爭（Peloponnesian War）中，雅典人要求中立的梅洛斯人（Melos）不要支持斯巴達，並且服從雅典的統治。兩國的使節見面討論這個問題。雅典人對梅洛斯人解釋諸神賦予人類的命運：「祂們要求甚多，但是給予甚少。」梅洛斯人回應說，他們絕對不要當奴隸，要求諸神給予神聖的判斷。雅典人回答道：「我們所信的諸神，以及我們所識之諸人，皆以本性行事，能統治時必然統治。我們並非制訂此法之人，也非首先依此法而行之人。我們僅遺傳此種本性。且我們知曉你們以及所有人類，若和我們一樣強大，也必行相同之事。諸神的作為僅僅如此。我們會和你們一般尊奉諸神意見。」梅洛斯人依然拒絕，雅典人的軍隊很快就攻克了梅洛斯。修昔底德用希臘悲劇一貫的平靜筆調寫道：「雅典人隨即將兵役年齡的男子全都殺死，留下婦女與兒童當奴隸。之後送了五百個人來殖民這座島。」[4]

另一個寓言故事也象徵性地說明了人類本性中殘忍黑暗的一面。有隻蠍子請求青蛙帶牠渡河，青蛙一開始拒絕了，牠說怕蠍子會螫牠。蠍子再三保證不會，牠說如果我螫了你，我們兩個都會死。這點青蛙也同意，然而渡河到一半的時候，蠍子還是螫了青蛙。在兩個都要沉下去時，青蛙問：你為什麼要這樣？蠍子回答說：這是我的本性啊。

我們不應該把戰爭和通常隨之發生的種族屠殺想成社會的文化產物。這一直都不是歷史發展時的脫軌現象，不是人類這個物種在成熟後逐漸增加的苦果。從時間和文化上來看，戰爭和種族屠殺都是普遍且持續存在的。在第二次世界大戰結束之後，國家之間的衝突大幅減少，原因之一是強權間的核武平衡（很明顯地，就是瓶子裡面有兩隻蠍子）。但是內戰、暴動，以及國家所支持的恐怖行動未曾稍減。整體看來，在全世界各地發生的這種小型戰爭，其本質與規模比較類似狩獵－採集群體和原始農業社會中會發生的戰爭。這些戰爭取代了大戰。文明社會一直想要消弭對於平民的折磨殺害，但進行小型戰爭的這些人卻不遵守這些規範。

考古遺址中滿是大規模衝突的證據。歷史上許多令人印象深刻的建築，本身就是防禦用的，包括中國的萬里長城，橫越英格蘭的哈德良長城（Hadrian's Wall），以及歐洲與日本各處的城堡與要塞，古代普韋布洛印第安人（Ancestral Pueblo）在懸崖上的據點，耶路撒冷和君士坦丁堡的城牆。就算是雅典衛城，原來也是一座城牆圍繞的堡壘城市。

考古已經發現大規模地屠殺人類司空見慣。最早的新石器時代工具中就有設計用來作戰的器具。一九九一年在阿爾卑斯山上發現、凍在寒冰中的「冰人」（The Iceman），已經證實有五千年的歷史，他是死於插在胸口上的箭簇。他帶著弓、一袋箭，還有一把銅製匕首，穿著獸皮製的衣服，他可能是來打獵的。但他也帶著一柄光滑無痕的銅斧，很明顯是伐木工人用來砍木頭和骨頭的，冰人很有可能把這柄銅斧當成戰斧。

常有人說目前殘存的狩獵－採集部落，例如著名的南非布希曼人（Bushmen）和澳洲原住民的社會組織最接近早期人類，但是他們沒有戰爭，這可以證明大型的暴力衝突是晚近才在歷史上出現的。不過事實上他們居住的區域不但縮小了，而且已經被歐洲殖民者逼到邊緣地帶。早期的祖魯人（Zulu）和赫雷羅人（Herero）也對布希曼人做過相同的事情。之前布希曼人人口眾多，居住範圍更廣，物產也更豐富，不像現在住在灌木叢林和沙漠裡。當時也發生了部落戰爭。他們在岩壁上留下了相關的繪畫，早期的歐洲探險家和移民者也曾描述過武裝群體之間的激烈衝突。十九世紀，在赫雷羅人開始入侵布希曼人的領土之際，一開始是被布希曼人的武裝部隊驅逐的。[5]

有人可能會認為講究和平的東方宗教（特別是佛教）影響所及的地區，都是反對暴力的。但事實並非如此。在佛教興盛與成為官方意識形態的國家，不論是東南亞小乘佛教流行的地區，或是在東亞與西藏密宗主宰之處，都容許戰爭，而且把戰爭視為以信仰為基礎的國家政策。基本原理很簡單，跟基督教就像是從同一個模子翻出來的：它們都以和平、非暴力與手足之情作為核心價值。但是當佛教戒律與佛教社會受到威脅、必須打敗那個邪惡的對象時，就要「以菩薩心腸，行霹靂手段」。

在六世紀中國的反抗活動中，就有佛教僧侶以大乘佛教之名而起，要消滅全世界的「邪惡」。在日本，佛教受到扭曲，並且出現了像「武僧」這樣的混合身分，直到十六世紀末，中央集權的軍政府才攻破手握大權的僧團。之後佛教成了封建鬥爭的工具。到了明治維新之後，日本的佛教成為日本國家「精神動員」(spiritual mobilization）的一部分。[6]

那麼更久之前的史前時代呢？戰爭是農業與村落發展，人口密度增加後必然的結果嗎？很顯然並非如此。遠在舊石器時代末期和中石器時代，尼羅河河谷與巴伐利亞以採集為生族群的墓地中，埋了許多人，他們看起來像是同一個支族，許多都是被棍棒矛箭等暴力武器殺死的。四萬年前的舊石器時代末期到約一萬兩千年前，那些四散的遺骸顯示著這些人死於頭部受到重擊，骨頭上也有刻痕。這個時期的人類在拉斯科（Lascaux）洞窟和其他洞窟留下了著名的壁畫，其中有描繪著被矛刺殺的、奄奄一息的將死之人，或是死者。

還有另一種方法可以檢測群體之間的暴力衝突是如何深植於人類的歷史之中。考古學家已經確定，智人約在六萬年前開始從非洲往外散播，第一波的遷徙遠至新幾內亞和澳洲。這些先驅者在那些化外之地留下的後代子孫，過著狩獵-採集的生活，或只發展了最原始的農業，直到歐洲人的到來。目前還過著類似的早期生活，依循著古老文化的還有印度半島東岸外小安達曼島（Little Andaman Island）上的原住民、中非的姆巴提俾格米人（Mbuti Pygmies），以及南非的孔-布希曼人（!Kung Bushmen）。從他們的現況，或至少是有記載的歷史中看來，都有領域性的攻擊行為。

人類學家研究過世界各地上千種文化，「和平」的非常少，包括庫柏愛斯基摩人（Copper Eskimo）、印加利克愛斯基摩人（Ingalik Eskimo）、新幾內亞低海拔地區的蓋布希人（Gebusi）、馬來西亞半島的塞芒人（Semang）、亞馬遜地區的西約諾人（Siriono）、火地島上的雅加人（Yahgan）、委內瑞拉東部的瓦勞人（Warrau），以及塔斯馬尼亞西岸的原住民。不過在其中某些文化，人死於殺害的比例很高。新幾內亞的蓋布希人和庫柏愛斯基摩人，成年人有三分之一死於殺害。人類學家拉布蘭（Steven A. LeBlanc）和瑞吉斯特（Katherine E. Register）曾寫道：「在這類小型社會，幾乎所有人都有血緣關係。這個事實很自然就會引發一些令人費解的問題：誰屬於小群體內的人？誰又是外人？怎樣算是謀殺？怎樣又算是死於戰事？這些問題以及相關的答案都變得有些模糊不清。因此，某些所謂的和平，其實是根據謀殺與戰爭的定義而產生，而非根據現實。在現實中，這些社會有的確實有戰事，只是通常人們認為這些戰事微不足道。」[7]

在持續變動的人類遺傳演化中還有另一個尚未解答的問題：在群體階層上作用的天擇，是否能夠強過作用於個體階層上的強大天擇力量？換句話說，讓個體對群體成員展現出天生利他行為的力量，能否強過個人自私的行為？在一九七〇年代，數學模型顯示如果沒有利他基因的群體滅絕或縮小的相對比例很高，群體選擇就會勝出。這些模型顯示，當具有利他成員的群體擴張速度超過了具有自私成員的群體，那麼由基因造成的利他行為就會散布到群體中。[8]二〇〇九年，理論生物學家鮑爾斯（Samuel Bowles）建構了一個比較實際的模型，能夠和現實的資料相符。他想要知道以下這些問題的答案：如果成員彼此合作的群體，能夠勝過其他群體，那麼在群體中的暴力行為是否多到能夠影響人類社會行為的演化？從以狩獵與採集為生的新石器時代人到現在的人類，由鮑爾斯整理估計出來各時代的成年人死亡率來看，答案是肯定的。

部落間的攻擊行為可以追溯到新石器時代，但沒人能夠準確地說出到底是從多早開始，可能在巧人時代就有了，當時他們就深深倚賴撿屍體和狩獵取得的肉類來維持族群人口的數量。很可能更久之前就出現了這樣的行為，遠在六百多萬年前，人類的祖先和現代黑猩猩的祖先分開之前。從珍古德開始，許多研究人員觀察記錄到黑猩猩群體中有殺害同類的事件，以及群體間的突襲行為。而且黑猩猩、以狩獵－採集為生的人類，還有早期的農夫，三者因為群體內和群體間暴力而造成的死亡率相當相近。不過在黑猩猩的群體中，非致死暴力事件發生的頻率更高，可能是人類的一百倍，甚至一千倍。[9]

黑猩猩過著群體生活，靈長學家所謂的「群落」（community），最多會有一百五十個成員，牠們所保衛的領域最大可達三十八平方公里，如果個體的密度低，每平方公里中只會有五個成員。每個這樣的群體會再細分成一些小群體，成員平均五到十個，牠們會一起行動、進食與睡眠。雄性一輩子都會待在同一個群落，雌性大多則會在稍微大一點後加入鄰近的群落。雄性比雌性更合群，而且有強烈的身分意識，經常展現出領先作戰的模樣。雄性還會彼此形成聯盟，並且使用各種策略與欺瞞手段來提高自己的地位，或躲開具備領袖身分的個體。年輕黑猩猩展現出來的集體暴力行為，和年輕男性人類非常類似。牠們會為了自己和同黨，持續競爭比較高的地位，也會避免和對手展開公開的大規模衝突，而主要採用突擊行為。[10]

這些雄性結黨針對鄰近的群落發動攻擊，其目的很明顯是要殺害或驅逐那些群落中的成員，並得到新的領域。三谷（John Mitani）和同事曾在烏干達的基巴萊國家公園（Kibale National Park）完全自然的環境中，觀察到完整的攻擊行為。這場戰爭持續了十多年，和人類的相似程度之高，令人毛骨悚然。每隔十到十四天，由將近二十頭雄性黑猩猩組成的小隊會深入敵方的領域。牠們會排成一列縱隊前進，仔細觀察從地面到樹頂的各種地貌。如果周圍發出聲音，牠們會警覺地停下來。如果遭遇到的敵人比自己強大，這些入侵者就會解散，各自逃回自己的領域。如果遇到落單的雄性黑猩猩，則群起而攻之，把牠毆打至死。如果遇到的是雌性，通常會把她放走。這並非是什麼騎士風範。如果這個雌性黑猩猩還帶著幼兒，牠們便會把幼兒抓來吃掉。經過這樣長期持續地向敵方施壓，那些黑猩猩幫派併吞了敵方的領域，讓自己所處群落所占據的領域增加了百分之二十二。[11]

就目前所得知識無法明確指出，黑猩猩和人類的領域攻擊行為模式是遺傳自兩者共同的祖先，亦或是生活在非洲大陸時因相同的天擇壓力與機會而各自演化出來的。由於兩者行為在細節上非常相似，而且我們盡量傾向用較少的假設解釋，因此來自共同的祖先應該是比較可能的答案。

族群生態學的原理能夠幫助我們更深入探究人類部落本能的根源。人口成長的速度是呈現幾何級數般成長的。在一個群體裡，如果每個個體在下一代都由稍微多一點點的個體所取代，就說下一代比上一代多零點零一個好了，便可讓人口數量增加的速度越來越快，就像是存款或債務的累積那般。在資源充足的情況下，黑猩猩和人類的數量都傾向以幾何級數般的速度成長。但就算情況再好，這樣的成長速度經過幾個世代也會被迫減緩，總是會有些事情阻礙成長，最終個體數量會達到顛峰，然後維持穩定，或微幅地上下震盪。有的時候族群會崩潰，當地這個物種便消失了。

那個「有些事情」是哪些事情？自然界中任何能夠有效使得族群增加或縮減的狀況都算。例如狼會獵食麋鹿，因此是麋鹿族群的限制因子。如果狼的數量增加了，麋鹿的數量便會停止增加，甚至減少。同樣地，麋鹿的數量也是狼的限制因子。當掠食者的食物（在這裡就是麋鹿）減少，掠食者自身的族群也會縮減。引起疾病的生物和受到感染的宿主間的關係也是如此。當宿主的數量增加，個體分布變得更密集，寄生生物的數量也隨之增加。歷史上，經常有人類或牲畜疫病流行的事件，通常都要宿主的數量減少到某個程度，或是其中有一定比例的個體得到免疫力之後，才會結束。會造成疾病的生物可以定義成掠食者，只是它們每個平均掠食的單位小於一。

還有別的規則會發生作用：其他階層中的限制因子。狼是麋鹿的主要限制因子，假設人把狼殺光了，這個限制因子就沒了，結果麋鹿的數量大增，直到另一個限制因子發揮作用。這個因子可能是這些動物吃太多草了，造成食物短缺。遷徙是另一個限制因子，如果個體移居到其他地方能夠活得更好，牠們就會這麼做。旅鼠、蝗蟲、帝王蝶和狼如果在原本的棲息地中數量太多，造成壓力，牠們便會遷徙。如果族群無法遷徙，族群規模就會變大，這時有些限制因子就突顯出來了。對許多動物來說，這個限制因子是保衛領域的行為，守護自己的領域，以確保食物來源。獅子、老虎和鳥類發出的叫聲，許多就是要宣告自己正在守護著領域，要其他覬覦領域的同類競爭者離遠一點。人類和黑猩猩也有強烈的領域觀念。很明顯地，社會系統已經納入了控制個體數量的機制。因此我們只能推測，這樣的行為早在人類與黑猩猩共同的祖先身上就已經出現。不過我相信證據最能夠符合的是下面這個結果：對於開始集體找尋動物性蛋白質的物種而言，最原始的限制因子是食物。領域行為是為了確保食物來源而演化出來的機制。為了擴張和侵占領域的戰爭，結果就是讓自己的領域增加。這樣的行為使得加強群體凝聚力、建立聯絡關係，以及形成聯盟這類的基因受到天擇的偏好。[12]

數十萬年來，領域的規則使得智人的小聚落分散而且穩定，如同殘存至今的狩獵－採集族群。在這段很長的時間中，隨機而零星發生的極端環境現象，使得領域中的族群擴增或縮小。這些「人口統計衝擊」（demographic shock）使得族群不得不遷徙，或是藉由攻克其他族群的方式來拓展領域，有時兩種情況都會發生。這種狀況也讓與有親緣關係的其他族群結盟所具備的價值大為提升，因為這樣可以壓制周遭其他的群體。[13]

一萬年前的新石器時代，革命出現了，人類開始栽培作物、畜養牲畜，這大大增加了食物的供給，人口得以迅速成長。但是這個進展並沒有改變人類的天性。只要能取得的新資源有多少，人口數量就能成長得多快。當食物不可避免地再度成為限制因子，人類依然遵守著領域規則。新石器時代人類繁衍至今的子孫也沒有改變。時至今日，我們基本上依然和那些以狩獵與採集為生的祖先沒有兩樣，只是食物更多、領域更大而已。最近的研究指出，各個區域中的人口增加漸漸逼近當地食物與水資源的極限。每個部落從以前就是這樣，例外的狀況是部落發現了新土地，而該地原來的居住者被驅離或殺害後的那段短暫的時間而已。[14]

為了控制重要資源而引發的爭鬥持續蔓延到全球，現在則每況愈下。會出現這個問題，是因為人類沒有抓住在新石器時代剛開始時出現的機會。我們本來有可能抑制人口的成長，讓數量低於限制成長的最小極限。但是，人類這個物種選擇了相反的道路。我們無法預見當初的成功所帶來的後果。我們只是拿了眼前的資源，持續繁衍，盲目地遵從本能，而這個本能是從我們卑微且受到嚴苛環境限制的舊石器時代祖先所遺傳下來給我們的。

CHAPTER

·9·

從非洲突破
The Breakout

南猿的基因散布在許多物種之中。兩百萬年前，牠們漫步在非洲的莽林和草原。牠們用後肢步行，這和其他之前出現過的靈長類動物截然不同。牠們的頭和牙齒的形狀與猿類的相似，腦則沒有其他生活在周遭的巨猿那麼大。牠們的族群分散，個體數量少，任何時候都有可能突然滅絕。事實上，在五十萬年的時間裡，所有的南猿都滅絕了。

但是有一種例外。那種南猿繁衍擴散，成為唯一的殘存者。牠的後代步上的命運不僅是續存，是占據了整個世界。這些現代人類的祖先在一開始的時候，命運也和其他血緣關係密切的物種沒有兩樣。兩百萬年前，那一支受到眷顧的南猿演化成為腦比較大的直立人。直立人的腦比現代智人小，但是已經能夠雕琢出粗糙的石器，並且控制在營地中升起的火。他們的族群從非洲擴展出來，散播遠及亞洲東北部，甚至向南推進到印尼。直立人適應環境的能力是之前所有靈長類都比不上的。有些直立人的族群能夠度過中國北部寒冷的冬天，有些則能夠在爪哇悶熱的熱帶氣候中過日子。考古學家在這片廣大的範圍挖掘出許多直立人各個部位的遺骸，並反覆將其拼湊在一起。在肯亞北方特卡納湖（Lake Turkana）附近的兩處沉積岩岩層中，考古學家還發現了和顱骨與腿骨一樣值得注意的東西：足跡化石。漫步在大地上，腳趾擠壓泥土發出聲音，這樣的直立人印象打從一百五十萬年前到現在並沒有多少改變。[1]

直立人的文化超越其猿類祖先許多，適應新環境與艱困環境的能力更強，能夠拓展其領域，只除了澳洲和美洲這種孤立的大陸，或是太平洋中偏遠的小島；他們成為第一種遍布全球的靈長類。廣大的分布範圍使得這個物種得以對抗早期的滅絕事件。直立人其中一個遺傳支脈後來演化成為智人而綿延至今。古代的直立人其實還活著，就是我們。

在直立人活動範圍的遙遠邊陲，另一個遺傳支脈就沒那麼幸運了，這一脈是弗洛瑞斯人，這種類人動物身材小腦也小，居住在爪哇東部小巽他群島的一個中型島嶼，弗洛瑞斯（Flores）。殘留的遺骸與石器的推測年代最早為九萬四千年前，近的可到一萬三千年前。他們的身高只有一公尺，腦沒有非洲的南猿大。弗洛瑞斯人也被稱為「哈比人」（Hobbit），身分依然是個謎團。他們可能源自於直立人中某個極端的變種，而這個變種可能是因為印尼島上的直立人與其他族群隔離所造成。弗洛瑞斯人身材矮小，符合一個島嶼生物地理學的概括性規則：體重小於二十公斤的動物在孤立的島嶼上，傾向演化得比較巨大（例如加拉巴哥斯群島上的巨龜）；如果是體重超過二十公斤的動物，則會演化成為矮小的物種（例如佛羅里達礁島群上矮小的林麝〔dwarf deer〕）。如果我們目前把弗洛瑞斯人歸類為類人動物的看法是正確的，那麼弗洛瑞斯人將會告訴我們，在直立人穿越演化迷宮成為智人的過程中，許多變化莫測的奇幻過程。由於弗洛瑞斯人生存的年代很長，又到晚近才滅絕，他們很有可能和人類另一個血緣相近的物種尼安德塔人一樣，是因為天下無敵的智人散播到全世界而滅絕的。

智人是直立人後代中成功的那一支。持平來看，直立人可能還要比矮小的弗洛瑞斯人更古怪些。因為智人除了前額鼓起、腦超大、手指細長之外，還有其他一些生物特徵，對某些生物分類學者而言，這些特徵是「獨特的」（diagnostic），意思是這些特徵的組合在動物界中獨一無二。

- 能夠任意地發明文字與符號，這些字符組合的方式沒有限制，進而產生了創造性語言（productive language）。
- 擷取各式各樣的聲音組合成音樂，組合的方式同樣沒有限制。配合節奏，音樂能夠以個人選擇創造情緒的方式演奏。
- 特別長的兒童期，這使得兒童在成人指導下學習的時間也增加了。
- 女性的性器官在身體結構中隱藏了起來，並放棄了彰顯排卵期的外在特徵，與這兩者同時出現的是持續地性行為，後者加深了女性和男性之間的連結，以及雙親共同照顧幼兒的行為，這對於需要長時間協助的幼兒而言是必要的。
- 腦部在早期發育中成長的速度很快，而且長得很大，成人的腦是幼兒的三點三倍大。
- 身材修長、牙齒變小、顎肌力量減弱，這些都是雜食的特徵。
- 消化道變得適合消化煮熟變軟的食物。

大約在七十萬年前，有些直立人的族群演化出比較大的腦。根據研究，他們具備了一些智人獨具的特性雛形。早期階段的直立人頭骨依然和智人不同。那時候的直立人眉脊高聳，臉部凸出，不像智人的頭骨兩側往左右伸展開來。二十萬年前，人類在非洲的祖先，身體結構已經很接近現代人類了。有些族群使用的石器比較先進，甚至還可能有一些埋葬儀式出現。不過因為結構關係，他們的頭骨還是很重。直到六萬年前，智人離開非洲，開始散布到全世界，那時全身的骨骼結構才和現代的人類完全相同。[2]

那些能夠離開非洲、征服整個地球的人類祖先具備了混合過的遺傳血脈。他們在數十萬年的演化過程中一直都以狩獵與採集為生。他們聚集成小群，一起生活，就像現在仍殘存的狩獵－採集者一樣，一群至少有三十人，最多不會超過百人。這些群體分布得相當稀疏，最接近的群體每個世代也只會有少部分的人口交流，且通常都是女性。他們的遺傳多樣性很高，所有的群體（生物學家把這稱之為「關連族」〔metapopulation〕）具備的多樣性，遠高於那群注定要離開非洲的族群。

直到現在，這樣的差別依然存在。很久以前我們就知道，撒哈拉沙漠以南的非洲人，在遺傳多樣性上遠高於生活在世界上其他地方的人類。這種差異的幅度在二〇一〇年變得特別清楚。那一年，科學家發表了四位住在喀拉哈里、以狩獵－採集為生的布希曼人基因組中含有蛋白質密碼的序列。布希曼人也稱為閃族（San）或是郭依桑人（Khoisan）。科學家也在南非從事農業的班圖族人中挑了一位進行相同的定序。結果讓人驚訝。雖然四位閃族人的外在形貌相似，但彼此間遺傳上的差異，要比歐洲人和亞洲人之間的平均差異還要大。[3]

人類生物學家和醫學研究人員都注意到了這一點，現代非洲人的基因是所有現代人類的寶庫，他們保有了人類這個物種最大的遺傳多樣性，研究這些多樣性會讓我們更了解人類身體與心理的遺傳學。由於人類遺傳學在這方面以及其他方向有了新進展，關於種族與遺傳變異，或許是該採納新倫理的時候了。在這個新倫理中，完整的多樣性要比個別的多樣性有價值多了。這樣的新倫理也能讓我們把遺傳變異視為資產而給予適當的評估，同時珍視多樣性在越來越不確定的未來所能提供的適應力。這些林林總總的基因能夠產生新的天賦、抵抗疾病，同時有可能讓我們以新的眼光看待真實世界，這些都能讓人類變得更強。為了科學的理由，也為了道德的理由，我們應該學習單純地發揚人類這種生物多樣性，而不是把多樣性拿來當成偏見與衝突的藉口。

那群從非洲離開、進入中東和其他區域的智人族群，他們所踏上的旅程對現代人類而言稀鬆平常。小群小群的智人，一代又一代，靠著雙腳，排除萬難，朝著眼前陌生的土地前進。他們的活動模式看起來是先冒險前進個幾十公里，然後定居一陣子，讓人口增加，之後群體會一分為二，或是更多，再繼續朝著新的領域前進。最初的智人入侵者可能是沿著尼羅河北上，進入亞洲地中海沿岸一帶，然後往北方與東方散播。一開始進入這條廊道的先驅者可能只有一個或少數幾個群體。幾千年下來，他們的後代彼此組合成聯繫鬆散的部落網絡，幾乎占據了整個歐亞大陸。

十年來，不同的研究團隊，從兩條線的證據總和得出這樣的推論：一剛開始是非常少數人的緩慢拓展，到後來成為區域性的族群增長。首先，非洲南方的人類具有高度遺傳多樣性，這意味著當時整個非洲的人類族群中，只有一小部分離開了非洲。第二，將目前人類族群之間的遺傳差異數量進行分析，並以其建立數學模型，顯示出這些先驅者造成了「連續始祖效應」(serial founder effect)，這是指有一些個體從原本比較老且完整的族群搬了出去，之後這些個體成為遷徙族群的祖先。這些遷徙先鋒大量繁衍，朝著許多方向遷徙，最後人類的族群又合併在一起了。[4]

科學家已經將來自地理學、遺傳學和古生物學的資料拼湊在一起，以便更仔細地想像當初人類離開非洲的過程。在十三萬五千到九萬年前，這段時期的非洲熱帶地區處於乾旱期，嚴重程度數萬年來罕見。乾旱使得早期的人類退縮，活動範圍縮小，數量也減少到可能面臨滅絕的危險。[5] 飢餓和部落衝突造成的死亡在人類歷史後期已成慣例，可見史前時代一定也相當普遍。當時，非洲大陸上智人的數量可能已經縮減到數千個，一個未來能夠征服世界的物種，在當時有很長一段時間處於可能會完全滅絕的危機之中。

之後，劇烈的旱象稍減。九萬到七萬年前，熱帶森林和莽林慢慢拓展，恢復到原本的分布範圍。人類族群也隨著這些林地一起增加與拓展。在此同時，非洲大陸其他區域變得更乾燥，中東地區也是，而非洲大部分地區仍有著適中的雨量。在這個絕佳時期，持續增加的先驅族群有機會離開非洲大陸。重點是這段時期夠長，讓尼羅河延伸到西奈半島以北的地區成為一條穿過乾旱地區、適合居住的走廊地帶。移民的人類便從這條走廊往北散播。第二條可能的路徑是往東走，跨過曼德海峽（Bab el Mandeb Strait），抵達阿拉伯半島南部。[6]

最晚在四萬兩千年前，智人抵達了歐洲。結構上與現代人類相同的智人散播到多瑙河流域，進入智人近親尼安德塔人的主要活動範圍。尼安德塔人是從比較早的古老人類演化而來，他們和智人在遺傳血緣上相近，但的確是不同的物種。尼安德塔人很少和智人混血。這可能是因為尼安德塔人主要以大型獵物為生，所使用的工具不如智人這樣技術嫻熟的戰士，後者不只獵捕大型動物，還捕捉其他許多種類的動物，他們也吃植物。三萬年前，智人已經完全取代了尼安德塔人，也取代了其他血緣與尼安德塔人相近的人種，例如最近在西伯利亞南方發現的「丹尼索瓦人」，他們的骨骸是在阿爾泰山的丹尼索瓦洞穴中發現的。[7]

至於擴展中的人類族群之後步上的路徑，透過化石與遺傳證據可以得到的最佳推論是，人類在約六萬年前推進到亞洲，並沿著印度洋的海岸擴張。新的移民進入印度次大陸，接著挺進馬來半島，不知為何又能夠穿越重重海峽，抵達安達曼群島（Andaman Islands），目前這些島上依然有古老的原住民。但是早期人類並沒有抵達鄰近的尼科巴群島（Nicobar Islands），該群島目前住民的遺傳組成顯示他們的祖先是在一萬五千年前才從亞洲移居過來的。印度尼西亞至今發現最早的人類遺跡來自婆羅洲的尼亞洞（Niah Cave），有四萬五千年的歷史。最古老的澳洲人類是在蒙戈湖（Lake Mungo）出土，他們生活於四萬六千年前。人類在新幾內亞定居的時間可能更早。距今五萬年前，澳洲的動物相發生了重大的改變，可能就是因為那時人類入侵了澳洲，他們獵捕動物，並且以焚燒低矮植物的方式驅趕獵物。新幾內亞和澳洲的原住民是真正的原住民，他們直傳自最早的現代人類，一直到現在都生活在當初祖先抵達的土地上。[8]

至於在結構上與現代人類相同的智人到底是什麼時候抵達美洲，並對當地的動物與植物造成毀滅性的衝擊呢？這個問題許多年來一直是人類學家關注的焦點。真正的圖像就像是在顯影液中慢慢浮現出影像的照片那樣，最後終於出現在我們眼前。從西伯利亞到美洲的遺傳學與考古遺跡研究顯示，有一支原本住在西伯利亞的人類族群抵達了白令陸橋，時間不會早於三萬年前，實際的時間可能是兩萬兩千年前。在這段期間，陸地上的冰層增加使得海水減少，白令陸橋露出了，但同時也阻止了進入目前阿拉斯加地區的道路。約一萬六千五百年前，冰層後退並清出了一條往南的道路，人類全面進入阿拉斯加的行動又再度展開。根據從北美洲和南美洲的考古發現指出，人類在距今一萬五千年前就開始在整個美洲殖民，當時大陸上的冰層尚未完全消退，最早的人群似乎是沿著沒有冰層覆蓋的太平洋沿岸散布，但這一長條陸地現在幾乎都位在海水之下。[9]

大約三千年前，玻里尼西亞人開始在太平洋的各群島上殖民，一開始是東加群島，人類乘著為了長途航行而設計的獨木舟往東前進，到了公元一千兩百年，玻里尼西亞人到達最遠之地：由夏威夷、復活節島和紐西蘭組成的大三角形。隨著玻里尼西亞航海者此一成就，人類征服地球的事業亦宣告完成。

CHAPTER

·10·

創造力爆發
The Creative Explosion

智人擁有能夠征服全球的大腦，因此才能夠衝出非洲大陸，一代接著一代，如同無止息的浪潮般，席捲舊世界。剛開始的行動幾乎小到無法察覺，但在各地拓展的速度越來越快，也產生了越來越複雜的文化。就地質時間而言，這些重大的進展就像是突然間達成似的。在新石器時代剛開始的多個地區，狩獵-採集者發明了農業，並聚集形成了村莊，也同時產生了統治階層和最高統治者，最後出現國家和帝國。借用化學的說法，在這個時期的文化演化屬於「自我催化的」(autocatalytic)：每次的進展使得下次的進展更容易進行。在有文字記載歷史的初期，不論是舊世界還是新世界，各種創新快速地散播，並橫越了大陸。不過在歐亞大陸這個超級大陸的核心地帶，這個過程達到高峰，最終改變了世界。

人類學家提出了三個理論解釋這種爆發性的文化創造。首先，非洲智人在離開非洲、進入歐亞大陸時，發生了能夠造成巨大改變的遺傳突變。這個觀點有一個可信的佐證：尼安德塔人的存在。他們與智人的血緣相近，在歐洲與亞洲的地中海沿岸生活了數十萬年，使用的石器一直都很原始，沒什麼進步，而他們在三萬年前消失了。[1]尼安德塔人沒有發展出視覺藝術，也沒有個人性裝飾。奇怪的是，在尼安德塔人一成不變的歷史中，他們腦部一直都比智人的大，也能夠對抗持續發生的劇烈環境變化。從他們的身體結構和ＤＮＡ來看，他們可能會說話，如果真是如此，非常可能有複雜的語言。他們會不分老幼地照顧傷者，這對部落生存而言可能是必須的，因為幾乎每個成年人都會在獵捕大型動物時受傷、骨折。在尼安德塔人綿延數千代的文化中，沒有多少事情發生，但來自非洲的智人可發生了非常多事。

但是某一個造成心智改變的突變不太可能有這麼大的影響。比較實際的觀點是，這種創造力大爆發並非單一遺傳事件的結果，而是從十六萬年前古老形式的智人就開始逐漸改變。支持這個觀點的證據是，最近科學家發現了他們在那麼久之前就已經開始使用顏料，個人性裝飾、在骨頭上塗有赭粉的抽象刻痕，其出現年代大約在十萬到七萬年前。

人類學家詳細闡述的第三個理論是，文化的創新和興衰，與那段時期出現的各個劇烈氣候變化同步，這種變化對人口規模的大小與成長而言是個危機。有些創新消失了，之後又重新出現。有些創新引起注意，但是經過一段時間才廣為應用。支持這個觀點的證據來自最早的考古紀錄，紀錄指出非洲人的手工藝品，包括了貝珠、骨器、抽象雕刻，以及形狀改良後的投擲石器，在七萬到六萬年前，於各個地區都消失了，這時氣候也剛好發生了極為嚴重的惡化。這個情形在六萬年前改變了，相同的手工藝品再次出現，大約也是在這個時候，人類離開了非洲。目前相信在這段氣候惡劣的時間，人類數量減少，族群變得更為分散，社會網絡被打斷，而這使得許多文化的內容都消失了。後來氣候轉好，族群再次擴張與成長，有些創新又重新發明出來，同時也有些新的創新可能被帶出了非洲，跟著移民散布到全球。現在的文化也是如此（雖然原因不同），創新有時出現、有時消失，只有一些能夠站穩腳跟並且散播出去。[2]

事實上，這三個理論彼此間並不衝突，反而可以融合成一個故事。在智人離開非洲、散播到舊世界的過程中，遺傳演化當然會持續發生。根據一項研究指出，大約在五萬年前，人類新遺傳突變產生的速度都相當緩慢且穩定，但是之後速度加快，在一萬年前到達顛峰，這正是新石器時代革命初興之際。同一時期，人類族群成長的速度也開始加快，結果就是使得更多的突變出現。除此之外，由於人口的總數增加，也因此有了更多的文化創新。

遺傳學家把現代黑猩猩基因組與人類基因組（所有的遺傳密碼）之間的差異當作衡量標準，發現這兩個物種自從在六百萬年前分開之後，大約有百分之十的胺基酸因為適應而改變了。[3] 換句話說，這些改變是天擇對於每一代的篩選所造成的。有些其他的研究確定了當初人類離開非洲向外散播的時候，演化也隨之發生。整體來說，他們的身形變小了，腦和牙齒也等比例地縮小。在歐洲與亞洲外圍的族群演化出了其他的特徵，在美洲的族群也是。這樣的模式完全在意料之中。族群內和族群之間的諸多差異，讓天擇有著力之處。在各族群推進的時候，隨機取樣也發揮了作用，產生與適應無關的「遺傳漂移」（genetic drift，遺傳漂移是機率的產物，我們可以想像用丟硬幣來決定生死，如果出現「人頭」就讓個體倍增，「字」就把個體淘汰。某個突變的基因對於攜帶這個基因的個體如果無法帶來好處、也不會造成壞處，那麼就是由遺傳漂移決定這個突變是否保留下來。）最容易引起遺傳漂移的是始祖效應（founder effect），這是因為在人群散播的時候，原本屬於同一族群中的兩個小群彼此之間也可能有差異。族群遷徙時，第一小群的人可能往某個方向前進，第二小群的人則可能留下、或前往不同的方向，這兩個小群帶有不同的基因組合，因為這兩個小群都只是母群的一部分而已。結果就是像膚色、身高、各種血型的比例，以及其他非生存必需的遺傳特徵，在小群移動不過數百公里之後就會朝著不同的方向變化。

突變是DNA上隨機發生的改變。突變可以是一個字母的變化（鹼基的改變，例如AT變成GC，或反過來），或是某個已有的鹼基增加了（例如AT變成ATATAT），或是一串字母移動到同一個染色體的不同區域、或根本移動到不同的染色體上。每個基因通常包含了數千個這樣的字母，而各個基因所含的字母數量差異也很大。例如在第十九號染色體中，每百萬個鹼基長度中有二十三個基因，但在第十三號染色體，每百萬個鹼基長度中只有五個基因。

人類離開非洲之後，數量大幅增加，新突變的爆量勢不可免，這時的人類經過了兩個演化階段。在第一個階段，所有突變的發生率都非常低，因為在所有的情況下，突變發生的機率通常低到一萬人中只會有一個突變，也會低到十億人中才出現一個。由於突變的「發生率」那麼低，大部分的改變都會消失，或是因為突變會削弱攜帶該突變個體的適應能力，或是因為機緣巧合（遺傳漂移），有時兩者甚至會同時發生。不過，一個帶有新突變的基因，發生率如果到達百分之三十，那麼之後就有可能持續增加。到了第二個演化階段，具有突變的基因（突變對偶基因）會和舊的基因（舊的對偶基因）競爭，甚至有可能取而代之。另一種可能是某個人帶有兩種不同的對偶基因（這個人便稱為這個基因的異基因型合子〔heterozygote〕），他具備了帶有兩個同一種對偶基因的人（同基因型合子〔homozygotes〕）所缺乏的優勢，這時突變基因和舊基因的發生率會達到平衡，而不是完全取代對方。[4] 教科書上的例子是鐮狀細胞貧血（sickle-cell anemia），造成這個疾病的基因遍布於從非洲到印度的瘧疾盛行地區。如果你有兩個鐮狀細胞基因就會有嚴重的貧血症狀，死亡機率很高。如果你有兩個正常基因，則感染瘧疾的機率很高。如果是一個正常基因和一個鐮狀細胞基因（異基因型合子的情況），那麼你既不會貧血，也不容易感染瘧疾。因此在瘧疾盛行地區，由於瘧疾的天擇壓力，使得這兩種基因的發生率都很高，而且達到近乎平衡的狀態。

人類支系在和黑猩猩支系分開之後，依然遵循著一般動物共通的模式。這種模式（如果證明為真）對於了解人類如何變成現在的模樣非常重要。這個模式是具有遺傳密碼的基因（控制酵素和其他蛋白質結構的變化）主要控制一些特殊組織所表現出的性狀，諸如免疫反應、嗅覺和精子的製造等都會受到這些基因的影響。另一方面，非遺傳密碼基因會調節由遺傳密碼基因所指示的遺傳發育過程，在發育過程和神經系統中比較活躍。雖然對於這樣的區分所進行的分析才剛要開始，不過有些人認為發生在非遺傳密碼基因上的變化，對於認知的演化至關緊要。換句話說，這樣的改變造就了人類。

哪些認知特徵是經由編碼基因和非編碼基因的突變與天擇而演化出來的呢？很可能全部都是。在針對雙胞胎的研究中研究了同卵雙胞胎（有相同的遺傳組成，是由同一個受精卵發育而成的）之間的差異，以及異卵雙胞胎（遺傳組成不同，是不同的受精卵發育而成的，遺傳上的差異和不同時間誕生的手足相同）之間的差異，結果指出內向外向、害羞膽怯、激動興奮這些個人特質，深受遺傳的影響。一個族群中，因為基因不同而造成的變化量，通常在四分之一到四分之三之間。[5]

不論是人類還是其他動物，在先進社會行為的演化過程中，至少還有另一件同樣重要的事情：遺傳對於社會網絡變化的影響。特克海默（Turkheimer）的行為遺傳學「第一定律」指出：人們所有的特徵，就某種程度而言，是由於基因差異所造成的。（其他兩個「定律」分別是：「在同一個家庭中成長所造成的影響，小於基因所造成的影響」，以及「人類複雜行為特徵的各種變化中，有很大一部分不是家族遺傳的基因所能影響的」。）[6] 特別是個人行為的交互作用有很多不同的成因，每個都可能是遺傳變異所造成的。如果說這些變異的合縱連橫不會對社會網絡造成任何影響，那才讓人吃驚。事實上，不論在大小和強度上，每個人的社會網絡差異都非常大，遺傳對這個網絡是有影響的。最近的研究發現，一個人所接觸到的人的數量，以及關係延遞性（transitivity，指和某人有關聯的兩人之間彼此也有關聯的可能性）的變化，其中有一半受到遺傳的影響。但另一方面，個人對於群體中其他成員，能夠將其視之為朋友的數量，則不受遺傳影響。至少在目前的統計結果中還看不出這點。[7]

目前遺傳證據與考古證據累積的速度很快。如果把這些證據納入考量，造成人類離開非洲以及之後種種開展的前因，大概會如我接下來的敘述。我認為如果想要嘗試描述那段漫長的路途，用生物地理學與生態學的類比來說明可能會比較容易理解。文化創新可以比作物種在某一個生態系中種類逐漸增加的過程，這個生態系可能是一座新出現的池塘、小灌木林，或是一座小島。在一群人中，文化的特徵會更替，就像某個生態系中的物種一樣。有些文化創新可能一直跟著那些離開非洲的智人。不過根據來自身體裝飾與投擲器具尖端的考古證據，有些文化特徵則消失了，這些文化特徵之後通常會重新出現，可能是重新發明出來的，也有可能是因為和其他人群接觸而學習得到的。最初在非洲的人類群體，彼此之間距離遙遠，而且群體中的人數很少。群體中的人數以及平均規模會隨著氣候變化以及能夠占有的領域大小而時有起落。當人類在非洲時，與離開非洲之際，環境變得比較優渥，群體的數量與規模同步增加，結果就是他們創新的速度也增加了。[8]

在六萬到五萬年前，這個人類史前時代的關鍵時期，文化的成長是自我催化的。首先，就如同我之前所提出的，剛開始成長的速度緩慢，然後變得越來越快、越來越快，就像化學與生物學的自我催化作用那樣。這是因為如果接納了某一種新的創新，就有可能跟著接納其他更多創新。如果這些創新是有用的，就有可能散播開來。小群體和族群如果能夠好好搭配各種文化創新，一來可提高生產力，同時更能在競爭與戰爭中勝出。他們的對手要不是學習這些創新，不然就是遭到取代、領土被占據。這樣的群體選擇驅動著文化的演化。

很早之前，從舊石器時代到中石器時代，人類打造文化基礎的速度緩慢。大約在一萬年前，新石器時代開始，隨著農業和村莊的發明，開始有了剩餘的食物，文化演化突飛猛進。由於貿易與武力的擴張，文化創新的速度不但變得更快，也傳得更遠。能發明新文化的人口與部落也增加了，有些創新的文化十分強大，造成了鋪天蓋地的衝擊。像文字書寫、天文觀測和槍砲這樣革命性的進展，一開始很少見，也不完美、滿是缺點，它們有些消失了，後來才又再次被發明出來。它們就像是火花，遇到機會就能成為燎原之火。[9]

考古學家描述了一些重要的心智概念，這些概念約在一萬到七千年前確立並且散播開來。

- 打造石器的技術已臻完美。中石器時代只是單純地敲打手邊能夠取得的石頭而已，到了這個時期，製作過程更為精緻。新石器時代的大型斧頭和手斧得經過一連串步驟方能完成。首先是挑選紋理細密的石頭，敲成適當的形狀，然後再仔細地敲下石片，使得形狀更為完美。最後還會把斧頭上粗糙的突起仔細鑿掉或磨除。完成品的表面光滑、邊緣銳利，形狀扁圓，相當能夠符合使用者的需求。
- 新石器時代的工具製造者發明了中空結構的概念，器物有內側表面和外側表面。他們設計了各種形狀的容器，材料則包括木頭、皮革、石頭和黏土。
- 這些工具製造者也知道把小的物體組裝變成大的，讓整個製作的過程反過來。他們用這種方式發明了編織，也讓住所變得更精緻寬敞。
- 這些剛開始從事農耕、居住在村莊裡的人類還有一個重大的轉變，這個轉變不只對人類極為重要，對於其他的生物也是。這個轉變是他們內心深處對環境有了新的概念。自然中的棲息地不再是狩獵動物、採集食物和偶爾施放野火的場所。棲息地現在變成了要整理成農地的地方。在這個特殊的概念下，野地是要被取代的。從那個時候起，世界上大部分的人心裡一直都有這種想法。

農耕的起源可以追溯到人類離開非洲的時候，或是再晚一點，最遲在四萬五千年前，人類已經會用火來驅趕與獵捕動物。在此同時，有些人類群體應該和現在的澳洲原住民一樣，知道在地火燒過後的草地和乾燥林地上會長出許多新鮮可食的植物，這時也比較容易找到（而且挖出來）營養豐富的地下塊莖。最近關於墨西哥土著農作物的研究顯示，接下來的步驟可能就是建立長期的棲息據點。墨西哥的土著和其他中美洲土著開始種植具有實用價值的樹木和其他植物，例如龍舌蘭、仙人掌、葫蘆，以及豆科的銀合歡。種植植物只是為了避免住所周圍有其他種類的植物生長而已（有趣的是，有些螞蟻也會幹相同的事）。下一步同樣也是僥倖而得。這些最早的花園物種偶爾和其他類似的物種雜交，或是染色體的數量增加了，也有兩者同時發生的情況，這些改變加在一起產生了讓食物更有價值的新品種。當這些新品種出現，也被採集者試嚐過一些，人類便會選擇這些新品種。人擇使得樹木開始馴化，植物育種隨之進行。在此同時，甚至更早，人類便開始捕捉野生動物並加以馴化，讓牠們變成寵物或是牲畜。九千到四千年前，這股潮流往前推進，在新世界和舊世界至少八個主要地區，產生了許多植物與動物的新品種。農業開始成為人類的基本日常工作。[10]

在過去一萬年中，是智人和生物圈經歷重大改變的時期。文化演化依然持續加速，這個現象引發了一個基本的問題：人類的遺傳也在演化嗎？醫學研究加上深入分析人類基因組中三十億個鹼基序列的結果指出，在人類族群中，演化依然在進行。有鑑於人類遺傳對醫學的重要性，目前大部分鑑定出來受到天擇篩選的基因都和對抗疾病有關。數千年來有越來越多突變出現，並且散播。CGPD、CD406和鐮狀細胞基因，提供了不同程度的、天然對抗瘧疾能力。CCR5能對抗天花、AGT和CY3PA能預防高血壓，ADH能抵擋對乙醛敏感的寄生蟲。有些最近發生的遺傳突變還會影響生理特徵，包括著名的成人耐乳糖基因，這讓成人能夠消化乳汁和乳類製品。西藏高原的人們生活在氧氣濃度低的環境中，有了EPAS1這種突變就能夠讓血紅素的產量增加，這對高海拔的生活至關重要。就我們對演化基本過程的了解，人類直到最近仍發生了多次演化，也不可避免地會繼續演化下去。[11]

人類遺傳學家同意，人類結構與生理在各地理區域的變異種（通常被歸為各地區的「種族」），大部分不是因為當地的天擇造成，而是因為不同的基因類型遷徙到不同的地方，同時各區域的基因發生率受到遺傳漂移影響有所增減而造成的結果。不過有例外，比如膚色，這種地理變異是因為要對抗陽光中的紫外線輻射，這種輻射越接近赤道就越強烈。還有一個是格陵蘭的愛斯基摩人和西伯利亞的布里亞特人（Buriat）異常扁平的臉型，這讓頭部表面積減少而得以抵禦酷寒。

一個基因或一小群基因的發生率會因為演化而改變，不論那一小群基因是否在同一個染色體中，生物學家都將這種演化稱作「微演化」（microevolution）。生物學家認為在遙遠的未來，微演化也會持續進行。但在離現在不久的未來，種族的遷徙與彼此婚配會把分布於全球的基因攪拌均勻，而其力量將會遠遠超過微演化。雖然這股潮流才剛開始，不過會對全人類造成重大影響，世界各地區人群中的遺傳變異將會以史無前例的速度增加。在增加的同時，各族群之間的差異也會隨之減少。理論上來說，如果這股潮流持續下去，芝加哥人和吳哥窟人在遺傳上將會沒什麼差別。總的來說，每個地方基因型的種類會增加，這是人類演化史上獨一無二的改變。我們可以期待全世界的人類將會變得更加多采多姿，產生嶄新的美貌，以及更多藝術與智能天才。

各地區智人的遺傳均質化無法避免，不過最後還是會被另外一種演化力量壓過去：人類有意識的選擇，這可能是最後的演化力量。不久之後，用遺傳工程的方式改變胚胎中的基因便可在實驗室中進行，這種方法之後可以用來對抗遺傳疾病，最後變成慣常的醫療方式。不久之後（要看新層次的激烈道德爭論結果而定），在胚胎階段就對正常兒童進行遺傳美容，將會變成生物醫學工業的主要領域之一。我希望並且傾向相信在道德上，這種形式的優生學操縱不會受到允許，因為它會偏用在血親或是為了特權服務，這將對社會造成危害。人類應該會避免這種狀況發生。

很多人相信在不久的將來，人工智慧將會趕上人類智慧，並有可能取而代之。我認為這個想法有幾分虛幻。當然，在記憶容量、計算速度、組合資訊這些方面，電腦會超越人類。也有可能寫出能夠模擬情緒反應與類似人類決策過程的演算法。不過就算這些電腦的效能提升到極限，它們都只是電腦。我們從匯集了科學知識而描繪出來的人類現況中可以得出一個結論，那就是，基於史前時代的經歷，人類的情緒與思考都是獨一無二的。人類穿越演化迷宮的特殊路程，每一步都烙印在我們的DNA上。人類的確獨一無二，這種特殊的程度遠超過我們的想像。雖然目前我們在這個星球上是個奇特的存在，但是我們在精神上只是屬於許多類人動物的其中之一，這些物種之前曾經出現過，如果人類滅絕了，數十億年後，生物圈中也可能會再度出現。

科學家才剛開始研究與下意識有關的神經途徑和內分泌調節方式，這個下意識會影響感情、思考與選擇。除此之外，心智不只是由內在世界所組成，也包括了進出身體其他所有部位的感覺與訊息。機器人要進展得如人類一般，還要解決許多技術上的困難。那我們為什麼還想要嘗試製造出這種機器呢？就算我們有了這種遠遠超越人類外在心智能力的機器，這些機器也毫不具備人類的心靈。無論如何，我們不需要這樣的機器人，也不會想要。人類的生物心智是我們的私有領域。雖然人類的心智有怪癖、不理性、具備危險的念頭，彼此會衝突而且缺乏效率，但這個生物性的心智是人類現況的核心，也是意義之所在。

CHAPTER

·11·

衝向文明
The Sprint to Civilization

人類學家認為人類社會的複雜性可以分成三個層級。最簡單的層級，也就是狩獵－採集群體與小型農業村落，總體來說，人人平等。領導地位被賦予給那些具有智慧與勇氣的人，當他們衰老、死亡，這個地位會被轉移到其他人身上，而那些人不一定是他們的近親。在這種平等主義的社會，重要的決定是在大眾節慶和宗教慶典進行時形成。目前少數殘存的狩獵－採集群體依然如此，他們散布在偏遠地區，主要是南美洲、非洲和澳洲，並與新石器時代之前數千年盛行的組織最為接近。

往上一個層級的複雜性是具有領導階級的分層社會（rank society）。這種社會是由菁英階級所掌控，而在他們衰弱或死亡之後，其地位會由家人，或至少由親屬所取代。在世界各地開始有文字歷史的時候，這種層級的社會數量最多。首領或「老大」是藉由威望、捐輸和地位在其之下的菁英階級成員的支持進行統治，同時也會懲罰反對自己的人。這些人靠著部落累積的多餘糧食過活，同時利用糧食來加強對部落的控制、控制交易，並且對鄰近部落開戰。首領的權威只能及於生活周圍與鄰近村落中的人，首領和這些人每天都需要見面。實際上，這些村人就住在半天腳程可到的範圍之內，最多也就是四十到五十公里。首領為了有利於管理領域中的事務，會稍微下放一些權利，以減少反叛與分裂發生的機會。常用的管理手段包括箝制手下，以及挑起他們對敵對領導階層的恐懼。

社會文化演化的最後一個階段是形成國家，國家具有中央集權機構。統治者執行統治權的範圍不僅限於首都，還包括了所有村莊、行省、屬地，這些地方都不是一天能夠走到的，因此無法即刻傳達統治者的命令。國土太大，維持社會秩序與統合社會聯絡系統已經複雜到無法由一個人監督與掌控，因此便將地區的統治權下放給總督、公侯、地方首長等，類似首領的次級統治者。國家同時也具備官僚系統，依照專長來區分職責，其中包括了軍人、建築工人、辦事員和祭司。如果人口和財富充足，官僚機構中還會增加公共服務的部門，執行藝術、科學與教育方面的工作，最先受惠的是菁英階級，然後才往下推及一般大眾。國家的首腦握有權柄，可能真的有那根權杖，也可能僅僅是意義上的，他們會和階級最高的祭司結盟，並為了裝飾其權威，進行對神誓以忠誠的儀式。[1]

從小群與村落的平權主義、首領社會，演進成國家的文明發展過程，演化的是文化，基因並沒有改變。這是一種自發性的改變，開展的過程和昆蟲非常相近：一開始由家庭組合成群體，然後演變成真社會性群體，其中具有階級與分工，只是人類的規模要大得多。

人類學家普遍接受的理論是，當部落能夠經由攻擊或技術而得到更多領域，部落就會這麼做，然後得到更多資源。他們會在能力所及的範圍內持續擴張，最後開花結果，成為帝國，或是帝國合併成為嶄新、富競爭力的國家。國家的範圍廣大、領土遙遠，組織也會變得更複雜。社會系統就和所有複雜的物理系統或生物系統一樣，為了維持穩定與生存，必須分級控制，不然很快就會崩潰。國家層級的階級統治系統是由許多較低層級的系統彼此交互連結所組成，這些結構上的層級會依序往下傳遞到次系統的最底層，也就是國家的每個公民。真正的系統可以「分解」成為次系統（例如兵團中有連隊、地區中有市政府），這些次系統彼此能夠互動。但在某個次系統中的個人並不需要和另一個同等級次系統中的個人互動。比起無法分解的系統，這種能夠高度分解的系統運作起來更加順暢。理論數學家賽門（Herbert A. Simon）針對這個主題發表了具有開創性的論文，他在論文中寫道：「理論上，如果複雜性是從簡單性演化出來，那麼我們可以預期這些複雜系統內是區分階層的。這些系統的動態變化和分層結構有一種特性：近可分解性（near-decomposability），如此可以大幅簡化系統的行為。近可分解性也能簡化對於系統的描述，使得我們更容易了解如何能夠在適當的範圍之內，儲存發展或重製系統所需的資訊。」[2]

賽門的原則指出，當簡單社會經由社會演化轉變為國家，具有階級統治的集合體會運作得比沒有組織的好，因為統治者能夠更輕易地了解現況並做安排。換一種說法就是，如果生產線的工人在主管會議也有投票權，或是由應徵入伍的士兵來策畫軍事行動，你就不該指望會得到成功的結果。

那我們為何會說人類社會演化出的文明與文化，是和遺傳站在相對的立場呢？有幾個方向的證據支持這樣的結論。其中有個重要的事實是，狩獵-採集者社會中的嬰兒如果被科技先進社會的家庭所收養，成長之後會具備和科技先進社會中的成員相同的能力，即便這兩個社會的祖先已經分開了四萬五千年也一樣，例如由白人家庭扶養長大的澳洲原住民兒童。這段時間已經長到足以讓不同人類族群之間的遺傳，會因為天擇和遺傳漂移而有所差異。但就我們目前所看到的，這些由遺傳所造成的性狀改變，主要是為了對抗疾病以及適應當地的氣候與食物來源。到目前為止，沒有發現任何一個族群具有能夠影響杏仁核和其他情緒反應控制迴路中心的顯著遺傳差異，也沒有找到任何遺傳改變會對族群平均的語言深度認知過程與數學推理能力造成影響——雖然可能只是還沒有找到。

通常附加於不同國家、城市或村落居民的種種刻板印象，可能也具有遺傳基礎，不過證據顯示，這樣的印象是來自歷史和文化，而非遺傳。因此就算各種文化之間的確有遺傳變異的存在，但就遺傳演化的時間尺度來看，這些變異都十分微小。普遍來說，義大利人可能比較健談、英國人比較沉默、日本人比較有禮，但各族群普遍呈現出的種種性格差異，遠不及族群內不同個體之間的個性差異來得大。很明顯地，族群內也存在著類似的變異。美國心理學家羅賓斯（Richard W. Robins）住在西非布吉納法索的偏遠村落時就觀察到這種現象：

住在那裡的時候，每個人都那麼不同，但這樣的差異同時卻又如此熟悉，讓我留下深刻的印象。布吉納法索人雖然有不同的文化習俗與活動，但是他們同樣會墜入情網、厭惡鄰居和照顧小孩，而且原因就和世界上其他地方的人一樣。事實上，人類的心理和社會行為的核心部分，是沒有國家、文化和種族差異的。即使是布吉納法索和美國這樣天差地遠的兩個國家，人民在性格傾向上，普遍來說沒有什麼重大區別。

在這樣人類的共通性中，很明顯地有個人差異存在，布吉納法索人（或美國人）有的害羞、有的外放，有的友善、有的難搞，有人想要得到比較高的社會地位、有人則缺乏這種動力。[3]

心理學家所研究的眾多性格特性，大部分可以將之區分為五大類：外向／內向、敵對／親和、盡責、神經質（neuroticism），以及開放性（openness to experience）。在族群內，這五大類性格，每一類都包含了很大的可遺傳性，大約在三分之一到三分之二之間。這個意思是說在每一類特質中變異的得分（由個人之間基因不同所造成的部分），大約會落在三分之一到三分之二之間。所以光是遺傳，我們就可預期那個布吉納法索村落中的人會有很大的不同，再加上每個人不同的經歷，特別是在兒童時代的性格形成期，因此可以預期每個人的性格會有更大的變異。但是在不同村落甚或不同國家之間，這種變異又多少相同。

這樣大量的變異是普遍存在的嗎？鄰近族群之間的變異程度是會一樣、還是有所差異？在不同的族群中，這些變異都很大，而且變異的幅度都相同。這是二〇〇五年由八十七位研究人員組成的團隊所發表的傑出研究成果。在該調查的四十九個族群中，個人特質分數變異的幅度都很類似；不同的族群之間，五類主要性格特質的變化趨勢只有些微的不同，這和不同文化的外人眼中所流行的既定成見並不一致。[4]

人類身體結構要發生演化改變需要相當長的地質時間。與之相較，目前分析得最為透徹的國家基礎文明主要分布在世界上六大地區，而它們幾乎是同時出現的，這是讓我們對大規模遺傳差異存在起疑的原因之一。每個文明都很快就出現了農耕與牲畜，只是世界上其他地方相關的創新還沒讓社會進展到國家層級。在埃及，最原始型態的國家（這是所有各自演化出的國家中，最早出現的）出現於公元前三四〇〇到三二〇〇年的希拉孔波利斯（Hierakonpolis），這個地區位於上埃及（Upper Egypt）和下努比亞（Lower Nubia）之間。公元前二九〇〇年，在巴基斯坦的印度河谷與印度的西北部，成熟的哈拉帕（Harappan）聚落演化成為國家。在中國最早的原始國家可能出現在二里頭，開始的時間是公元前一八〇〇到一五〇〇年。在新世界最早有紀錄的原始國家出現於墨西哥的瓦哈卡河谷（Oaxaca valley），時間是公元前一〇〇年到公元二〇〇年之間。祕魯乾燥的北部海岸也獨立演化出了莫切國（Moche State），時間是公元二〇〇到四〇〇年。[5]

這些出現在世界各地的原始國家不太可能是基因趨同演化的結果。這當然是因為人類遺傳體質本身就足夠複雜精微，使得這些原始國家能夠自動出現。這種各族群共有的、複雜精微的建構能力遺傳自祖先，時間可以追溯到六萬年前人類離開非洲。最近在夏威夷的茂伊島上迅速崛起的原始國家可以支持這樣的解釋。這批尚未擁有文字歷史的移民可能是在公元一四〇〇年抵達該島，他們具備了農業能力。到了公元一六〇〇年，人口大增，人們建立起了宮殿，有一位統治者控制了兩個之前便已存在的獨立村落；這個變化的速度比瓦哈卡河谷快，後者從第一個村落出現到建立起第一座宮殿，花了一千三百年。[6]

在人類離開非洲的時候，非洲的人類族群會在鴕鳥蛋殼製的容器上刻花紋。[7] 他們在更早之前（十萬到七萬年前）便開始使用紅色的赭石、穿孔的貝殼珠，以及其他先進的工具。這些人工製品中最古老的，可以追溯到結構和現代智人相同的人類出現後到現在之間一半的時間點上，它們和某些現在狩獵－採集者所製作的器具一樣先進。[8]

文明的雛形可能是在有了農業不久之後出現，甚至在農業出現之前。考古學家在土耳其幼發拉底河流域的偏遠地區挖掘到哥貝克力石陣（Gobekli Tepe）。這座位於山丘頂端的宮殿約在一萬一千年前築成，有石柱與石版，很多上面刻著一些常見的動物，大部分是鱷魚、豬、獅子和禿鷹，還有一隻蠍子。此外還有一些未知的生物，牠們有著兇惡的面貌，靈感可能來自惡夢或藥物引發的幻覺。有些研究哥貝克力石陣的學者指出，由於附近的村落並沒有發現類似的遺跡，因此這座巨大的建築工程可能是到處流浪的狩獵－採集者們偶然聚集起來，為了宗教儀式所建立的。不過其他學者則相信，不久之後就能夠發現大到足以支撐那麼多人工作的村落遺跡。[9]

有個考古學和古生物學都適用的原則：**不論已知某種化石或是人類活動的證據有多古老，在某處一定還有更古老的證據等著被發掘**。書寫紀錄就可以證明這個原則。最早的文字紀錄見諸於蘇美人的美索不達米亞文化以及埃及文化，可追溯到六千四百年前，這時新石器時代過了還不到一半。接下來已知最早的印度河谷文化的文字出現在今日的巴基斯坦（四千五百年前）、中國的商朝（三千五百到三千兩百年前），以及中美洲的奧爾梅克文明（Olmecs，兩千九百年前）。[10]這些古老的文字引發了一個難以理解的謎團。我們很難說清楚的是，那些各式各樣的楔形符號和象形文字，到底有多少是代表抽象概念而非真實物體？這些文字是用來表示語言的音節與聲音，或是由現在已經消失的口語所使用的未知文字所表達的概念？不過沒有任何學者會懷疑這一點：一旦書寫紀錄臻至完美，對於發明它的人將會是一大幫助。[11]

如果首領社會是自動轉變成為國家社會，並且創造出了文化，那麼我們要如何解釋現在各種社會之間的懸殊差異？這些差異十分巨大。如果把國家以國民平均收入排列，位於前百分之十的國家人均收入約為最後百分之十收入的三十倍。最有錢的人，他們的收入是最窮那些人的百倍以上。這樣的變化對於生活品質的影響十分驚人。有超過十億人居住在那些最窮的國家，全世界有百分之十五的人處於聯合國分類下的「極度貧窮」（absolute poverty），他們沒有適當的住所、衛生條件、乾淨的水、醫療照護、教育，以及足夠的食物。有些富裕的國家就在最窮的國家旁邊，這些富國的居民擁有上述種種好處，還能夠搭飛機旅行度假。根據戴蒙（Jared Diamond）在一九九七年出版的名著《槍炮、病菌與鋼鐵：人類社會的命運》（*Guns, Germs, and Steel: The Fates of Human Societies*）中的論點，可信的答案藏在地理之中。瑞士經濟學家希伯斯（Douglas A. Hibbs）、歐爾頌（Ola Olsson）等人以分析的方式證明了這一點。[12]在大約一萬年前，農業剛出現的時候，有些狀況綜合起來使得歐亞超級大陸上的人有著絕佳的機會，很快就能夠推動文化演進。這片大陸幅員廣闊，東西軸線相當地長，除此之外，美索不達米亞周圍地區生物多樣性豐富，有著豐沛的動物與植物物種適合人類馴化，這是其他島嶼和大陸所沒有的財富。關於農作物與牲畜的知識、累積與儲存額外食物的技術，很快地從一個村落傳到另一個，橫跨持續擴張領土的各個早期國家。新石器時代的革命之所以出現，並非人類的基因組適應了某個特別的地方，而是因為歐亞大陸核心區域的面積廣大、物產豐富。

III

社會性昆蟲稱霸無脊椎世界

How Social Insects Conquered the Invertebrate World

CHAPTER

·12·

真社會性的創新
The Invention of Eusociality

要了解人類現況的起因，不一定得要研究人類這個物種，因為這個故事並不是起於人類，也不會在人類終結。有些動物群聚生活如一個整體，我們可以在這些動物中找到社會生活演化的關鍵。如果你研究動物界中社會行為的全貌，而不只是關注人類所呈現出來的現象，會很清楚地發現一種模式。以往的演化生物學家很少想到，這個模式是由兩個彼此具有因果關係的現象所構成。第一個現象是，在陸地環境中，這些具有最複雜社會系統的物種占有優勢。第二個現象是，這些物種的數量在演化史中其實極為稀少。這些物種在數百萬年的演化過程中，一步步踏過了許多基本的過程，之後才得以興起，人類正是其中之一。

最複雜的系統是由那些具備「真社會性」的物種所建立的。一個真社會性動物的群體，例如一窩螞蟻，其中的個體分屬於數個世代。有些個體被區分為工作者，至少從外在看來，牠們展現出利他行為。這些扮演工作者角色的個體，有些生命比較短，有些後代比較少，也有兩者皆備的情況。這些個體的犧牲，使得其他個體能夠擔任繁殖者的角色，活得更長，也因此產生更多後代。

這種發生於先進社會中的犧牲，超越了親代對子代的奉獻，擴展到旁支的血親，包括兄弟姊妹、姪兒甥女，以及親疏不等的表親，有的時候甚至澤被遺傳上沒有血緣關係的個體。

比起單獨的個體，真社會性群體在競爭同樣的生態區位時有些明顯的優勢。真社會性群體可以安排某些成員找尋食物，另外的成員則保護巢穴。單獨行動的競爭者不是要找食物，就是得保護巢穴，無法同時進行兩者。真社會性群體可以派出多個食物採集者，但是仍讓部分成員留在家中，在巢穴內外形成監視網絡。當群體內有一個成員找到食物，牠會通知其他成員，讓大家像收網似的，集合到食物的所在地。當同巢的成員集合在一起的時候，便能如同團隊一般，對抗競爭者和敵人。這些成員還能在競爭者抵達之前，更快速地將大量食物運回巢穴。有些成員專門負責建設工作，巢穴因而得以迅速擴增，結構上更具有效益，入口也有更高的防禦能力。巢穴還具備某種程度的微氣候控制功能。非洲的白蟻丘和美洲的切葉蟻巢穴正是終極巢穴形式的最佳範例：有空調，新鮮的空氣可以自然地流通，不需要居住者主動調控。

有些物種形成的大型群體甚至具有軍隊般的組織，其發起的大規模攻擊，能夠擊敗單獨個體無法傷害的獵物。非洲螞蟻中的兵蟻（driver）可以說是這種適應現象中的極致。牠們行進時會分成百萬個

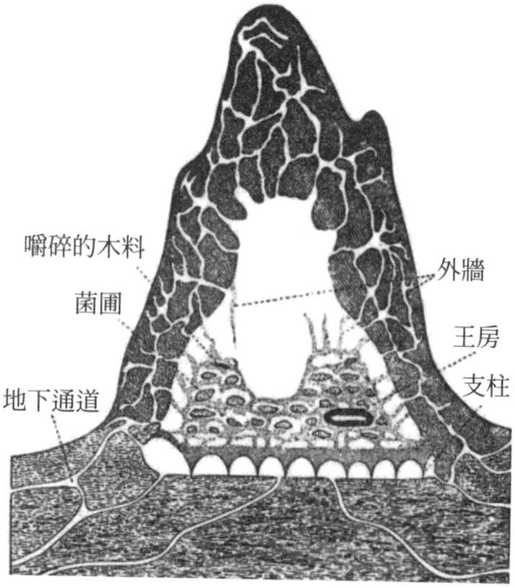

圖12-1｜非洲的大白蟻（*Macrotermes*）群體會建造蟻丘，蟻丘直徑可達30公尺，圖為蟻丘的縱剖面，顯示出能夠自動產生空調的建築結構。核心區域的空氣溫度會因為白蟻的代謝活動而升高，熱空氣朝上移動，經由蟻丘上部的通道排出，新鮮的空氣再從蟻丘底部的地下通道進入。在這個可讓百萬隻白蟻生活的巢穴中，持續流動的空氣使得溫度、氧氣濃度和二氧化碳濃度幾乎能夠維持恆定。

以上的縱隊，遇上的小動物幾乎全會被吃掉，無一倖免。牠們以及其他種類相近的軍蟻就算在昆蟲界也算是特殊物種，其能力足以擊敗白蟻、黃蜂，或是其他螞蟻組成的大型群體。

目前已知的真社會性昆蟲有兩萬種，絕大部分是螞蟻、蜜蜂、黃蜂和白蟻，而這只占已知昆蟲種類（約一百萬種）的百分之二。雖然牠們在物種數量上是少數，但是不論在個體數量、重要性，以及對環境的影響上，都超過其他昆蟲。這些真社會性昆蟲在廣大的無脊椎動物中的地位，就如同人類在脊椎動物中的地位。在比微生物和線蟲還要大的生物中，真社會性昆蟲是掌控陸地世界的小東西。

編織蟻（weaver ant，學名為*Oecophylla*）是非洲、亞洲和澳洲熱帶雨林樹冠層數量最多的昆蟲。這些螞蟻會串接彼此的身體，好把樹葉樹枝拉在一起，形成巢穴的牆壁；其他的編織蟻則會利用幼蟲吐出來的絲把這些牆壁固定起來。完成之後的蟻巢大小如足球，上面覆蓋著絲網。一個編織蟻的群體有一個蟻后和數十萬個蟻后產下的工蟻，住在分布於好幾棵樹頂上的數百個巢穴中。

從美國的路易斯安那到南美洲的阿根廷，有數不盡的切葉蟻群體，牠們組成了人類之外最複雜的社會，建立城市並且從事農業活動。工蟻會將葉片、花瓣和小樹枝切碎帶回巢穴，嚼碎成覆蓋物（mulch），然後以自己的糞便在上面施肥。牠們在如此肥沃的原料上種植牠們的主要糧食——一種在自然界的其他地方找不到的真菌。牠們以生產線的方式栽種，所有的處理過程，從切碎植物原料，到收成與分發真菌，都有不同階層的工蟻專職負責。

有兩位德國的研究人員在亞馬遜流域的一個研究地點，完成了一項驚人且艱鉅的工作：把一公頃雨林中的所有動物都秤出重量。他們發現，螞蟻和白蟻重量的總和占所有昆蟲重量的三分之二，真社會性的蜜蜂和黃蜂占了十分之一，光螞蟻的重量就是所有陸生脊椎動物（包括哺乳類、鳥類、爬行類、兩生類等）的四倍多。另外，有研究人員發現，在亞馬遜地區的高樹冠層，光是螞蟻就占了昆蟲重量

圖 12-2｜在美洲的熱帶地區，切葉蟻是數量最多的昆蟲，牠們有著動物中已知最複雜的社會行為。上圖為工蟻去尋找新鮮的植物，切片之後帶回巢中。下圖為切葉蟻的巢穴，中間大隻的是蟻后，周圍小型工蟻各自把紙漿放到栽培地區，或從事照料真菌的工作。

的三分之二。[1]

螞蟻不是一層密密麻麻覆蓋在地球上的昆蟲組織，不論是北半球還是南半球，螞蟻在寒冷的針葉林中分布得很零散，越靠近北極圈和高山上的森林線，數量也會逐漸減少。冰島、格陵蘭和福克蘭群島上沒有螞蟻，南喬治島（South Georgia）以及其他南極附近的島上也沒有，想要在火地島冰冷的海岸找螞蟻，只是徒勞。不過在其他地方，從沙漠到生機茂密的森林，一直延伸到位於陸地邊緣的沼澤、紅樹林和海灘，螞蟻都興旺繁榮，是所有陸生昆蟲中最重要的物種。我曾在美國新罕布夏州華盛頓山的森林線以上，研究三種重要的寒帶螞蟻，牠們數量龐大，到處可見，為了收集太陽的熱量在岩石底下築巢，並在九月溫度驟降、導致群體縮小之前，趕著完成一輪幼蟲的生長循環。不過，在新幾內亞薩拉瓦吉德山區（Sarawaget Mountains）的森林線以上，我沒有找到螞蟻。在那片荒涼的蘇鐵疏林中，每天都下著冰冷的雨，浸透了想要待在那裡的動物，不論人類和蟻類皆然。

比起人類，真社會性昆蟲古老得幾乎難以想像。螞蟻和牠吃木頭的同類——白蟻，在爬行動物時代中期，也就是一億兩千多萬年前，就已經出現了。最早有社會組織、會分化出勞力對旁支親屬和同盟者進行利他行為的「人族」(hominins)，則直到三百萬年前才出現。

你可以試著感受這樣的差異，想像一下，有一隻小型的哺乳動物，牠之後會成為人類祖先的第一個靈長類的遠祖，為了尋找恐龍蛋，匆匆跑過白堊紀初期的森林。牠爬上一截針葉樹的倒木，後爪踩破了樹皮。這段樹幹有部分是空心的，因為受到真菌與甲蟲，還有一種會吃木頭的、原始的濕木白蟻（*Zootermopsis*）的侵蝕，中心的木材碎成片段。一種類似黃蜂的蜂蟻（sphecomyrmine）把這個空洞當成了群體居住的巢穴。這時，工蟻群瘋狂攻擊這隻哺乳動物的後腳，找到皮膚上的裂縫或是軟組織就刺。我們的祖先跳下木頭，抖動那隻被螫的腿，並且用爪子撥開腿上的攻擊者。如果占據這個空樹洞的只是一隻單獨的、類似蜂蟻的螞蟻，我們的哺乳類祖先大概就不會注意到牠了。

接著又經過了一億多年，來到現代。你是那個當初遭到攻擊的動物所傳下的後代。你踏上一小截松木，這截正在腐壞的針葉樹幹是當初白堊紀森林中某棵樹的後代。白堊紀白蟻的後代就和牠們在中生代時期的祖先一樣，占據了樹幹空洞的一部分，把樹洞的凹槽鑿得更深。占據另一半空洞的螞蟻同樣也是當初古老螞蟻的後代，牠們一樣會用螫刺的方式驅趕你，就和牠們中生代時期的祖先一樣。人和螞蟻代表了陸地世界兩群最偉大的王者，不同之處在於白蟻和螞蟻幾億年前就已經統治了陸地，人類直到終於攀上真社會的階層之後，才能侵擾到牠們。

最早的螞蟻來自有翅膀、單獨生活的黃蜂。早期群體中的工蟻在這時已經失去飛行能力，特化成專門在地上地下、枯枝落葉上爬行，也能爬上植被的生物。剛羽化的蟻后還能飛，不過飛行時間不長。她會飛到空中，釋放出性費洛蒙，吸引有翅膀的雄蟻來交配。之後蟻后會降落到地面上，開始繁衍新的群體，不再飛翔。中生代時期的螞蟻持續演化，憑藉著本能，開始建立小小的文明，將牠們的領域擴及正在腐爛的植物表面，並且深入土壤之中。

牠們在數千萬年中演化得越來越複雜，甚至產生了新的物種，其中有許多成為獵食動物，是昆蟲、蜘蛛、鼠婦和其他住在地上的無脊椎動物的主要掠食者，這些螞蟻的後代至今依然與人類同住在地球上。螞蟻也扮演了主要清除者的角色，清理因為疾病和意外死亡的小動物遺體。牠們成為絕佳的土壤翻動者，對整個陸地生態系至為重要，甚至勝過蚯蚓。

我曾非常粗略地估計過現存螞蟻的數量，最接近十的冪次是十的十六次方，也就是大約有十萬兆隻。如果每隻螞蟻的平均重量是人類平均重量的百萬分之一，由於人類數量大約為十的十次方（百億），因此所有活著螞蟻的重量相當於所有現存人類的重量。這個數字聽起來可能不怎樣，那這樣想吧，把所有現在活著的人聚集在一起，緊密地堆積起來，可以塞進一個邊長將近一點六公里的正方體中，如果這樣處理螞蟻，也會堆成一個大小類似的正方體。這兩個正方體可以輕易地藏進大峽谷的某個地方。如果光算身體的總體積，或許人類和螞蟻算不上恢弘壯觀，但是經過我們的觀察和比較，就知道地球上的這兩種征服者還真是了不起！

CHAPTER

·13·

社會性昆蟲的創新之處
Inventions That Advanced the Social Insects

現在我要告訴你社會性昆蟲興起的經過，以及牠們成為陸生無脊椎動物霸主的故事。過去的五十年來，我親身參與揭露這個故事的過程。這些身形渺小的征服者並不像是外星入侵者那般，突然地闖進環境中。牠們踩著碎步，迂迴地滲透到整個環境，每一步都花了數百萬年才完成。一開始，社會性昆蟲是中生代森林與草原中平凡、甚至可說是稀少的成員，後來牠們的行為和生理出現了如同人類技術發明那般的新變化。隨著每一個新發明的出現，牠們進入了新的生態區位。牠們的能力足以改善環境，數量也隨之成長。到了始新世中期，也就是大約五千萬年前，牠們已經成為陸地上中型與大型無脊椎動物中數量最多的物種。

當螞蟻在侏儸紀晚期或是白堊紀初期出現的時候，白蟻已經興旺幾千萬年了，不過在同樣的生態系統中，牠們占據的區位不同。白蟻的祖先是種類似蟑螂的動物，而這種動物的祖先又可以再往前追溯數億年，到古生代時期。這裡我要暫停一下來回答一個經常被問到的問題：我們要怎麼區別「白蟻」和真的螞蟻？很簡單，白蟻沒有細腰。白蟻的強項是和能分解木質素（lignin）的細菌與原生動物（protozoan）共生，也就是建立非常密切的生物關係。這些生物居住在白蟻的腸道中，因此白蟻能夠消化枯木和其他植物部位。經過非常久的時間後，有些在演化上最先進的物種能夠以產出的食物建造出稱得上城市的構造（就像是切葉蟻會在覆蓋物上種植真菌），並且能夠調節巢穴的空氣。白蟻有分工現象，不同階級的個體，會有不同大小的體型。

就某方面來說，這兩個演化分支後來比較占優勢的是螞蟻那一支，勝過和牠們如雙胞胎般的白蟻王國，因為有很多種螞蟻專門以白蟻為食，但沒有一種白蟻學會把螞蟻當成食物。不過，螞蟻雖然有著偉大的歷史，卻沒有馬上就超越祖先、功成名就。在中生代最後的三千多萬年，螞蟻只是環境裡各式各樣獨立生活昆蟲中的一個普通角色。為了研究這些最早期的螞蟻，我和其他生物學家研究了數千塊中生代樹脂化石（也就是琥珀）。我們在美國的紐澤西、加拿大的亞伯達、西伯利亞與緬甸，年代適當的地層找到這些化石，其中螞蟻的數量不到千隻；在以同樣方式保存的昆蟲化石中，這些螞蟻只占了很小的比例。那些化石樣本分布的年代可是超過數百萬年呢。

之前科學家對於這麼老的螞蟻化石一無所知。在我們決心研究這些昆蟲的早期歷史時，中生代的部分是一片空白。後來，我在一九六七年得到了一塊水杉的化石琥珀，那是兩位業餘收藏者從紐澤西州白堊紀晚期的地層中發掘出來的，約有九千萬年的歷史。透明的琥珀中完美保存著兩隻工蟻，牠們生存的年代比當時已知最古老的螞蟻化石還早了一倍的時間。當我拿著這塊琥珀，我知道自己會是第一個研究地球上最成功的兩群昆蟲之一的人，我會追溯牠們的古老歷史。這是我一輩子中非常興奮的時刻之一。（如果讀者不能體會我對一塊昆蟲化石會有這樣的反應，我也能夠了解。）事實上我太興奮了，笨手笨腳地讓琥珀掉到地上，摔成了兩半。我嚇呆了，看著地上的化石，好像我剛才撞碎的是一個無價的明朝花瓶。好險，我那天的好運還沒有用完，兩半中各有一隻螞蟻，各自毫髮無傷地保存了下來，所以這兩塊琥珀可以分別打磨拋光。我仔細地研究這個寶物，發現牠們在結構上有介於現代螞蟻與黃蜂之間的特徵，黃蜂應該是螞蟻的祖先。我和另一位研究人員布朗（William L. Brown）之前就已經預料到古代螞蟻會有這樣混合的特性。我們將這個新物種取名為「蜂蟻」(*Sphecomyrma*)。由於螞蟻在現今的世界如此重要(畢竟環境有賴牠們才得以正常運作),因此蜂蟻在科學上的重要性可謂一如鳥類和其祖先恐龍之間的始祖鳥,以及人類與原始猿類之間「失去的連結」中,最早發現的南猿。現在可以開始找尋其他中生代的螞蟻化石了,讓這些社會性昆蟲的歷史更加完整。

我們在接下來密集地尋找中發現了更多樣本,也了解到外在環境的變化可能讓螞蟻崛起,最後取得完全主宰的地位。在一億一千萬到九千萬年前,那時還處於中生代,螞蟻居住的森林發生了重大的改變,而有可能造成這樣的進展。在此之前,喬木林與灌木林中主要的植物是裸子植物,最多的是外貌像棕櫚的蘇鐵、銀杏(目前只剩下一種,當成了觀賞植物),針葉樹,包括松、杉、雲杉、紅木,以及其他「有毬果」的植物,則零星散布在所有的森林中。在螞蟻和白蟻登場的時候,食植恐龍嚼著裸子植物上的嫩葉,白蟻負責消化殘留下來的植物部分,螞蟻則在裸子植物樹幹、地上積著的落葉和土壤中的腐植質下挖掘巢穴。螞蟻會尋找地面上的食物,也會爬到蕨類和樹上找吃的。在昆蟲學家現在能夠研究的大量螞蟻化石標本中,絕大部分都是困在水杉樹脂中的化石,水杉是中生代數量最多的針葉樹之一,那些螞蟻構造的細節足以讓我們重建螞蟻早期演化的過程。

我和其他人員也藉助許多其他動植物的化石,重建了接下來發生的事情。大約在一億三千萬年前,地球生命史中最基本又重大的一個改變發生了,這項改變在一億年前達到高峰:裸子植物大部分都由被子植物所取代了。今日,「開花植物」占據了大部分的陸地環境。水杉和其親近物種把地位讓給了木蘭、山毛櫸、楓樹,還有其他相近類群的樹木。蘇鐵和蕨類的主宰角色則換成了禾草、草本開花植物和地面開花灌木。

這段時期有兩項演化上的創新使得開花植物的革命能夠成功。首先,種子中有了胚乳(endosperm），也就是我們吃它的那個部分。胚乳不但能夠讓種子熬過不利生存的時期，也有助於遠距離的散播。第二，花朵具有富吸引力的顏色和香氣，因此得以演化出專門在同一種類、不同個體的花朵間傳遞花粉的蜜蜂、黃蜂、食蚜蠅（flower fly）、蛾類、蝴蝶、鳥類、蝙蝠，還有其他種類的動物。有了這些配備，開花植物相當快速地（以地質時間來說）散播到全世界。開花植物在數百萬年中散播的區域和豐富度大增，填滿了所有能棲息的生態區位，同時也出現新的物種，大大增加了植被的數量與複雜度。現在地球上有超過二十五萬種開花植物，分為三百多個科，包括了人們熟知的薔薇科（薔薇與玫瑰等）、殼斗科（Fagaceae，栗子等）和菊科（向日葵和菊花等）。它們彼此混合成群，生長在路邊、草原、果園、農地，以及熱帶雨林這個目前生物多樣性最高的生態系中。

螞蟻乘著開花植物的演化浪潮而起，我認為會發生這種共同演化（coevolution）的原因在於開花植物森林物資豐富，結構也更為複雜，而使得更多種類的小型動物能夠在其中生活。螞蟻原本起源於裸子植物森林，那裡的地表植物和掉落在地上的植物碎片結構比較簡單，能夠讓昆蟲和小型動物生存的生態區位比較少，所以理所當然居住在森林中的昆蟲、蜘蛛、蜈蚣和其他種類的節肢動物也比較少。續存至今的裸子植物森林依然如此，生存在裡面的物種並不多。對於節肢動物來說，開花植物組成的新式森林中，層層的堆積物和土壤結構形成了比較複雜的環境，對捕食節肢動物的螞蟻來說也是。這些堆積物包括腐敗的樹枝與樹幹、成堆的落葉，以及用來當成巢室的種子外殼，許多種類的螞蟻會在其中築巢，種類也更變化多端。開花植物堆積物從下到上的溫濕度變化幅度也更廣。這些原因使得更多種類的節肢動物可以以此作為食物，最後的結果便是螞蟻在全球都出現了輻射適應，世界各地有越來越多種類的螞蟻專門適應各種築巢地點和食物。螞蟻的種類暴增，並且持續拓展能夠占領的生態區位。到了六千五百萬年前，中生代結束之際，現存分類上二十多個螞蟻亞科幾乎都已經出現了。

就算有了高度多樣性，那些慢慢爬行螞蟻的組織與群體數量都沒有到達像現在這般的主宰地位。昆蟲學家到目前所見到的最古老螞蟻化石，不論是琥珀化石或是岩層化石，在數量上與其他的昆蟲相比都只能算是中等。可能在中生代（爬行動物時代）結束到新生代（哺乳動物時代）的頭一千五百萬年之間，螞蟻在演化上有了兩項重要的進展，這兩項進展成為牠們主宰世界的基礎。

第一項創新是螞蟻和很多以植物汁液維生的昆蟲建立了奇特的關係。蚜蟲、介殼蟲、水蠟蟲，以及其他許多同翅目（Homoptera）的昆蟲能夠以口器穿透植物，吸取植物的汁液和其他液態物質維生。這些昆蟲每一隻都需要消化大量的汁液，才能夠取得足夠用以生長與繁殖的營養，而這個取食上的限制會使得牠們排出大量的分泌物和液體，這些分泌出或射出的小水珠會掉落到地面或周圍的植物上，以免這類黏黏的東西堆在昆蟲四周。對於大部分種類的螞蟻來說，這些「蜜露」是天上掉下來的美食，有很多種類的螞蟻甚至以這種蜜露作為主要的食物。

對於那些昆蟲來說，與螞蟻成為伙伴也有好處，因而使得這樣的共生關係持續到今日。當蚜蟲和其他這類動物的口器穿進植物時，實際上是將自己固定在自己吃的食物上。對許多在植物上行走的掠食者和寄生者來說，這些柔軟的身體等於現成的食物。黃蜂、甲蟲、草蛉、蠅類、蜘蛛等動物可以在很短的時間內吃光一株植物上所有蚜蟲之類的昆蟲。牠們需要持續受到保護，和那些嗜食蜜露的螞蟻形成聯盟是得到保護的好方法。許多種類的螞蟻把這種持續又豐富的食物來源當成自家領域的一部分，就算離巢很遠也一樣。如果自己擁有的昆蟲遭遇到敵人，牠們會加以驅逐。

螞蟻在數百萬年的演化過程中又更進一步：牠們把合作的蚜蟲和其他種類的昆蟲變成類似乳牛的存在。反之，對那些昆蟲來說情況也一樣，牠們把螞蟻變成了酪農。對於螞蟻來說，這些共生的蚜蟲停在植物上吸食汁液的時候並不會分泌液體，而是暫時儲存在體內，等到螞蟻來了，用觸鬚輕觸牠們的腹部，蚜蟲才會把儲存的大量液體分泌出來供螞蟻飲用。牠們在演化的過程中成了共生的伙伴，讓彼此都繁榮昌盛。不過另一些生物可就沒有那麼幸運了。植物可說像是流失了大量的「血液」，獵捕蚜蟲等的掠食者通常會挨餓。不過它／牠們全部都能存活下來，這就是所謂「自然平衡」的一個例子。

有天我在新幾內亞的雨林中漫步，在林下的一株灌木上看見一群巨大的介殼蟲正在進食。牠們的身體被包裹在堅硬幾丁質的外殼之中，那殼就像是龜殼一樣，大約有十毫米寬。螞蟻就在旁邊放牧牠們，收集一滴滴的蜜露。對我來說，這些介殼蟲大得足以讓我來扮演一下螞蟻的角色（從另一個角度來看，我也是小得可以），同時我也幸運地大到能夠把奮力驅逐我的守護者們趕走。我拔下一根頭髮，用髮尖輕觸一隻介殼蟲的背部，就像是螞蟻用觸鬚尖端做的那樣。一如我的預期，介殼蟲分泌了一大滴蜜露，我用身上帶著的細鑷子把蜜露沾起來嚐了嚐，甜味適中。我知道我也同時攝取了少量胺基酸，如果我是螞蟻，這應該是滿營養的物質。當然，對介殼蟲來說，我就是一隻螞蟻。

螞蟻與植物吸食昆蟲的伙伴關係在漫長的地質年代中維持了很久。許多現代的螞蟻把牠們的六足乳牛當成萬用牲畜，在缺乏蛋白質的時候甚至會吃了牠們。有些種類的螞蟻更進一步，會把牠們帶離已經吸光養分的植物，到新的、鮮美植物那兒去。有種馬來西亞的螞蟻甚至已經成了游牧者，整個群體會週期性地帶著受其控制的植物吸食者到處移動，以持續獲得高產量的蜜露。[1]

螞蟻會和同翅目昆蟲這樣的植物吸食者形成共生關係。灰蝶科（Lycaenidae）的幼蟲也會分泌蜜露，螞蟻會和這種幼蟲共生，這並不只是引人好奇的無謂瑣事，而是在世界各地都會發生的普遍現象，同時也是許多陸地生態系食物鏈中重要的連結。對人類來說，這些螞蟻與昆蟲是農業害蟲；對這些昆蟲來說，共生關係可以讓牠們在陸地的環境攻占新的次元。之前在熱帶森林，牠們會爬到常綠喬木上，然後回到地面或靠近地面的巢穴。現在牠們可以一直高踞於地面之上。在許多熱帶地區，螞蟻是樹冠層數量最多的昆蟲。

生物學家一直以來都搞不懂那些螞蟻如何在樹上取得主宰地位。這些顯然是肉食性的動物要如何才能維持如此龐大的族群？牠們的數量眾多又位於食物鏈頂端，這種現象似乎違反了生態學的基本原則。每公克的食肉動物得吃掉更多公克的食植動物（非常粗略地估算為十倍左右），例如人類吃牛；這些食植動物又要再吃更多植物，就像牛吃草那樣。

後來，年輕且富冒險精神的生物學家爬到熱帶雨林的樹冠層直接觀察螞蟻群落，有了驚人的發現。這些螞蟻有的時候吃肉，但很多時候吃的是植物。更精確地說，牠們是「間接的食植動物」（indirect herbivore）。樹上的螞蟻還是不能像毛蟲和介殼蟲那樣直接消化植物，這需要消化系統大改造才有辦法。不過樹上有很多同翅目的植物吸食者，螞蟻可以靠著牠們分泌的營養蜜露為生。螞蟻仔細地照顧並控制著這些巢穴內部和周圍的植物吸食者，有些共生體會生活在「螞蟻花園」（ant garden），那是由螞蟻栽培的附生植物所長成的一團圓球，其中包括蘭科、鳳梨科和苦苣苔（gesneriad）種類的植物。這些花園不但是共生體的家園，也是牠們的牧場。

我自己研究過亞馬遜和新幾內亞熱帶雨林中的花園螞蟻，那些出沒在低矮樹梢上的，我得承認自己完全沒有必要爬樹。而我被牠們的侵略性嚇到了。只要我騷擾某個巢穴，負責防禦的工蟻便傾巢而出，一接觸到我就又咬又刺，還會噴出有毒的分泌物。全世界在地面或高於地面的範圍內最兇猛的螞蟻可能是一種南美雨林裡很多的巨山蟻（*Camponotus femoratus*），在北美洲有種同一屬的大型黑色螞蟻，叫做木蟻（carpenter ant）。這些會打造花園的巨山蟻甚至不允許我碰牠們的巢穴。我還在上風處一、兩公尺遠的地方，住在裡面的螞蟻就可以聞到我，然後就會有數百隻工蟻跑出來，像是條會動的毯子蓋滿巢穴，並朝著我噴蟻酸濃霧。如果我堅持不走，牠們就會掉到附近的植物上，朝我逼進。任何人只要攀爬過有這些巨山蟻居住的樹枝，不需要多做解釋，就能夠了解牠們在生態系中的主宰地位。

能夠在兇暴程度上和亞馬遜巨山蟻一較長短的，是非洲和亞洲赤道地區的編織蟻。編織蟻的工蟻會彼此連接成鍊，把葉子拉聚起來。編織蟻的幼蟲長得像蛆，會吐絲，工蟻就把一根根的絲織成細布，用來固定那些攏聚在一起的葉子，做成巢穴。一個成熟的群體會在一株或數株樹木上建造數百個這樣覆蓋著絲線的棚子。如果有入侵者進入編織蟻的地盤，就會遇到成群專司防禦的工蟻，牠們會勇敢無畏地對入侵者又咬又螫，而且還會噴蟻酸。我在哈佛大學有用塑膠箱子養著一群編織蟻，當工蟻逃出來時，有些會跑到我的桌子上揮舞下顎來威脅我，腹部尾端也舉了起來，準備噴射蟻酸。牠們在野外的兇猛殘暴已經成為傳奇。傳說，第二次世界大戰在索羅門群島的狙擊手，躲在樹上時害怕編織蟻的程度，和怕日本兵的程度是一樣的。這當然是誇張的說法，但也是對和人類一起主宰地球的螞蟻表達敬意的一種方式。

圖 13-1 ｜ 編織蟻在樹頂上築巢，牠們會把葉片拉在一起形成房間，然後誘使蛆狀的幼蟲吐絲加以固定。

這些年來，我逐漸發現一個原則，這個原則來自於了解了螞蟻和其他社會性昆蟲的演化起源：如果螞蟻用了越多的能量與時間築成自己巢穴，讓它變得精緻又奢華，那螞蟻就會變得更兇暴，好保護牠的巢穴。之後我會把這個概念和真社會性連在一起說明。

當許多種類的螞蟻正在加強與樹梢上產蜜露昆蟲之間的伙伴關係之際，在約略相同的地質年代中，其他種類的螞蟻則朝著完全不同的方向前進，拓展牠們的棲息地和食物範圍。牠們基本上吃的是獵物和屍體，這時則加上了種子。這項創新使得螞蟻在原本就是大本營的森林裡，持續增加其種類和群體密度；也使得許多種類的螞蟻往外拓展，進入乾燥的草原和沙漠。

現在許多種類的螞蟻不但會吃種子，還會建造糧倉以儲存種子。人們原本以為這個現象只出現在某些林地，但是到了十九世紀才了解到其實並非如此。當時博物學家開始研究在中東、印度、北美洲西部較乾燥地區的螞蟻。他們挖掘當時稱為「收穫蟻」(harvester ant，學名為 *Pogonomyrmex occidentalis*) 這類螞蟻在地底下的巢穴，發現有些隔間中堆著周圍草本植物的種子。這時，所羅門王的智慧就顯得有道理了(《聖經．箴言》)：「懶惰人哪，你去察看螞蟻的動作，就可得智慧。螞蟻沒有元帥，沒有官長，沒有君王，尚且在夏天預備食物，在收割時聚斂糧食。」

我有次走訪耶路撒冷的聖殿山。我坐在一個收穫蟻屬（*Messor*）巢穴邊，這是當地主要的螞蟻種類之一。我看著工蟻搬種子走到入口，要到地底下的穀倉。所羅門王可能也認識這種螞蟻，當年可能也坐在相同的地方看著牠們。想到這兒就覺得有趣。

三千年後，在猶大省外遙遠的某地，科學家開始轉向螞蟻和其他社會性昆蟲，找尋新的智慧。雖然這些小型動物在許多方面基本上和人類大不相同，但是牠們的起源和歷史卻能透露出人類的起源和歷史。

IV

社會演化的驅力

THE FORCES OF SOCIAL EVOLUTION

CHAPTER

·14·

真社會性為何如此罕見

The Scientific Dilemma of Rarity

真社會性是生命史中重大的創新之一，數代的個體會因為利他而分工合作。真社會性創造出複雜度比生物更高的「超生物」。真社會性所造成的衝擊可和呼吸空氣的水生生物進入陸地相比，和昆蟲與脊椎動物發明了鼓翼飛行一樣重要。

但是在演化生物學中，這項成就還有一道謎沒有解開：真社會性很少出現。如果有一群黃蜂的後代幸運地變成了螞蟻，一群類似蟑螂的食木昆蟲後來演變為白蟻，然後這兩類動物成為最主要的無脊椎動物，那麼在生命的歷史中，真社會性為什麼沒有更常出現？在生命的歷史中，真社會性為什麼過了那麼久才出現？

機會看來一直都很多。在螞蟻和白蟻之前，地球上就已經有了社會性蜜蜂和社會性黃蜂，這類昆蟲的演化是兩齣巨大又綿長的戲碼。第一齣在四億年前開始，那時還屬於泥盆紀，然後在一億五千萬年之後結束，當時已經到了二疊紀終期，一場空前的大滅絕事件把地球上絕大部分的植物和動物都消抹殆盡。這場大滅絕也結束了古生代（通常也稱為兩生動物時代）。接下來的是中生代，爬行動物稱霸海洋與陸地的時代。

古生代是石炭森林（coal forest）的時代，森林中有樹蕨和高聳入雲的樹木。這些森林裡以及周圍的陸上棲地有許多昆蟲，其種類之豐富，足以和現今的昆蟲媲美。其中有許多是古代的蜉蝣、蜻蜓、甲蟲和蟑螂。和這些我們熟悉的物種一起生活的，有已經滅絕的古網翅目（palaeodictyoptera）、protelytroptera、魁翅目（megasecoptera）和透翅目（diaphanopterodea）的昆蟲，還有其他名字相似但是不太好唸的昆蟲，只有專門研究化石的生物學家才知道牠們。

有些化石壓存在紋理細膩岩石中，保存狀況非常好，足以讓我們把牠們和現生昆蟲的外部結構細節加以對照。研究人員利用從全世界收集來的標本可以建立出這些昆蟲的生活史，甚至推測出牠們的食物。不過到目前為止，沒有任何跡象顯示其中有真社會性昆蟲。

大滅絕消滅了地球上九成的物種，二疊紀因而結束，開啟了三疊紀，進入中生代。不論造成這種有史以來最大滅絕事件的原因是什麼（大部分的專家相信是有顆像山那麼大的隕石撞到地球造成的，其他人則比較傾向歸因於地球本身，例如板塊移動或是地球的化學事件），大滅絕幾乎把植物和動物毀滅殆盡，上面提到的那些名稱陌生的「目」就是這樣被消滅的。不過還是有些甲蟲、蜻蜓和其他較少人知道的昆蟲活了下來。

逃過二疊紀終結滅絕事件的昆蟲們很快地開疆拓土（以地質時間而言），重新占滿了陸地上的環境。這些昆蟲的種類迅速增加，散播到各處，以新的方式過日子。幾百萬年內，這些殘存者演化出來的新種幾乎全面取代了許多已消失的多樣性，昆蟲世界又變得生氣勃勃。在接下來的五千萬年，三疊紀大部分的時間，恐龍也展開了大規模的輻射演化，這時真社會性昆蟲還沒有出現，至少我們還沒有發現。

終於，在一億七千五百萬年前的侏儸紀，最早的白蟻出現了，牠們的樣子很像蟑螂；再經過了兩千五百萬年，螞蟻出現了。從那時之後一直到現在，很少再見到其他的真社會性昆蟲，甚至真社會性動物的出現。已知的昆蟲和其他節肢動物約有兩千六百科，其中包括了果蠅科（Drosophilidae）、結出圓形蛛網的金蛛科（Argiopidae），以及陸地上螃蟹的方蟹科（Grapsidae）。在這兩千六百多個科中已知只有十五個科中有真社會性物種。其中六科是白蟻，應該都是演化自同一個具有真社會性的祖先。真社會性在螞蟻中出現過一次，在黃蜂中獨立出現了三次，在蜜蜂中可能至少有四次，不過現在還說不準。現存集蜂科（Halictidae）中的物種，有許多才剛開始具備真社會性的組織，牠們的群落小，蜂后和其他成員的區別很少。這些物種目前在演化的道路上可能還在徘徊於獨立生活與早期真社會性之間。這些小型蜂類體型比一般蜜蜂和熊蜂小上幾號，在夏季時分出現在紫菀和其他花朵周圍。牠們的顏色亮麗，有些是金屬藍或是金屬綠，有些則有黑白相間的條紋。[1]

在粉囊蟲（ambrosia beetle）中只有一種已知具備真社會性，其他發現有真社會性的還有蚜蟲和薊馬。令人驚訝的是在槍蝦科（Alpheidae）的合鼓蝦屬（*Synalpheus*）中，真社會性行為發生過三次，牠們會在海綿中築巢。[2]真社會性既稀少，剛發生時又比較不穩定，因此不容易在化石紀錄中發現，而如合鼓蝦這樣有多次起源的真社會性也是直到最近才為人所知。維梅加（Geerat J. Vermeij）分析了生物中幾近非社會面的二十三項應為獨立性的創新，也提出類似的警告。[3]不過就算在知道這些不確定性的狀況下，也不可能有那麼多先進與豐富的真社會性昆蟲（包含了許多階級分明的分工個體）會完全沒有被人注意到。

真社會性在脊椎動物中比在無脊椎動物還要罕見。非洲的裸鼴鼠居住在地底下，牠們發生過兩次。脊椎動物的另外一次則造就了現代人類。和無脊椎動物相比，這三次真社會性都發生在非常晚近的地質時間，最近的一次距今僅三百萬年。有些鳥類會留巢和親鳥在一起一段時間，但之後不是繼承了親鳥的巢，就是離開另築自己的巢。[4]非洲野狗快要具備真社會性了，在群體中居於頂點的雌性會留在洞穴中生育，其他的狗出去追捕獵物。

兩億五千萬年來，發生過許多讓大型動物具備真社會性機會的重大事件。在中生代，許多恐龍的演化支系曾出現過一些真社會性的先決條件：體型大小和人類相近、吃肉且移動快速、會集體狩獵、兩足步行，並且空出牠們的前肢。但是沒有任何一種有到達最基本的真社會性。在新生代將近六千萬年的時間，激增出來的許多大型哺乳動物也都擁有相同的機會。不止如此，哺乳動物的一個物種及其後代通常很快地就能夠得到新的適應特徵，因此一個物種存在的時間平均只有五十萬年。可是世界上所有的非靈長類哺乳動物，除了裸鼴鼠之外，沒有發生真社會性。靈長類動物中各個物種分布的範圍從熱帶到亞熱帶，居住時間長達數百萬年，只有非洲巨猿的一支後代，也就是智人的祖先，跨越了門檻，得到了真社會性。

CHAPTER

·15·

真社會性昆蟲的利他行為從何而來
Insect Altruism and Eusociality Explained

人類是在生物世界中出現的生物物種，因此就這方面來看，我們其實和社會性昆蟲沒有什麼不同。那麼，是什麼樣的遺傳演化力量把人類推近真社會性的門檻，並且推過這道門檻呢？生物學家直到最近才開始解答這個謎題。決定性的線索可能來自其他動物的歷史，特別是那些社會性無脊椎動物的歷史，牠們很久之前也曾在同樣的演化之路上奔馳著。研究人員發現重點不在於說明真社會性昆蟲和其他無脊椎動物各式各樣合乎邏輯的興起前提，也不是建立數學理論模型去模擬之前可能發生過的事情。重點是整合野外與實驗室的實際觀察結果。我們小心翼翼，一次前進一步，藉由實際的證據把故事拼湊出來。然後我們得到基本的遺傳和演化原理，憑藉最佳的科學精神，嘗試解釋人類的狀況。

在上個世紀中葉，有幾位偉大的昆蟲學家開始重建無脊椎動物（特別是昆蟲）的故事，他們是惠勒（William M. Wheeler）、米契納（Charles D. Michener）和伊文斯（Howard E. Evans）。當我還是個年輕的科學家時，就已經熟識米契納和伊文斯（米契納一直到二〇一二年依然活躍並從事研究）。惠勒在一九三七年去世，那時我還是個小男孩，不過我一直研讀他的研究成果，聽了許多他的故事，也自覺和他很親近。

他們三人是貨真價實的博物學家，現在生物學要開疆拓土，就需要這種科學家。他們的科學生涯獻給學習自己專門研究那群生物的一切，每一位也都成了世界級的權威——米契納是蜜蜂權威，伊文斯是黃蜂權威，惠勒是螞蟻權威。他們的熱情灌注於分類學，但是也都冒險跨入自己主要研究物種的生態學，然後研究牠們的結構、生活史、演化關係，以及牠們的行為。[1] 如果你有幸能夠和他們其中一人到野地去，米契納會告訴你每隻遇到蜜蜂的學名、伊文斯能說出黃蜂的，惠勒則是螞蟻。他們能夠熱情滿滿地道出這個物種迄今所有相關知識。**他們對於所研究的生物有感覺——這一點很重要。**

有這麼多從事科學研究的博物學家在野外和實驗室中工作，累積了許多生物學知識，我們才能夠清楚地描繪出真社會性這種最先進的社會行為為何會出現，以及出現的原因。這個順序包含了兩個步驟。首先，無一例外，所有具備真社會性的動物會進行利他合作，以對抗敵人，保護一個永久且具防禦功能的巢穴，牠們要防禦的敵人是掠食者、寄生者，或競爭者。要登上真社會性這個舞台的第二步，是群體中的個體要分屬於兩個或兩個以上的世代，同時要分工，要為了群體利益犧牲一些個體利益。

我們可以用實際的對象來了解這個過程。想像有一隻獨立生活的黃蜂要築巢，扶養下一代，鳥類和鱷魚也會這麼做。在一般黃蜂的生活史中，幼蜂成熟之後便會離巢，四處繁衍後代，築自己的巢，鳥類與鱷魚也會這麼做。如果有些子代留在巢中沒有離開，那麼這個群體便接近了真社會性的門檻。跨過這一關很容易，不過跨過之後的狀態並不容易維持。蜜蜂中至少有某些獨立生活的種類（集體生活的蜜蜂會占據同一個洞穴，不過建造各自的房間），如果有兩隻蜂同處於一個很小的空間，只能建造一個巢穴，那麼牠們便可以輕易轉變成原始的真社會性狀態。這兩隻蜂會自動形成「啄序」（pecking order），這在原始真社會性蜂類的自然群體中可以觀察得到，占優勢的「蜂后」會留在巢中，主要負責生育和保護巢穴，另一隻變成下屬的「工蜂」則負責找尋食物。

在自然界中，這樣的安排可以經由遺傳設定，讓後代留在巢中，圍繞在親代的雌蜂周圍，這樣親代的雌蜂就會變成蜂后，後代就成了工蜂。要到達最後這一步所需要的改變，就是得到一個對偶基因（某一個基因的新形式），這個對偶基因可以抑制腦中設定好的離巢行為，如此親子就不會分散，各自建築新巢了。

關係緊密的群體一旦形成，群體階層的天擇就會開始發揮作用。這意味著，在相同的環境中，和獨立生活的個體相比，群體中有些成員的生殖能力比較高，有些比較低。結果取決於群體成員彼此互動時所浮現的特性，這些特性包括彼此在擴張領域、保護巢穴、增建巢穴、取得食物、照顧未成熟的下一代時合作的情況。換句話說，就是獨立生活的個體平常全部自己來的那些事。

當群體中能夠導致上述特性的對偶基因數量超過了導致個體離巢的競爭對偶基因，天擇就能夠自由地作用在基因組的其他部分，創造出更複雜的社會組織形式。物種在真社會性演化的最早階段就已具備了成為主宰和分工的傾向，第一步就是建立在這種傾向上。之後，基因組（也就是整個遺傳密碼）的其他部分才可以參與群體階層的活動，創造出更複雜的社會。

在舊的、慣常的印象中，於群體中發揮作用的是親緣選擇和「自私基因」，群體是有血緣關係的個體組成的聯盟，因為有血緣關係才彼此合作。雖然可能有利益衝突，但還是願意為了利他而完成群體的需求。工蜂（或工蟻等）願意犧牲自己的生殖潛能，因為牠們彼此是親族，有共同的基因、共同的血脈。每個個體體內有相同的基因，所以每個個體都會藉由幫助群體其他成員而讓自身的「自私」基因增加。就算個體為了自己母親和姊妹的利益而犧牲了生命，也能因此增加與親族共享基因的發生率。這些基因包括了能夠產生利他行為的基因。如果其他群體成員也有類似的行為，那麼這個團結的群體就能夠擊敗由排他的自私個體組成的群體。

自私基因的理論看起來可能完全合理，事實上大部分的演化生物學家也真的把它當成信條，一直到二〇一〇年。這一年，諾瓦克、塔尼塔和我指出，「總體利益理論」(inclusive fitness theory，通常稱為親緣選擇理論，kin selection theory)，在數學與生物學上都是不正確的。這個理論的基本錯誤之一是認為蜂后(或蟻后等)與其後代之間的分工行為，是一種「合作」；如果後代離巢，則是一種「叛逃」。但是就如同我們所指出的，對於群體的忠誠和分工現象並不是演化遊戲，工蜂牠們不是玩家。當真社會性穩定地建立起來之後，工蜂其實是蜂后延伸出來的表現型(phenotypic extension)。換句話說，是蜂后和與其交配雄蜂個體基因的另一種表現方式。工蜂事實上是蜂后製造出來的機器人，目的是讓她產下的蜂后和雄蜂數量能比自己得單打獨鬥時更多。[2]

如果這個看法正確(我相信它會符合邏輯和證據)，那麼真社會性昆蟲的起源與演化可以看作是作用於個體階層上的天擇所驅動的過程。最好的作用方式是篩選每一代的蜂后，每個群體中的工蜂則是蜂后產生的延伸表現型。蜂后與其後代常被稱為「超生物」，但就算稱為生物也是一樣。在你騷擾巢穴時會攻擊你的黃蜂或工蟻來自群體，牠們都是蜂后(或蟻后等)基因組的產物。負責防禦工作的工蜂是蜂后的表現型，就如同牙齒和手指是人類的表現型。

這樣的比較方式看似會馬上浮現出一個缺陷。真社會性中的工蜂等當然還是有父親和母親，基因型自然會有和蜂后不同的部分。每個群體中都有許多不同的基因組。一個普通的生物只會有一種基因組，就是受精卵的基因組，體內其他細胞都是由受精卵複製而來。因此對於天擇的過程以及受天擇作用的單一階層生物組織來說，這些細胞都是一樣的。每個人類個體都是一個生物體，這個個體由完整的二倍體細胞組成。在真社會性的群體中也是如此。舉例來說，當人類在生長身體組織的時候，為了要產生手指或牙齒，每個細胞中的分子機具有些開啟，有些關閉。同樣地，真社會性工蜂在發育成熟的過程中，會受到同個群體中其他成員散發的費洛蒙，以及環境的影響，使這隻工蜂後來屬於某一個特殊的階層。工蜂群的腦部構造讓她們有潛力從事大量的工作，而「這一隻」工蜂則會從事其中的一項、或一個系列。工蜂的一生很少只做一種工作，她可能在不同的時間分別負責過防禦、築巢、照顧下一代，或是參與所有的工作。

事實上，在真社會性群體中，工蜂之間當然存在著遺傳的多樣性，而這也是為了群體的利益——目前已經發現這種多樣性和對抗疾病以及控制巢內的氣候有關。這種狀況會不會讓群體中的每個個體如同親緣選擇理論所說的那樣，只是為了能夠傳下最多自己的基因？並非如此。如果把蜂后的基因組看成兩個部分，一個部分是由變化程度比較少的對偶基因（同一種基因的不同形式）組成，這些對偶基因不論其表現出的特徵為何，都得維持固定不變。至於同一個基因組中其他部分的對偶基因，則會有很大的變化，因為這些基因負責的特徵需要保持彈性。對於工蜂階級而言，遺傳不變性是必須的，因為這些不變的基因和工蜂的組織與個體工作的分配有關。另一方面，工蜂中可變的基因就負責群體對抗疾病的措施，以及調節巢中的氣候。如果一個群體中的遺傳形式越多，在疾病席捲這個巢穴的時候，至少能有少數成員存活下來。如果偵測巢中所需溫度、濕度與氣體變化範圍的靈敏度越大，就越容易讓這些變化控制在最適合群體生活的範圍。[3]

要成為蜂后或工蜂這兩種不同的階級，並不需要有什麼重要的遺傳差異。每個受精卵都是由蜂后和雄蜂的基因組結合而成，都有成為蜂后或工蜂的可能。受精卵的命運取決於其發育過程中所經歷的環境特質，包括出生時的季節、吃到的食物，以及接觸到的費洛蒙。就這方面來看，工蜂像機器人，是蜂后負責在外走動的表現型。[4]

社會性的膜翅目昆蟲（螞蟻、蜜蜂、黃蜂等）的群體屬於簡單的「原始型」，換句話說，在這些物種中，蟻后（或蜂后）和工蟻（工蜂）之間的結構差異很少。當工蟻想要試著自行生殖，衝突就發生了。通常，其他的工蟻會阻撓想要篡位的工蟻，如此蟻后就能保住寶座。如果有工蟻想要在孵育室中產卵，別的工蟻就會把她趕出去。其他工蟻可能會成堆壓在這個冒犯者的身上處罰她，嚴重的話會把她壓成殘廢，或是壓死。如果這隻工蟻有辦法在孵育室偷偷下蛋，其他工蟻還是能夠聞出這些蛋的氣味不同，會把這些蛋移走並且吃掉。許多研究指出，這種衝突的程度和蟻后與篡位者之間的遺傳差異相關。這個現象可能的解釋之一是由遺傳造成的氣味差異，而這種差異會影響對立程度的高低。即使如此，問題是這樣的對立衝突是否能夠當成蟻后與蟻后個體之間天擇的反證。如果把篡位者視為哺乳動物體內的癌細胞，就不會是這個樣子了。哺乳動物的細胞構造複雜，使得T細胞、T細胞受體、B細胞的產物，以及主要組織相容複合體（major histocompatibility complex）都要負責相同的工作：對抗感染物和生長失控的細胞。蟻后後代之中的遺傳變異也得擔負相同的責任。

當群體選擇發生，群體的成敗取決於蟻后和她機器人般的後代總加在一起時，能否與獨立生活的個體以及其他群體競爭。當蟻后（及她的群體）和其他的蟻后競爭時，群體選擇能夠精準瞄準選擇的標的，在這樣的狀況下群體選擇是個有用的概念。不過在多階層選擇中，群體演化被視為個別工蜂的利益與所屬群體利益之間的較勁，因此在建立社會性昆蟲遺傳演化的模型中，多階層選擇可能將不再是個有用的概念。

除此之外，在昆蟲群體中使用的利他主義概念，雖然是一種很好的比喻，但這個概念在科學上缺少分析的價值。如果想要研究的對象會為了利他行為而犧牲自己的生殖，那麼要用多階層選擇理論來達到解釋的目的，將會成為一場泡影。個體選擇會篩選蟻后（蜂后）的基因，蟻后有能力產生工蟻，好增加自己的「達爾文適應度」（Darwinian fitness）。如果沒有這種能力，蟻后就不會有這種適應。

值得一提的是，達爾文在《物種原始》中也提到相同的基本概念，不過還只是個雛形。他花了很多時間辛苦思考這個問題：沒有生殖能力的工蟻要如何經由天擇而演化。這樣的難題讓他憂心忡忡，「我起初總覺無法克服，事實上這是我整個理論中的致命傷。」後來解決這個謎的概念，我們現在稱之為「表現型可塑性」(phenotypic plasticity)：也就是蟻后和她的後代加在一起，成為外在環境篩選的目標。達爾文指出，螞蟻群體是一個家族，「天擇有可能作用在這個家族上，就像是作用在個體那樣，然後達到期待中的結果。就像是美味的蔬菜烹煮之後，雖然個體消失了，但是農藝學家會把同一批蔬菜的種子拿去栽培，因為他們確信能夠得到幾乎相同的品種……我相信社會性昆蟲中也發生了相同的過程……若結構或本能上的些微變異影響某些成員無生殖能力狀況……而讓同一群體中的可生殖雄性與雌性更加繁茂，那此變異傳給具備生殖能力的後代，就能讓這些後代製造出無生殖能力但卻具有相同變異的成員。」

美味的蔬菜是一個絕佳的比喻。那個超生物其實就是蟻后以及為她忙碌的女兒工蟻。我相信現代生物學讓我們能夠解釋這樣的超生物是如何出現的。

CHAPTER

·16·

昆蟲邁開的大步

Insects Take the Giant Leap

現在我將描述一個簡化易讀的科學論證，論證方式符合於一個正在快速發展的科技領域，這個領域中有些主題依然受到挑戰。

從達爾文那時到現在，對於真社會性起源與演化的研究大量集中在膜翅目中的物種，這個分類群中包括了螞蟻、蜜蜂和有刺的黃蜂。膜翅目中彼此親緣關係最遠的是寄生性黃蜂和非寄生性的鋸蠅（saw-fly）與樹蜂（horntail），後面這兩類昆蟲在大自然中數量很多，隨時都出現在我們周圍，但是我們鮮少注意牠們。昆蟲學家檢視了膜翅目中數千個物種的自然史，拼湊出整個演化過程的詳細步驟。證據顯示，這些昆蟲是從獨自生活演化成先進的真社會性群體。當我們將這些知識按照登上真社會性步驟這個邏輯加以排列，讓每個步驟得以完成的遺傳改變和天擇力量，就會露出端倪。

藉由分析這些膜翅目昆蟲還有其他種類的昆蟲，可以得到我之前強調過的第一個穩固原則：所有的物種要得到真社會性，得先居住在一個防禦功能經過強化的巢穴。第二個原則證據比較少，但是依然對所有物種都有效：牠們要對抗敵人，這些敵人包括了掠食者、寄生蟲和競爭者。最後一個原則是，就算其他的情況都相同，只要某個物種具有小型的社會，其在壽命長度與取得固定巢穴周圍資源方面就能夠比另一個血緣非常相近的物種表現得更好。

在所有已知的案例中，步上真社會性的初期階段所需要的資源，都包括了有工蟻（或工蜂等）守護巢穴，以及能提供充足食物的採集區域。這個階段的相關研究已經相當透徹，許多有刺的黃蜂，例如泥蜂（mud dauber）和蛛蜂（spider wasp）的雌蜂會建築巢穴，然後把被麻痺的獵物放到巢中，當作幼蟲的食物。目前已知全世界有五萬到六萬種尾巴有刺的昆蟲，其中至少有七條演化分支獨立演化出真社會性。相較之下，在七萬種已知的寄生和其他無刺的膜翅目昆蟲中，沒有一種是真社會性的，牠們的雌性會到處移動，在一個個獵物身上產卵。鋸蠅與樹蜂具有極高的多樣性，目前已經描述過的物種超過五千個，沒有一種是真社會性的。有許多種類的鋸蜂能夠形成組織良好的集合體，牠們似乎距離真社會性只有一步之遙，可能就只差一個突變而已，但是沒有一種能夠跨過門檻，沒有一種具備蜂后與工蜂的階級。[1]

在膜翅目昆蟲之外，目前已知有數千種粉囊蟲和小蠹蟲，這些甲蟲分屬於木蠹蟲科（Scolytidae）與長小蠹蟲科（Platypodidae），牠們住在死木中，並以死木為食。這類微小的昆蟲當中有許多種會挖掘洞穴並照顧洞穴中的幼蟲，其中還有非常少數能夠在活木的心材中，同樣也是挖洞並住在裡面，幾代的成員會同在一個洞穴中生活。在這類甲蟲中，目前已知只有澳洲住在尤加利樹的 *Austroplatypus incompertus* 發展出了真社會性。由於這個物種可以一直住在同一個地方，因此研究者估計牠們挖出的地道系統最多可以維持三十七年，推測是同一個家庭代代相傳，一直都住在裡面。[2]

許多蚜蟲和薊馬具備真社會性，牠們也住在植物裡面，全都會引起蟲癭。[3]我們能在許多植物上發現這種像是腫瘤一樣額外生長出來的結構。如果你想要知道為什麼會有蟲癭，可以在植物上找一個新鮮蟲癭切開來看看，你會發現裡面住著引起蟲癭的昆蟲。這些蚜蟲和薊馬群體住在蟲癭的空腔中。這個安全又能夠提供保護的住家是牠們自己做出來的，裡面有豐富的食物可以享用。相較之下，其他的蚜蟲以及與蚜蟲親緣關係相近的球蚜（adelgid），全部加起來約四千種，還有另外五千多種薊馬，雖然經常形成密集的集合體，但是不會引發蟲癭的產生，也沒有分工的現象。

全世界已被描述的八足甲殼亞門物種大約有一萬個，其中只有棲息在美國熱帶淺海的幾種合鼓蝦屬的種類，很特別地達到了真社會性階層。合鼓蝦異於其他甲殼類動物的地方是牠們會在海綿中挖洞，當成有保護功用的巢穴。[4]

集蜂科中的一些汗蜂（sweat bee）具有真社會性的第二個特徵，牠們的祖先並非群居生活的，但是現在這些物種具備演化出真社會性的傾向。研究者做了個實驗，把集蜂科中的蘆蜂屬（*Ceratina*）和隧蜂屬（*Lasioglossum*）兩種非群居生活的個體硬放在一起。實驗中，這些被硬湊在一起的蜂會重複出現分工現象，各自進行築巢、採集食物與保護巢穴的工作。除此之外，至少在隧蜂屬中有兩個物種，當兩個個體被迫放在一起，會有一隻當領導者，另一隻則會聽命於牠。[5]這是原始的真社會性物種常見的特徵。

非群居生活的蜂類出現了社會性行為，這一點頗令人驚訝。這種預先存在的現象沒有顯而易見的達爾文式緣由。相反地，這種預先存在的現象是獨自生活物種的基本生活方案所造成的結果，而這個基本生活方案本來是用來指導工作與生活史的。非群居生活昆蟲的基本生活方案是第一個工作完成之後，再進行下一個工作。真社會性物種將這種單純的工作規則系統，轉變為避開已經完成的，或同巢成員已經在進行的工作。隨著群體加大，那麼需要的勞動力也將隨之增加。

獨自生活但採取漸進性供食（progressively provisioning）的蜂類則蓄勢待發，演化出具備快速轉移成真社會性的傾向，至於引發真社會性的契機則是天擇偏好真社會性所特有的分工行為。

下一個生物階層的因果關係建立在神經系統上，我們找到了一個或能解釋自動產生早期社會行為的方式。被迫在一起的兩隻非群居性蜂類表現出來的自我組織，符合「固定閥值」（fixed-threshold）的模型，這個模型能夠用來解釋真社會性物種分工合作的起源。固定閥值模型假定，要在不同個體身上引發其從事特殊工作，需要的刺激程度是不同的，這種程度上的不同有些來自個體間的遺傳差異，有些不是。當兩隻或兩隻以上的螞蟻或蜜蜂同時遇到一件工作，那些只要最低量刺激便可造成效果的個體就會先去做這件工作。而這個行為會抑制牠的伙伴去做同一件工作，這時牠的伙伴可能就會繼續去找其他可以做的事情。同理，只要神經系統發生簡單的改變，而這次的變化是換掉某一個對偶基因，使其產生的效應是有彈性的，這樣就足以使得一個已經預先適應的物種跨越真社會性的門檻。[6]

對於非群居性動物而言，接近真社會性門檻意味著要在有保護作用的巢穴中從事漸進性供食。一般的天擇只要作用在個體上就可以讓個體接近這個門檻。而一個促成真社會性的對偶基因能否因生殖成功，讓自己成功地散播到族群中，則要看機遇。這個對偶基因的命運取決於巢穴周圍的環境是有利於真社會性群體，還是有利於非群居的個體。

當所有必要條件都發生的時候——正確的前真社會性特徵已經就位、真社會性的對偶基因也存在於族群之中（就算發生率很低也可以），以及最後一步，環境中的壓力偏好於群體活動——非群居性物種將會跨過門檻，變成真社會性的一員。在這個演化的步驟中有件事頗令人驚訝，那就是真社會性的基因並不需要促成新的行為模式，就像許多平常隨機發生的突變一樣，它們只要抑制原先存在的行為就夠了，例如讓個體不要離開雙親，以及在巢中生育下一代。

不做這些行為的結果使得一家人待在同一個巢穴中。換個角度來看，牠們和女王共享的基因讓牠們成為機器人，那是女王自身彈性表現型所呈現出的一種狀態。就這點而言，如同我之前所說的，原始群體是一個超生物。基本上，這種生物的工作單位不是一般的細胞，而是事先安排好作為從屬角色的生物體。

當親代準備好築巢並且提供漸進性供食，真社會性和我們所謂的利他行為，便可經由某種或某群對偶基因（基因的形式）的彈性表現而呈現出來。現在只需要偏好讓家族待在同一個巢中的群體選擇發揮作用便大功告成了。這時會產生新的生物組織層級，**這對女王和她所屬的工作階級只是一小步，但卻是昆蟲的一大步。**

晉升為真社會性層級的轉變，最終來自於外在環境作用於女王和她那小群體上的壓力。究竟是什麼壓力？不論是野外或實驗室，幾乎都沒有針對這個主題的研究，不過有些頗富提示的案例已經研究出來，這些案例提供了這個巨大圖樣的幾片拼圖，讓我們一窺真實發生的故事。例如柔毛沙泥蜂（*Ammophila pubescens*）這種屬於黃蜂的泥蜂過的是非群居性生活，雌蜂會在土洞中產卵，進行漸進性供食，牠們的獵物是毛蟲。牠們在洞裡會從下到上，逐一築出小小的隔間。雌蜂每次被迫必須開關巢穴時，都會因為守候在一旁伺機而動的寄生性蠅類損失掉不少蜂卵。如果這時有另一隻泥蜂在旁護衛是完全合理的，因為這樣可以讓損失的蜂卵大幅減少。如果這兩隻雌性泥蜂將來可以互相交換漸進性供食的工作，這樣從卵中孵出的幼蟲能夠以毛蟲為食並成長，而且母親和成年的後代會待在同一個巢穴中，如此真社會性就產生了。[7]

我們能以原始真社會性的汗蜂與馬蜂（polistine wasp）為例，來說明這樣的適應，以及適應之後帶來的轉變。研究人員最近發現的一個案例顯示，有兩種汗蜂能夠從採集許多種植物的花粉轉變為只採集某些種類的花粉，也能從真社會性生活轉換回非群居性生活。[8]關於這種轉換的解釋不言自明。在昆蟲的世界中，專門只吃某幾種植物的昆蟲能夠勝出其他吃植物的昆蟲。據推測，這樣的轉變是由遺傳造成的。在昆蟲的生活史中，這種轉變使得一年之中能夠採集食物的時間變短了，代代之間有可能重疊，也因此形成真社會性群體。而這種轉變的好處在於，有個體能夠擔任警衛的角色。

反方向的演化很容易想像，也很有可能發生。擴大食物範圍也可以成為多代出現的背景，也因此得以在一個巢穴中達到數代共存。關於數代共存，科學家已經在原始的真社會性黃蜂身上發現了類似的證據。在跨進真社會性的那個當下，讓女兒們留在巢中形成小群體所得到的優勢，如果大於每個後代都離巢自行發展的優勢，那麼讓女兒留巢的行為就會徹底在族群中固著下來。如果這樣的情況發生了，蜂后實際上已經從產下會離開的女兒，轉變成產下機器人幫手。這樣的指令是有彈性的：在交配季節，有些雌性後代會被培養成為新的蜂后，注定會離巢建立新的群體。

達到真社會性的最後一步，是能夠抑制離巢的某個或某幾個對偶基因出現，這在真實世界發生的可能性也很高。雖然螞蟻的種類變化差異極大，但還是具有群體的基本特徵，那就是同時存在有翅膀能夠生殖的雌性，以及沒有翅膀無法生殖的雌性。從雙翅目（例如果蠅）和鱗翅目（例如蝴蝶）這兩個相當古老的目來判斷，在所有有翅膀的昆蟲中，翅膀的發育是經由一組從未改變過的調節基因網絡所負責。早在一億五千萬年前，最早期的螞蟻（或是牠們親緣相近的祖先）調節翅膀發育的網絡改變了，有的基因會因為飲食或其他環境因子的影響而關閉，因此工蟻便不會長出翅膀。[9]

還有另一個例子可以說明，小小的基因改變放大之後能夠造成顯著的社會性改變，那是足以能夠影響紅火蟻（*Solenopsis invicta*）蟻后數量以及領域行為的基因變化。紅火蟻是入侵種，最早入侵美國的群體是在一九三〇年代中期經由來自南美洲的貨櫃進入，每個群體中都有一到數隻能夠發揮作用的蟻后。這些群體的領域行為是以氣味為基礎，這樣不同群體所築的巢穴才能夠往外散播。在一九七〇年代的某個時期，這株火蟻屈從於另一株，後者的群體中可以有許多蟻后，同時也不再保護自己領土。這兩株的差異是在Gp-9這個重要的基因出現了變化。現在這兩個Gp-9的對偶基因定序已經出來了，其產物分子參與了以氣味辨認同巢伙伴的工作。這種讓多個蟻后並存的對偶基因所發揮的效應，很明顯是使得區分同巢伙伴的能力消失或減少了，同時也讓區別能夠產卵蟻后的能力消失或減少。後面這個效應讓群體失去了控制蟻后數量的重要方式，這對於群體的組織影響深遠。[10]

我們還沒有像搞清楚翅膀消失與群體氣味那樣，釐清造成最初真社會性遺傳步驟的本質，不過未來的遺傳研究應該很快就能觸及。生物學家認為，在馬蜂屬（*Polistes*）的紙蜂（paper wasp）中讓工蜂與蜂后這樣彈性轉換的遺傳基礎，與非群居性膜翅目中調整度冬所需的發育生理學的遺傳基礎，兩者是相同的。[11] 這種因應環境而發生的轉變可能非常重要。不過奇怪的是，這樣的改變並不需要某一個或某一群對偶基因的改變，因此也就不需要經由群體選擇讓低發生率的突變散播到族群當中。相反地，重要的對偶基因可能之前就因為直接作用於個體選擇（而非群體選擇）而固定在族群中了。在大部分的情況下，非群居性的行為是常規，真社會性行為是發生在其他少見和極端的環境。如果環境的時空發生了轉變，那麼真社會性行為就有可能成為常規。我們可以從黃蘆蜂（*Ceratina flavipes*）這種在樹幹中築巢的蜂類身上，看出某個物種藉由這種方式而接近真社會性的可能性。大部分的雌黃蘆蜂是獨立的築巢者，會一個接著一個在巢中放入作為食物的花粉和花蜜，但是大約有比百分之零點一多一些的蜂巢中，會出現兩隻雌蜂彼此合作的情況。在這種情況中，兩隻雌蜂會分工，當一隻出外採集食物時，另一隻會產卵並守護巢穴。[12]

另一個在真社會性的關卡前展現遺傳彈性的例子，來自於一種在地下築巢的汗蜂六帶隧蜂（*Halictus sexcinctus*）。這個物種在社會演化的邊緣上保持著平衡。在希臘南部，六帶隧蜂某品系的群體是由彼此合作的雌蜂組成，另一個品系的群體則是由單一具有領域性的雌蜂所開創，她的後代會成為工蜂。

雖然有些直接對於個體的選擇可能影響了真社會性的起源，但是維持真社會性並且讓真社會性更加精緻的，必須是由環境造成的群體選擇，而這種選擇會作用在群體所呈現的特性上。在檢視過大多數原始的真社會性螞蟻、蜜蜂和黃蜂之後，我們可以發現最剛開始出現的特徵包括了支配行為、生殖分工，很可能還有經由費洛蒙的釋放所形成的警訊系統。如同我之前一再強調的，一個位於真社會性早期階段的物種是一種遺傳上的混合物。一方面，在真社會性中出現的新特徵有利於群體，但在另一方面，基因組中其他大部分的基因都是在引發真社會性的事件出現之前，在億萬年中受到直接作用於個體上的天擇壓力所篩選出來的，有利於個體的散播與生殖的基因。直接作用於個體選擇的效應和群體選擇效應，兩者無法共存，群體選擇的各個效應得結合起來，才能壓過個體選擇的效應。有潛力演化出真社會性的物種所要進行的演化旅程也很短，只要能夠具備一些形成真社會性群體的特徵就夠了。具備一組特別的預先適應能夠縮短這個距離，而這些特別的預先適應之一，是建築養育後代所需要的巢穴。這樣的預先適應相當罕見，再加上對於直接作用於個體上的篩選會抵銷這樣的效應，使得真社會性的門檻變得更高。這可能足以說明在整個動物界的歷史中，真社會性的存在為何如此地稀少。

開創群體的雌性只要出現一個遺傳改變，就可以跨越門檻，進入真社會階層，這個對偶基因能夠讓她和她的後代一起居住在同一個巢中。這些預先適應提供了真社會性所需要的體型彈性與行為，以及群體成員彼此互動而新產生的重要特徵。群體選擇會馬上作用在這兩類特徵上。此時，成為極端精細社會組織的潛能出現了，事實上螞蟻、蜜蜂和白蟻就曾經多次到達了真社會性。

在真社會性最早期的階段，留在巢中的後代應該要擔任工作者的角色，遵循遺傳自前真社會性祖先、既存的行為準則。接下來會出現，型態上有所差異的工作階級（牠們樣貌和專責生育、體型較大的女王階級不同）。[13] 基因表現改變使得與照顧後代相關的行為優先於採集食物，這樣的遺傳改變不但讓工作階級出現，也設定成能夠保留負責基本生命計畫的對偶基因表現時具備了彈性。等到出現了身體結構有差異的工作階級，演化已經無法回頭，真社會性生活不可反轉了。[14] 如果可能，群體中的王室成員或許會用費洛蒙語言交談：「我們六足並立、同心協力，否則會失敗。」真社會性中需要平衡與合作。如果女王太多，那麼用來維持群體運作的工作者會不夠。如果工作者太多，巢穴周圍的食物將會短缺。如果士兵不夠，掠食者將會席捲巢穴。如果沒有足夠的採集者到巢穴外找尋食物，整個群體就得挨餓了。

CHAPTER

·17·

天擇創造社會性本能之道

How Natural Selection Creates Social Instincts

達爾文在一八七三年出版的《人和動物的感情表達》(*The Expression of the Emotions in Man and Animals*)中，首次提出一個概念：本能可以經由天擇而演化。這是他四本巨著中最晚出版，也是最不出名的一本。這本書文字風格簡練，圖片豐富，書中指出界定各個物種的行為特徵，就像是那些能夠界定物種的結構和生理特徵那般，是能夠遺傳的。達爾文說，這些本能特質能夠出現並續存至今，是因為在過去它們有利於生存與生殖。[1]

達爾文的概念已經一再被確認，成為現在我們了解行為的基礎。這個概念力量之強，使得一個世紀後，現代動物行為學的奠基者之一勞倫茲(Konrad Lorenz)稱達爾文為「心理學的守護聖人」。

在現代科學的種種概念中，沒有比「人類的本能也是突變與天擇的產物」這一項挑起更多爭議的了。一九五〇年代，史金納(B. F. Skinner)等人提出的激進行為主義學派，大殺四方，但是這個概念挺了過來。行為主義的概念指出，動物和人類的所有行為，不論如何，都是個體發育某個階段的學習產物。二十多年後，天擇塑造本能這個概念擊敗了大腦是個空白石板的看法。至少在動物身上適用。又過了二十多年，在人類的社會行為研究中，大腦是個空白石板的說法依然活躍。許多社會科學和人文領域的作者一直堅持人類心智是環境與歷史的產物。他們說，自由意識的確存在，而且力量強大。心智最終是由意志和命運所控制。最後他們辯稱，心智中的演化完全是文化的，沒有什麼「以遺傳為基礎的人類本性」這類的東西。

其實在當時，關於本能和人類本性的證據就已經頗具說服力，到了現在這個論點更是豐富又嚴謹，每次接受考驗的時候又會得到新的證據支持。目前遺傳學、神經科學和人類學中有越來越多本能與人類本性的相關研究，甚至連社會科學和人文領域也是如此。

天擇如何塑造本能？為了讓說明盡量簡單，我們考慮在橡樹和松樹混生的森林中，居住著一群想像中的鳥類。這種鳥類只住在橡樹上，這種遺傳傾向只由一種對偶基因（某個特殊基因的一種或數種版本）所控制。我們可以把這個對偶基因稱做 a，因為對偶基因 a 的影響，這種鳥在築巢的時候會自動選擇到橡樹上去，而不理會同一座森林中其他許多松樹。牠們的腦會自動選擇出那些橡樹的特徵，這些特徵可能包括樹的高度、樹冠的形狀等，或是樹梢的外型和停在上面的感覺。

在這個特殊的森林中，有個環境改變發生了。因為當地氣候的變遷，加上新疾病的入侵，橡樹變少了。松樹對於新環境適應得比較好，擴張到橡樹少了之後多出的空地。不久之後，松樹就稱霸了這座森林。在此同時，讓鳥偏好橡樹的基因出現了另一種對偶基因 b，這是由對偶基因 a 突變所產生的。對偶基因 b 可能不是真的新突變，只是一直都以非常低的發生率存在，也就是過去一直都有這樣的突變產生，雖然少，但會持續出現。這種造成偏好棲息於松樹的對偶基因 b，也有可能是附近森林中同一種類但偏好松樹的鳥，迷路到這個森林中，定居之後所帶來的。

不管這個對偶基因 b 是怎麼來的，都使得帶有它的鳥偏好在松樹上築巢，而不是在橡樹上。在這個改變中的森林，松樹崛起壓過了橡樹，對偶基因 b 比較有利，精確地來說應該是帶有對偶基因 b 的鳥表現得會比帶有對偶基因 a 的鳥來得好。一代接著一代，在這群鳥類中，對偶基因 b 的發生率增加了，最後甚至可能會完全取代對偶基因a，也可能不會。不過在演化中，兩種情況都有可能發生。鳥類族群中這樣的遺傳改變非常不同於鳥類其他整個遺傳密碼的改變，這只是一個「微演化」事件，但結果卻影響重大。從對偶基因a占優勢轉變成對偶基因b占優勢，使得這種鳥類依然能夠在目前松樹居多的森林中棲息。天擇造成演化的改變，自然環境的變化選出了對偶基因b，而淘汰了對偶基因a。一種選擇棲息地的本能取代了另一個。

在每個物種所有的族群當中，物種全部的特徵，包括行為在內，都會持續發生這樣的突變。可能是DNA上的「字母」(也就是鹼基)隨機更換了，就像是對偶基因a變成了對偶基因b。可能是某段序列多複製了一小段DNA。也可能是具有DNA分子的染色體數量或結構改變了。對生物體而言，大部分的突變多少會造成傷害，因此這些突變通常很快就消失了，突變的發生率非常低，低到只能剛好讓我們觀察到它。但是有非常少的突變如同上面所想像的對偶基因b那樣，能夠為專門在橡樹上築巢的鳥，打開通往松樹的一道門，讓牠們在生存、生殖，或兩者上都得到利益。結果就是這種對偶基因在族群中的發生率增加了。在整個遺傳密碼中，新突變會持續出現，絕大部分是糟的，只有極少數是好的。也因此，演化總是持續進行。

在數十億個遺傳密碼字母中，突變的對偶基因和其他遺傳變化很常發生，但是能夠引發特殊的基因表現這類情況的變化非常少見。基本上，每個基因在每一代中發生突變的機率，約在百萬分之一到千萬分之一之間。如果有任何對於生存和生殖有利的變化，類似我們想像的那個偏好松樹的對偶基因b，會很快就散布到族群中。例如只需要十代，發生率就能從百分之十增加到百分之九十，就算只能提供少許利益也可以。

現在許多科學論文都涉及演化動態，這是奠基於百年來的數學理論，再加上實驗室與野外的實際研究成果。目前演化生物學的知識持續累積，在範圍、精密程度和解釋能力上都持續茁壯。研究人員擴大拓展研究領域，包括有性與無性生殖，以及單偏遺傳（particulate heredity）的分子基礎。科學家也在研究細胞和生物體發育時多個基因彼此間的交互作用，還納入了不同種類的環境壓力對於微演化所造成的影響。

如果想要將基因階層上的演化詳細解釋，恐怕會出現許多令人生畏的技術性說明。不過我們可以挑出幾個原則，這些原則不但容易了解，而且對於了解本能和社會行為而言也至關重要。

其中一項原則是，遺傳單位和驅動演化的天擇作用目標之間是有差別的。遺傳的**單位**是基因或一組基因，這些基因是遺傳密碼的一部分（那些林中鳥的對偶基因 a 和 b）。天擇的**目標**是遺傳單位所表現出來的性狀或一群性狀，而環境有可能會偏好或不利這個性狀。在人類身上，這個目標可以是罹患高血壓或對抗某種疾病的傾向；如果是鳥類的行為，則可以是選擇築巢位置的本能。

天擇的作用通常是**多階層**的：天擇會作用在基因上，在生物組織中，基因的表現影響不限於一個層級，而是會包括細胞與生物體，或是生物體與群體。多階層選擇一個極端的例子是癌症。癌細胞是突變體，能夠不受控制地生長，並且消耗生物體的資源。生物體則是由細胞組成的共同體，又可以形成更高層級的生物組織。發生在細胞層級的天擇，對生物體（細胞的上一個層級）可能造成相反的作用。不受控制的癌細胞是比較大的細胞共同體（也就是生物體）中的成員，但是卻會讓生物體生病、死亡。相反地，當癌細胞的生長受到控制，共同體才能維持健康。

群體是由真正彼此合作的個體所組成，就像人類社會這樣（真社會性昆蟲中群體成員是女王基因組延伸出來的機器人表現型），每個人之間有遺傳差異，天擇作用會促進自私行為。另一方面，在不同人類群體之間的選擇，基本上會促進群體中的利他行為。在一個群體中，欺騙者可能得到額外的利益，像是取得比較多的資源、避免危險的工作，或是違背規則等。但是欺騙者構成的群體會輸給合作者構成的群體。群體的組織有多嚴密、調節有多精細，取決於合作者與欺騙者數量的比例，這個比例是由該物種的歷史所造成，個體選擇和群體選擇兩者之間強度的差異也會有所影響。

只會受到群體之間選擇所影響的性狀（天擇的目標），是那些群體成員之間互動的特徵。這些特徵包括溝通、分工方式、支配方式，以及在從事共同的工作時所表現出的合作行為。如果這些互動的品質有利於群體，能夠壓過以其他方式互動、或成員之間互動較少的群體，那麼和這些互動有關的基因會代代相傳到群體之中，傳播到族群中的各個群體。

個體選擇和群體選擇讓一個社會中的成員會同時展現利他與自私行為、美德與原罪兼具。如果群體中有成員為了服務群體而選擇不婚，該個體對社會有益，但也因此不會擁有後代。士兵為了國家利益上戰場，所承受的死亡風險遠高於其他人，採取利他行為的個體讓群體得到了利益，但偷懶者和膽小鬼保留了能量、減少身體受傷的風險，把這些社會成本轉嫁到其他成員身上。

了解先進社會行為的演化時，所要知道的第二個重要生物現象，是表現型可塑性。表現型是生物體上由基因表現出來所形成的特徵（至少部分是由基因造成的）。我們回到之前那個想像的例子，傾向在橡樹上築巢或是在松樹上築巢就是那個鳥的表現型。接著我們來想一下這個表現型的基因型，在這個例子中的基因型就是之前提到的對偶基因 a 和對偶基因 b。由某一個特別的基因型所指定產生的表現型可能非常嚴苛，例如一隻手有五根手指，或是眼睛的顏色。但是另一方面，表現型也可以有彈性，能夠依照個體發育所處環境中可預期的變化，精確地展現出這種彈性。對偶基因 b 可能指定出選擇松樹的傾向，但是在某些狀況下（可能是很罕見的狀況），反而會選擇橡樹。

大部分的人都不了解（甚至有些生物學家也不了解），表現型可塑性的高低程度本身就會受到天擇的篩選。有一個典型的例子：同基因型的水毛茛可以長出不同形狀的葉片，而這取決於葉片在植物上的位置。水面上的葉片是寬的，刷子狀的葉片則位於水面下。同一株植物可以長出兩種不同形狀的葉片。如果有一片葉子剛好長在水的表面，那麼露出水面的部分是寬葉片，沉在水面下的部分則是刷子狀的。

最後，在思考由天擇推動的演化時，絕對需要區別**近因**（proximate causation）和**遠因**（ultimate causation）。近因是結構形成與機制運行的方式，遠因是結構與機制一開始會存在的原因。再回到那森林中從橡樹改成在松樹上築巢的鳥。牠們演化的近因是得到了對偶基因b，這個基因傾向在松樹築巢，而非橡樹。更精確地說，對偶基因b指示的內容是內分泌系統與神經系統的發育，使得鳥類築巢行為改變，由原來的選擇橡樹改為選擇

圖17-1｜水毛茛（*Ranunculus aquaticus*）有一種極端的表現型可塑性：葉片的形狀是由葉片所在的位置所決定的。

松樹。遠因則是環境施加的篩選壓力：橡樹減少了，松樹取而代之，這使得突變出來的對偶基因b比起以前普遍的對偶基因 a 更具優勢。天擇使得整個族群的對偶基因 a 換成了對偶基因 b。

在特殊的例子中，人們很容易會搞混了近因和遠因，在人類多階層的演化中更是如此。例如我們經常讀到人類在演化中智能增加是因為發明了控制火的方式，或是因為改成兩足步行，或是持續狩獵之類的，或是因為以上這些原因通通加在一起。當然，這些創新都是人類演化的里程碑，但都不是最原始的動力，它們只是抵達現今高度發展社會行為的路途中一些初期的步驟。就像是永久性巢穴和漸進性供食讓一些演化中的昆蟲種類進入了真社會性的範疇，其中每個步驟本身都是一種適應，有其各自的近因和遠因。最後的步驟是讓現代智人的大腦得以成形，而大腦的創造爆發力一直持續至今。

CHAPTER

·18·

社會演化的驅力
The Forces of Social Evolution

天擇所作用的生物組織階層，對於社會行為的演化具有重要的影響。受到天擇作用的個體能以某些方式讓後代集結成群且成為利他互助的個體，是因為這能讓群體獲得很大的利益？或親族能夠彼此辨認而形成利他的群體，是因為親族之間具有相同的基因且能把這些基因傳到下一代（就算自己沒有後代，基因也能傳到下一代）？或最後是因為遺傳利他主義者形成的群體組織完善、各成員合作無間，因此能夠競爭得過非利他群體？

最近許多證據指出，答案是最後一個，換句話說就是群體選擇。為了解釋這種狀況，我選擇如同第十六章中簡要說明科學論述常使用的解釋方法，好讓更多讀者能夠了解。原因是多年來我在野外從事這個領域的研究，而最近相關基礎理論中部分的主題引起了激烈的爭辯。接下來的內容，可以視為從科學戰爭前線即時發出的最新報導。

現在我們認為群體選擇是主因。四十年前，關於先進社會行為演化的終極原因，標準的解釋是總體利益理論，也稱為親緣選擇理論。總體利益理論認為親緣關係在社會性行為起源中扮演關鍵角色。總的來說，這個理論指出，群體中個體的血緣越近，彼此之間就越有可能出現利他和合作行為，因此這個物種越有可能形成後來會演化出真社會性的群體。這個理論直覺上很有吸引力，螞蟻和人類當然偏好親族，並且傾向與同族的個體形成群體。

總體利益理論四十多年來深深影響了所有形式的社會行為遺傳演化的詮釋，特別是能夠解釋旁系利他行為（collateral altruism）方面：個體除了照顧自己的下一代，還會付出部分心力照顧其他成員的下一代。

總體利益是親緣選擇的產物，這就意味著個體會影響到旁支同輩（兄弟姊妹和表堂兄弟姊妹等）的生殖。從嚴格的生物學角度來看，如果個體有利他行為，造成的結果是旁支親屬的遺傳適應性增加了，利他者的遺傳適應性則減少了。個體的「總體利益」，是這個個體自己的適應（也就是個體的後代數量以及這些後代具有的後代數量），加上個體的行為對旁支親屬（手足、表親與叔姨等）造成的適應。根據這個理論，當個體自身的總體利益加上群體的適應（雖然比較少）總合起來增加了，在這個物種中，造成利他行為的基因就會增加。親緣選擇的概念一開始就吸引了科學家和一般大眾的注意，他們覺得這個理論明白簡單，並且認為這個理論說明了社會生活中利他行為為何那麼重要。

親緣選擇的概念最早是在一九五五年由英國的生物學家霍爾丹（J. B. S. Haldane）提出，不過一直到了一九六四年才由當時年輕的英國科學家漢密爾頓（William D. Hamilton）建立完整的理論基礎。這個理論的基礎方程式是漢密爾頓所提出的不等式：rb＞c，這個不等式後來變成了「社會生物學的質能互換程式」。這個方程式的意思是：某個對偶基因產生的利他行為，如果對族群有利，那麼這個基因增加的頻率b，乘上這個獲利者與利他主義者之間親疏程度r，會大於利他者的成本c。[1]霍爾丹和漢密爾頓最先把參數r表示成同族中利他者和獲利者之間共有基因的分數。舉例來說，如果兄弟姊妹（r＝1/2）得到的利益是成本的兩倍、或堂兄弟姊妹（r＝1/8）得到的利益是成本的八倍，那麼利他行為就能夠演化出來。用粗淺的例子來表示，如果你為了利他而沒有子嗣，但是如果你的姊妹因為你的利他行為而有兩個以上的子嗣，那麼你所具備的利他基因就會傳播出去。

對於親緣選擇，沒有人能夠比霍爾丹自己原來的解釋說得更清楚：

假設你有一個罕見的基因，這個基因會讓你跳到河中救小孩，但是這樣做自己淹死的機會是十分之一（如果你沒有這個基因，就會站在岸邊看著小孩淹死）。如果那個小孩是你的後代或兄弟姊妹，那麼他們含有這個基因的機率會是相同的，結果是在五個小孩中，這個基因可以保留下來，但在成人中就會有一個這樣的基因消失。如果你救的是孫子或姪甥，那麼得到的利益就只有二又二分之一。如果你救的是表堂兄弟姊妹，得到的利益就更少了。如果你想要救表姪甥或是堂姪甥，那麼對整個族群來說，是失去了這個寶貴的基因，而不是增加。但是我有兩次機會在把可能溺水的人拉上岸時（這時我冒的風險非常小），並沒有時間進行上面那種計算，石器時代的人類也不會。很明顯地，會造成這種行為的基因，只有在小族群中才有機會傳播，因為在小族群中，大部分的兒童都和那個冒著生命危險相救的人，有緊密的親緣關係。除非是在小族群中，不然很難看出這種基因要如何才能建立地位。當然在像蜂巢或是蟻巢這樣的群體中會容易許多，因為其中的成員就是自己的兄弟姊妹。[2]

我在一九六五年讀到漢密爾頓的論文，首次接觸到親緣選擇的概念。一開始我抱持懷疑的態度，因為昆蟲的社會組織非常多樣，而在那個時候還並不知道這些複雜組織是如何形成的。我懷疑那些複雜的組織能否用漢密爾頓不等式這樣極為簡單的方程式來解釋。我也很難相信這個領域中的新手在二十八歲時（就演化生物學家而言是很年輕的），就能想到一個新的演化策略。（這是種情緒反應，因為我處於微妙的三十五歲。）不過仔細研究之後，我的想法改變了。我被親緣選擇的原創性給迷住了，並且認為親緣選擇具備強大的解釋能力，很有可能成功。一九六五年在倫敦皇家昆蟲學會上，我在滿是敵意的聽眾前捍衛這個概念，當時漢密爾頓就坐在我旁邊。

當時漢密爾頓很有信心地認為他的這個概念堅實可靠，但結果頗讓人沮喪，他以親緣選擇的文章作為博士論文被駁回了。我們在倫敦的街道上散步時，我為他打氣。我向他保證再次提交論文時會成功過關的，而且這個概念將會對我們研究的領域產生重大的影響。這兩點我都沒錯。後來我回到哈佛大學，在一九七一年出版的《昆蟲社會》（*The Insect Societies*）、一九七五年出版的《社會生物學：新綜合理論》（*Sociobiology: The New Synthesis*），和一九七八年出版的《論人性》（*On Human Nature*）中，都有大篇幅關於親緣選擇和總體利益的內容。在這三本書中，我把社會行為的知識整合到一個新的領域中，我稱這個以族群生物學為基礎的新領域為「社會生物學」（sociobiology），這個領域也誕生出演化心理學。不過在一九六〇年代和一九七〇年代，我的靈感來源並非漢密爾頓不等式這種抽象的方程式，而是漢密爾頓後來提出的傑出概念「單雙套系統假說」（haplodiploid hypothesis），這個假說一開始就給了那個方程式神奇的力量。單雙套系統假說是一個決定性別的機制：受精卵會成為雌性，未受精卵則發育為雄性。這樣的結果使得姊妹之間的親緣關係比起母女之間更密切（r＝3／4，也就是說姊妹因為同宗而有四分之三的基因是相同的），因為母女之間只有二分之一的基因是相同的。在膜翅目中剛好是經由單雙套機制決定性別，這個目中包含了螞蟻、蜜蜂和黃蜂。因此漢密爾頓指出，比起以一般目以雙套機制決定性別，可以預期由利他的姊妹組成的膜翅目群體，演化的頻率會更快。

在一九六〇年代和一九七〇年代，幾乎所有已知演化出真社會性的昆蟲，都屬於膜翅目，單雙套系統假說看來有堅強的證據支持。因此在一九七〇年代和一九八〇年代的教科書，以及一般人眼中，單雙套機制和真社會性之間的因果關係可以說是標準概念。這個概念有著牛頓式的機械觀，從個體的生物學原理出發，順著邏輯，一步步建構出巨大的演化結果，衍生出真社會性的模式。這個概念讓人相信社會生物學的巨大結構是建立在親緣關係這個假設條件之上。

不過到了一九九〇年代，單雙套系統假說開始遭遇挫敗。白蟻一直不符合這套理論，許多新發現的真社會性群體也並非以單雙套機制決定性別，而是以雙套機制決定。這些物種包括了一種屬於蠹蟲類的粉蠹蟲，幾種住在海綿中的合鼓蝦（這幾種蝦是各自獨立演化出真社會性的），濱鼠科（Bathyergidae）中兩種獨立演化出來的鼴鼠。結果單雙套性和真社會性兩者之間的關聯並沒有統計上的重要性。因此現在研究社會性昆蟲的科學家通常已經拋棄了單雙套系統假說。[3]

在此同時，逐漸累積的證據有不利於親緣選擇和總體利益理論的基本假設。證據之一，雖然在整個動物界的歷史中，充滿真社會性出現的可能，但事實上真社會性非常罕見，許多獨立演化出來的物種或是以單雙套性決定性別，或是以無性生殖的方式繁殖，後者產生的親緣關係是最密切的（因為 $r = 1$），但目前已知沒有任何一種以無性生殖方式繁殖的動物具備真社會性。

另外我們也知道有其他對抗性的天擇力量，反而讓近親關係阻礙了利他行為的演化。這種力量之一是群體選擇偏好比較高的遺傳多樣性，已經觀察到在收穫蟻和切葉蟻中便是如此。至少在切葉蟻中發現的高度遺傳多樣性是為了抵抗疾病。在佛州收穫蟻（*Pogonomyrmex badius*）中，各個工蟻階級中的遺傳多樣性可能使得分工更為明確，有利於群體的適應能力，不過這還需進一步的證明。[4] 另外科學家也發現，在蜜蜂和螞蟻屬（*Formica*）中，如果遺傳多樣性越高，巢中溫度的穩定性也越高。[5] 可能還有其他的因素抵銷近親同宗所帶來的利益，例如群體中近親偏好（nepotism）所造成的分裂效應，負面效應總加後也會使得群體成員親緣關係無法提升到最高。[6]

最大的演化對抗力量來自群體選擇，比較精確的說法是，在真社會性昆蟲中是來自於群體之間的選擇。我再說明一次，這個階層的選擇位於個體階層選擇的上一層，會作用於一個群體互動所產生的特性之上，這些特性具有遺傳基礎，特別是階級區分、分工合作、溝通方式，以及合作築巢。這種群體有明確的性質，本身就是一個能夠自我複製的單位，因此會和其他非群居性的動物競爭，也會和同種的其他群體競爭。[7]

在真社會性的演化過程中，理論上至少有數種對抗的力量可以納入漢密爾頓不等式中的b（每個和個體適應有關性狀所帶來的利益）和c（這種性狀的成本），讓不等式成立。不過實際上要計算完整的總體利益（包括b和c的數值），所需要的野外與實驗室研究都極度困難。就我所知，這樣的研究從來都沒有成功，甚至執行過。除此之外，在數學上也很難定義親緣關係的緊密程度，也就是不等式中的r。這些困難讓人們再三錯誤地宣稱群體選擇和親緣選擇是一樣的，兩者表現出來的都是群體適應。

這個領域中大部分的作者依然相信親緣選擇，包括讀者眾多的擁護者道金斯（Richard Dawkins）。但在一九九〇年代早期，我開始產生了懷疑。我認為現在提出這個問題已經有點晚了：在過去三十年，總體利益理論一直是遺傳社會演化學中具有支配地位的典範，但是這個理論在解釋利他行為和以利他為基礎的社會上有哪些成就？這個理論刺激了對於宗族親緣關係遠近的測量，並且讓這種測量成為社會生物學中的慣常作業，這是有價值的。研究人員曾經使用這個理論來推測某些螞蟻群體中，對於具備生殖能力的新成員在性別比例變化上的投資。[8]＊這些資料大多不一致，並非貼近現況，但總的來說也算紮實。（不過我等下會說明，從中得到的結論是有瑕疵的。）親緣選擇理論也正確地預測了宗族親緣關係中的支配行為與監督行為。在蜜蜂與黃蜂中，如果親緣關係越接近，彼此爭鬥的行為就越少。[9]不過同樣地，那些資料指出親緣遠近的程度是關鍵，但從這些資料中導出的結論並非唯一可能的解釋。最後，總體利益理論曾被用來推測原始真社會性蜜蜂中的蜂后只會交配一次，不過在這個例子中，那些證據裡並沒有將非群居性的蜜蜂種類當成控制組，因此也沒有什麼結論能夠提得出來。[10]

那麼長時間的密集理論研究，只得到這些結果，就任何標準來看都很少。同一段時間，對於真社會性生物的實際研究，特別是關於昆蟲的研究則完全相反，有著豐碩的成果，揭露了階級、溝通、生活史等現象的豐富細節，同時研究了個體選擇與群體選擇。但是這些進展幾乎都不是由總體利益理論的刺激或推動而得來的。那個理論主要是在自己營造出的抽象世界中演化。

這個理論的缺點有許多來自於r的定義鬆散，這使得親緣的核心概念也跟著鬆散，造成漢密爾頓的不等式有許多不同的詮釋方式。在總體利益理論專家最先使用的研究方法裡，把r定義成宗族中親緣關係的遠近，也就是在同一個家族所形成的群體中，各個成員彼此血緣關係的密切程度。例如手足的親緣關係就會比表堂兄弟姊妹近。這個完全合理的定義能夠確定來自共同祖先的兩個個體之間共享基因的平均數量。不過科學家很快就發現，在大多數的真實案例和理論案例中，這個親緣遠近的定義無法在漢密爾頓不等式中發揮功效。結果變成在各種不同狀況下發展模型的時候，為了配合模型的特殊需要而使用不同的定義，有些定義設計用來讓親緣模型能夠符合多階層的天擇作用結果。在有些狀況下，親緣關係可以是指普遍具有同一種對偶基因，不論這個基因是否來自宗族，甚或只是各自突變而得到的。

簡單來說，r原來是由宗族所定義，但現在唯一的通則卻成了無論如何都要讓r能夠符合漢密爾

＊譯註：這裡應該是指群體中新蟻后與新雄蟻的數量比例變化。這個比例可能會隨著一些因素而變化，有的時候雄蟻比例高是有利的，有時則不然。

頓不等式。這種缺陷讓一個理論概念失去了原有的意義與用途，變成用來設計實驗和分析比較資料時的工具。舉例來說，在一個「標記導向合作」（tag-based cooperation）的簡單模型中，要計算的 r 牽涉到三重交互關係。你得在一個群體中隨機挑出三個成員，選一個當合作者，其他兩個有相同的表現型標記（例如相同的外表特徵或是行為特徵，通常用「綠鬍子」來比喻）。大部分約略了解總體利益理論的生物學家會驚訝地發現，當實際計算的時候，這個「親緣遠近」的參數背後並沒有一個一致的生物概念。

基本上，許多人提出來的模型，使用天擇或遊戲理論的研究方式就可以得到解答了，這種方式的基礎在於認定生殖活動會有成比例的報酬。我們可以這樣說：天擇至少某些程度是在多階層上運作的，因為作用在原始目標性狀上的結果，會影響到上層與下層的生物組織，可以小到分子、大到族群。許多以天擇、遊戲理論為基礎的模型，可以用親緣選擇相關的詞彙來重新表示，而且從以前就可以了。我再重複一次，這種研究方式不是研究個體本身的適應，而是研究個體的行為對自身以及對同群體中的所有個體所造成的適應。這種適應性的高低，是依照產生行為的個體與每個接受行為的個體之間的「親緣關係遠近」所決定的。

這裡可以指出，對於有不同計算方式這個問題，可以用一個非常簡單的方式解決。首先建立一個天擇動態的一般描述，然後嘗試用兩種方式來詮釋。然後你會發現，用標準的天擇描述可以解釋所有的案例，而有些案例或許能夠以親緣選擇的方式加以解釋，但是在沒有把「親緣遠近」這個概念曲解濫用到完全失去意義的程度時，是無法推及到所有狀況的。

在更充分地基本分析之後，我們可清楚看到，漢密爾頓不等式只能夠讓群體中合作者的數量稍微多一點，而且要在一些限制嚴格的情況下才有可能實現。漢密爾頓不等式無法描述基本的演化動態。

在這些動態中，各種狀況只是演化中的某種靜態分布方式而已。[11]

在評估真實族群中親緣選擇的限制時，有個重要的觀念是「弱篩選」（weak selection）。[12] 彼此競爭的基因型所參與的競爭遊戲中，篩選可能會因為親緣遠近造成的效應而產生，但是也會因為個體之間其他的遺傳差異而產生。也就是說，在所有個體上發生的每件事情，在個體的一生中都會造成篩選作用。如果兩個個體的親緣關係非常密切，他們就會經歷相同的親緣選擇（如果這種親緣選擇真的存在），然後親緣關係會讓許多個體的基因組其他部分的多樣性降低，篩選的力量便分攤到其他尚存的多樣性之上，最後使得可能發生的動態演化減少了。在某些假設情況下，總體利益達成方式和多階層選擇是相同的，對於弱篩選而言，兩者也是一模一樣的。無論如何，當有人放棄了弱篩選，或是那些假設狀況並不完全與現實相符時，就只好把親緣選擇的概念推出來，但推得太廣又太抽象，使得親緣選擇完全失去了原本的意義。講到這裡，我們就可以合理提出下面這個問題：如果有一個理論能夠適用於每件事情（多階層天擇理論），有一個理論只適用於某些情況（親緣選擇理論），而在後者能夠解釋的一些情況中，用多階層天擇這樣一般的理論也能解釋，那麼為何不乾脆每個情況都用普適理論解釋就好？

更糟糕的是，人們毫無根據地相信親緣關係是社會演化的核心，這使得生物研究的程序反了過來。研究演化生物學的最佳方式，很明顯和其他科學一樣，要先清楚定義在實際研究中產生的問題，然後再選擇或設想解決這個問題所需的理論。但幾乎所有的總體利益相關研究卻都反了過來：先假設親緣關係和親緣選擇位於核心地位，然後再尋找能夠測試這個假設的證據。

這種方式最嚴重的基本錯誤是沒有想到其他同樣能夠提供解釋的理論。如果研究人員在檢視特殊狀況中的生物學細節時，先不考慮總體利益理論，那麼他們很快就會注意到其他檢視細節的方式。就算有多位作者以完全一絲不苟的方式分析出來的案例，也可以輕易地用標準的天擇理論做出解釋，而且至少一樣有說服力。這些解釋不是用到個體選擇，就是用到群體選擇，或是兩者都用。親緣選擇有可能發生，但並不代表非得把親緣選擇解釋成驅動演化的力量。[13]

有一個經典的例子可以說明為什麼需要多個彼此競爭的理論。細菌會產生生物薄膜（biofilm），細胞黏菌會集合產生孢子柄。原本單獨生活的細菌集合形成膜，單獨生活的細胞黏菌會彼此吸引同株個體形成集合體。在這些狀況中，有些個體的生殖會減少或甚至犧牲掉，目的很明顯是為了群體的利益。支持總體利益的理論學家認為這種利他行為背後的驅動力量是親緣選擇。不過，群體選擇壓過「自私」的個體選擇，應該是更直接而且更清楚明白的解釋方式。[14]

如果仔細檢查真社會性螞蟻、蜜蜂和黃蜂交配的次數，更可以明顯看到多種篩選力量彼此較勁的情況。有一群總體利益理論學家發現，具有比較原始社會組織的物種，女王只會交配一次，這使得後代的親緣關係更接近。這些作者把這樣的觀察結果視為親緣選擇的證據。不過他們並沒有把這項結果和那些真社會性物種親緣關係密切的非群居性物種的資料加以比較，因此這個研究缺乏對照組來支持單次交配有利於真社會性行為的出現。事實上，根據推測，非群居性物種也只交配一次是合乎邏輯的，但是原因和親緣選擇無關：交配飛行的時間如果增加了，年輕雌性被掠食的風險也跟著提高。同樣重要的是，總體利益的研究者指出，許多膜翅目中具有複雜群體組織的物種，女王會和多個雄性交配。對此他們提出的結論是，在演化後期的階段，親緣選擇的壓力減輕了。但是他們忽略了就在他們自己收集的資料裡面，所有女王會和多個雄性交配的物種中，幾乎都有大量的工作者。因此在成員眾多的巢中，群體選擇會偏好女王能夠儲存精子，或抵抗病原體（也有可能兩個原因都有）。這兩者是更有可能的演化驅力。[15]

還有第二個解釋的方向：群體成員間彼此的不協調，會影響生理演化與行為演化，這可以用來說明複雜社會行為是如何產生的，也就是用標準的天擇理論來做個別評估。成員彼此的親緣關係越遠，就越不容易有效地溝通、對同樣的環境變化做出相同的反應，並且精確地協調彼此的活動。遺傳多樣性越高的群體，就越不容易協調，也就越容易受到群體選擇的作用。同樣的原理可以應用到一個極端但大家熟悉的例子：身體中的癌細胞，也可以應用到把一個物種分成兩個或兩個以上新物種的遺傳機制，這是另一個階層的生物組織。除此之外，微生物社會中個體選擇和群體選擇之間的交互作用，可以看成這些細胞之間的不協調受到了抑制。在這種與整體利益不同的詮釋下，具有相同基因型但表現彈性的細胞能夠成功地合作，群體選擇能夠對抗突變表現型造成的不協調，使得群體得以產生。

同樣的基本論點能夠說明，營養成分在蜜蜂產生蜂后的過程中所扮演的角色。如果工蜂用特殊的食物（蜂王乳）餵食幼蟲，這隻幼蟲之後就會長成蜂后。在昆蟲社會中，限制與監督工蜂（或工蟻等）的生殖，也攸關重大。這兩類現象有時也會納入親緣選擇（以及從中產生的總體利益）的語言框架中，但同樣也有可能發生藉由群體選擇而使得不協調減少的狀況，而這種狀況不需要親緣選擇也能說明。[16]

總體利益長久以來受到支持的原因之一，是它能夠解釋螞蟻群體為何會調節其在產生新蟻后與雄蟻食物分量的投資。如果蟻后只和一隻雄蟻交配，那麼理論上她應該希望雄性和雌性的比例是一比一。因為在遺傳上，她和新蟻后（女兒）與雄蟻（兒子）的親緣關係是相同的（群體中一半的成員共享來自共同親代的基因）。不過在一九七六年，崔弗斯（Robert L. Trivers）和哈爾（Hope Hare），與其他研究螞蟻的總體利益理論學家皆指出，工蟻應該投資更多食物在新蟻后身上，因為她們是新蟻后的姊妹，彼此之間有四分之三的基因來自共同親代，畢竟膜翅目是以單雙套機制決定性別。相較之下，工蟻和雄蟻（自己的兄弟）之間只共有四分之一的基因。所以按照這個論點，一個群體在產生新蟻后和雄蟻時，作為母親的蟻后和身為女兒的工蟻在性別比例上便產生了衝突。事實上許多研究指出，新蟻后的占比高於雄蟻。看來，工蟻在衝突中獲勝，總體利益理論確認無誤。[17]

在演化生物學的眾多理論中，用來解釋螞蟻性別比例的總體利益理論建構得最仔細，也有最多紀錄支持。不過這個理論建立在兩項基本假設上。第一，宗族成員的親緣遠近是決定性別比例的基本因子。從第一個假設延伸出來的第二個假設是，在同巢之中，親緣遠近不同的個體組成的群體之間會發生衝突。如果這兩個假設中有一個是錯的（或兩個都是錯的），那會如何？不需要動用到親緣選擇，從基本的天擇理論就可以得到更簡單而且直接的解釋。這個解釋如下：一個群體的目標是盡可能地多生產出能夠養育下一代的親代。通常在螞蟻這類物種中，雄蟻比蟻后來得小而且輕，兩者大小往往差異懸殊，這是因為蟻后需要大量脂肪以便生下新的群體。所以製造雄蟻的成本比較低，投資在兩者的能量比例是一比一，那麼產生來交配的雄蟻就會比新蟻后多。這些雄蟻和新蟻后通常只有一次交配機會，所以平均來說，產生過多的雄蟻只是浪費群體的資源而已。如果這個群體知道其他群體性別比例的變動，或是在交配飛行時，雄蟻的死亡率增加了，群體才會選擇改變自身的性別比例。所以對於蟻后和工蟻來說，最大的利益就是把比較多的能量投資在新蟻后上。[18]這種解釋並不需要親緣選擇這樣的假設，只要增加對於新蟻后與雄蟻的篩選，而且比起總體利益理論的解釋更符合實際資料。在一巢中有多個蟻后的螞蟻種類，以及在奴役其他螞蟻的螞蟻種類中，新蟻后通常不需要為了獨立建立新群體而具備龐大的身軀，因此新蟻后和雄蟻的比例應該接近一比一，而實際上在大自然中也是如此，這個趨勢與資料相符。更進一步的性別比例變化波動很明顯是反應出特別環境中的篩選壓力。在這些壓力下，群體可以選擇讓新蟻后和雄蟻出發進行交配飛行，或是暫時先留在巢中。

科學家對另一種截然不同的生物進行了類似而且嚴密的實驗。條紋穹蛛（*Stegodyphus lineatus*）的社會性會定期消失。幼小的條紋穹蛛手足會一起獵補動物，吸取獵物體內的營養，但是如果是刻意把不同親緣的條紋穹蛛混在一起，個體吸取到的營養就會變少。研究人員之所以會做這個實驗，是因為他們相信，幼小的條紋穹蛛不會把消化酵素注射到獵物體內，以免有陌生者趁機打劫。他們認為這種現象可以從親緣選擇理論解釋。不過稍微計算一下就可以發現，這樣的行為可以減少每個個體的成本支出，包括那些不把消化酵素注射到獵物體內的個體。這種減少從共有獵物取得營養的行為，如果用非同族的條紋穹蛛之間能夠彼此辨識進而不合作，或是彼此間刻意造成衝突，反而更容易解釋。[19]

「期待繼承」（expectation of inheritance）這種看起來是由親緣選擇造成的利他行為，是第三個用個體選擇能夠更簡單直接且符合實際情況來解釋的案例。少數鳥類和哺乳類的物種，後代會留在出生的巢穴中，幫助親代撫育之後出生的手足。牠們這樣幫助親代的生育，會延遲自己的生育。總體利益的研究者把這種現象歸因為親緣選擇，還指出在那些物種中，親緣關係的接近程度和留在巢中的個體對於親代提供協助的多寡是成正相關的。他們用這個現象來支持自己的論點。[20]但是在更早之前所發表的更完整的研究中，檢視更多物種的生活史資料，卻得到了完全不同的解釋：多階層選擇壓過了個體階層上的選擇。在某些和親緣選擇無關的情況下，剛長大的後代依然留在出生的巢中，是會受到天擇眷顧的。這些狀況包括適合築巢的地點或領域很少（也有可能兩者同時發生），或是相反的情況，成年個體的死亡率下降，或是牠們所處的環境穩定而沒有改變。這些幫助親代的個體在巢中住久了，就可以繼承親代留下的巢穴或領域。親緣關係的接近程度和留巢個體成正相關的說法，只能支持總體利益的研究人員基於部分資料所做出來的結論，而這也可以用某些物種常進行的「流動策略」（floating strategy）來合理解釋：這些個體會四處到其他的巢中幫忙，流動情況發生得越多，每個巢的親緣關係越遠，獲得幫助也越少。

我曾經在美國佛羅里達州西部研究過一群紅頂啄木鳥（red-cockaded woodpecker），親自觀察過這種幫忙現象。研究人員在野外繫放標定這些鳥類，好研究牠們的生活史，我也和這些研究人員討論過關於這群紅頂啄木鳥的細節。我知道紅頂啄木鳥是全世界唯一在活的樹幹上鑿洞做巢的啄木鳥。年輕的雄啄木鳥要花長達一年的時間做巢，而且位置必須要在原來出生的家族領域之外。因此在新巢完成之前，年輕的雌鳥和雄鳥還是待在親代的巢中比較好。除此之外，如果在這段期間親代有一隻死了（或兩隻都死了），牠就可以繼承親代的巢。從親鳥的利益角度來看，長成的年輕的雌鳥和雄鳥要能夠幫忙照顧新出生的幼鳥，才會忍受牠們留在巢中。[21]

總體利益思考的基本脈絡可以總結如下。假定親緣選擇會發生，而且事實上在許多生物系統中不可避免，那麼當親緣選擇發生的時候，就會依據漢密爾頓不等式的方向進行，這個不等式會預測在最簡單的狀況下，那些與利他行為有關的基因在整個族群中的發生率是否會增加。當漢密爾頓不等式作用在一個群體的所有成員身上，就會讓這個群體產生總體利益。如果知道了這個總體利益，就能夠預測這個群體中的族群是否能演化出以利他行為為基礎的社會組織。

不過這些假設全都沒有證據支持。實際測量遺傳親緣關係遠近並且使用總體利益論點的經驗主義者認為，他們是在堅實的理論基礎上進行推論。但情況並非如此。總體利益只是一個特殊的數學方式，有太多的限制會使得這個方式無法操作。它並不是如同許多人相信的那樣是個具有普遍性的演化理論，其所描繪的並不是演化的動態，也不是基因發生率的分布狀況。

在一些極端的情況下，總體利益理論可能有用，不過這樣的生物學情況很明顯地在自然界中並不存在。結果是這樣的系統必須放在「弱篩選」這個限制之下，也就是一個群體中所有的成員都具備相同的適應性，所有其他的反應也得大致接近。除此之外，在群體成員之間所有的反應，都要是可以加在一起而且作用在一對成員上。事實上，在所有已知的社會中，除了伴侶兩人形成的社會之外，全都違背上述這種情況。所有其他的互動都有一定程度的加乘效果，同時會隨著群體情況的變動而跟著變化。最後，總體利益理論只能應用於靜態的結構，其中每個個體之間交互作用的強弱不可以有變化，而且整個結構必須周而復始地更新。

這個理論生物學的議題相當重要，因為總體利益理論讓人產生錯誤的直覺，認為這個理論已經正確到廣被眾人所接受。事實上，總體利益論點如果沒有搭配完整而特定的模型（通常在野外和實驗室的研究人員都會提出特定的模型），會造成誤導。這個理論可以延伸得非常離譜：在兩個系統中，用數學方式呈現出的所有親緣關係數值可以完全相同，但是在一個系統中合作受到天擇偏好，另一個系統中則否。反之，兩個族群在親緣關係的數值上可能站在可能範圍中的兩個極端，但這兩個系統都一樣無法支持合作行為演化出來。

另一個常見的誤解是認為，總體利益的計算要比那些標準天擇模型用到的計算簡單多了。情況也並非如此。在非常少見的案例中，總體利益可以在抽象的模型中運作，但是在這種情況下，總體利益和天擇模型是一樣的，需要等量的計算。

這個社會演化學的舊典範四十多年來廣受尊敬，但現在已經崩壞。從親緣選擇這個過程開始，連接到解釋合作行為的漢密爾頓不等式條件，再把總體利益視為合乎群體成員利益的達爾文天擇結果，這樣的推論其實無法成立。如果在動物中真的出現了親緣選擇，也必定是一種比較弱的篩選形式，只會在特殊的情況下發生，而且這些情況很容易就會遭到破壞。總體利益作為一個普遍性理論想要達成的目標，只是種幻影般的數學結構，不論用什麼方式都無法表達實際的生物意義，也不能用來追蹤以遺傳為基礎的社會系統中，演化的動態變化。

總體利益理論的災難來自於人們相信一個抽象的方程式（也就是漢密爾頓不等式）所具備的意涵能夠層層解析社會演化中越來越多的細節。但是數學邏輯和實際證據都反駁了這種信仰。那麼，我們該往哪個方向前進，才能了解先進的社會行為呢？

CHAPTER

·19·

新的真社會性理論
The Emergence of a New Theory of Eusociality

要重建複雜生物系統的起源過程，唯一的方法就是把這個過程當作歷史，然後一步一步、從頭到尾研究透徹。我們要從已知實際的生物現象開始，在了解了這些生物現象之後，從理論出發，拓展這個現象可能含括的範圍。每一步進展之間的轉變需要不同的模型，每個轉變可能的起因和效應都有本身的脈絡。唯有如此，我們才能深入了解先進社會演化以及人類目前狀況所具有的意義。

真社會性的標記是分工合作，這種行為看起來是利他的。不過真社會性起源的第一步是形成群體，這個群體是由本來非群居性個體自由混合而成的。在理論上可以有很多種真實發生的方式。有可能是某一物種專門吃的食物或適合的築巢地點集中在特定區域，因此群體就這麼形成了。或是親代和子代留在同一個棲息處；也有可能是遷徙的隊伍分批出發，卻在抵達目的地之前混在一起了。或是一群動物跟著領導者一起去到有食物的地方。也有可能是因為某些個體都受到某個地方的吸引而隨機地混在一起。[1]

組成群體的方式可能對於發展出真社會性具有深遠的影響，其中最重要的方式包括了要讓群體長久且緊密地維繫在一起。如同我之前所強調的，目前已知現存所有演化出原始真社會物種的演化支脈中，群體都會打造並且住在有防禦功能的巢穴中，這些物種包括有刺的黃蜂、隧蜂、蘆蜂、住在海綿中的蝦、原白蟻（termopsid termites）、群居的蚜蟲和薊馬、粉蠹蟲，以及裸鼴鼠。在某些物種中，沒有親緣關係的個體會聯合在一起建築堡壘。例如北美溼木白蟻（*Zootermopsis angusticollis*），牠們會在反覆地爭鬥後融合成只有一對蟻后與雄蟻的超級群體。不過在絕大部分的動物真社會性中，群體是由一個已經受精的女王（例如膜翅目），或是一對蟻后與雄蟻（白蟻）所發展出來的。因此，絕大部分群體的成長方式是產下沒有生殖能力的工作者。如果能夠接受外來的工作者，或是與其他沒有親緣關係的女王合作，還可以讓群體變得更大。[2]

由家族組成群體可以加速真社會性對偶基因的散播，但是這樣的行為並不會造成先進的社會行為。催動先進社會行為的是具有防禦功能的巢穴所帶來的好處，特別是在位於能接觸到穩定食物來源範圍內、需要花費心力建築的巢穴。這對昆蟲來說是基本條件，因此在原始群體的形成過程中，密切的親緣關係是結果，不是起因。

第二步是在意外的情況下累積能夠讓真社會性更容易出現的其他特徵。最重要的特徵是就近照顧同巢正在成長的個體：逐步餵養牠們，或是清理巢穴、保護幼小個體，這些行為可能都有進行。這種預先適應就如同牠們非群居性的祖先也會打造具有防禦功能的巢穴一樣，可以經由作用在個體階層的天擇造成，而當時並不會預期這種特性將來會促成真社會性。（經由天擇造成的演化沒有預測能力，因為天擇無法預測未來。）預先適應是輻射適應的產物。在輻射適應時，物種會分裂然後散播到不同的生態區位中。根據牠們所特化而占據的生態區位，有些物種更能夠得到有潛力的預先適應。例如有些物種可能居住到幾乎沒有掠食者的環境，這樣就比較沒有那麼急切地需要保護幼兒，牠們在社會演化上就會保持穩定，或是演化成非群居性生活的型態。如果因為環境中有掠食者而使得生活困難，那麼就逼得彼此接近並靠向真社會性的門檻，這樣跨越門檻的機會便提高了。這個階段的理論是輻射適應理論，許多學者各自研究真社會性的時候已經確認了這個理論。

演化出先進社會行為的第三步是真社會性對偶基因的出現，這類基因可以經由突變而產生，也可以來自於其他遷徙進來的個體身上所帶的突變。至少在膜翅目昆蟲（蜜蜂和黃蜂）中，只要一個點突變就可以造成真社會性對偶基因。除此之外，這樣的突變並不需要造成新的行為，只要抑制某一種舊的行為就足夠了。只要一個雌性個體和她成年的後代無法個別分開建立新的巢穴，而是留在舊的巢穴，就可以跨越真社會性的門檻。在這種情況下，如果環境中的壓力夠大，已經蓄勢待發的預先適應就會發揮作用，群體中的成員便會開始互動，成為真社會性的群體。

目前我們還沒有找到真社會性的基因，但是已經知道至少有兩種基因或某些小群的基因能夠使得社會性特徵有顯著的改變，它們發揮作用的方式是讓已有特徵中的突變無法表現出來。這些例子以及它們的理論分析與遺傳分析可能得到的結果，讓我們得以邁入動物真社會性演化的第四階段。只要親代和下屬的後代留在同一個巢中（就像蜜蜂和黃蜂中原始的家庭社會），群體選擇就會開始發揮作用，所篩選的唯一目標是群體成員互動時所產生的特徵。篩選的力量可能促成警報系統，由聲音或是化學訊息傳遞警報。那些動物身上可能散發出氣味，用以區別不同的群體成員。牠們也有可能發明出把同巢伙伴拉去新發現食物來源的方法。在比較後期的階段，生殖階級和工作階級會演化出不同的身體構造和行為。

透過研究那些由群體選擇作用所造成的特徵，就有可能想像出新的理論研究途徑，而這樣所注意到的現象之一，是負責生殖的親代和沒有生殖能力的後代雖然扮演的角色不同，但是這種差異並非由遺傳決定。其實從原始真社會性物種所得到的證據來看，這樣的差異來自同樣的基因型所呈現的不同表現型。換句話說，女王和工作者雖然有許多基因不同，但是在關於分工和階級上的基因是相同的。這個狀況讓我們相信，可以把群體看成一個單獨的生物體，更精確地說，牠是一個超生物。[3] 除此之外，就社會性行為來看，代代相傳是從女王傳到女王，工作階級只是每一代的延伸表現型而已。群體選擇依然發揮作用，不過我們相信這時篩選的是女王和她個人基因延伸到自己身體之外的表現而已。這樣的看法使我們需要一種新的理論，以及專注在實際的研究上，才能夠解決問題。

第四階段理當要確定驅動群體選擇的環境力量，這個研究需要結合族群遺傳學和行為生態學。在這個領域的研究計畫很少，因為篩選出早期真社會性行為環境力量的研究備受忽略。較原始真社會性動物的自然史，特別是牠們巢穴結構以及激烈的防禦措施，顯示出真社會性起源的關鍵因素是對抗敵人，這些敵人包括寄生者、掠食者，以及敵對的群體。但是在野外和在實驗室中，很少有實驗是設計來驗證這個理論和其他可以與之競爭的理論。

第五階段是最後的階段，（各群體之間）群體選擇會改變更先進真社會性物種的生活史與階級系統，使得許多演化支系各自演化出非常特別與精細的社會系統。這種系統的最終模樣並沒有出現在人類社會，而是出現在昆蟲社會，特別是那些最先進的物種：蜜蜂、無刺蜂、切葉蟻、編織蟻、軍蟻，以及會建造蟻丘的白蟻。

用最簡單的話來說，真社會性演化的完整理論將會包括數個階段，每個階段都可以由實驗證實，下面就是可能的各個階段：

一、形成群體。

二、群體中有極少但是必要的預先適應特徵結合在一起發揮作用，讓群體結合得更緊密。至少在動物中，這些特徵包括了一個有價值且具備防禦功能的巢穴。以這種巢為先決條件，使得原始的真社會性群體比較可能由家族構成，在昆蟲和其他的無脊椎動物中是親代和子代，在脊椎動物中可以包括數代成員。

三、出現讓群體可以持續存在的突變，通常是能夠打消散播行為的突變。要維持真社會性普遍存在，關鍵因素依然是經久耐用的巢穴。藉由已經蓄勢待發的預先適應，原始的真社會性可能會在瞬間出現。那些預先適應是之前演化形成的，只要有機會就能夠讓群體展現出真社會性行為。

四、在昆蟲中有了機器人般的工作階級，或是群體成員間的交互作用，都會產生新的特徵，環境的力量會進行群體階層的篩選。

五、群體階層的篩選會促使昆蟲的生活史與社會結構改變，通常會往極端的方向走，因而產生複雜的超生物。

由於最後兩個階段只發生在昆蟲和其他無脊椎動物中，那麼人類這個物種是如何發展出以文化為基礎的獨特社會呢？這個融合了遺傳與文化的過程，在人類身上留下了哪些標記？用另一種說法便是：**我們是什麼？**

V

我們是什麼？

WHAT ARE WE?

CHAPTER

·20·

何謂人類本性？
What Is Human Nature?

我們都會同意這一點：要透徹了解人類的現況，必須要對於人類本性有清楚的定義。但是給出這個定義是件極端艱鉅的任務。我們可以從每天日常生活中清楚看到人類的本性，這份本性直覺表現出的內容成為藝術創作和社會科學的主題，但其真實面貌依然模糊不清。會如此地曖昧不明，可能是出於一種情感的、非常人性的理由：如果原始、未經轉換面貌的人類本性揭露出來了，我們終於得到了賢者之石，那會是什麼？會是什麼樣子？我們會喜歡嗎？更好的問題可能是：我們真的想知道人類的本性嗎？

大部分的人（包括許多學者）可能會希望至少讓人類本性有部分隱藏在黑暗中，一如街談巷議中隱藏的熱帶沼澤怪獸。人們對於人類本性的看法，會受到自身獨特的想法和預期所扭曲，經濟學家大多繞道避開，大膽到想要研究人類本性的哲學家則一定會迷失方向。神學家往往選擇放棄，將人類本性中的不同內涵分別歸因於上帝與惡魔。從無政府主義到法西斯主義的政治意識形態都為了自身的利益而給予人類本性不同的定義。

在上個世紀，絕大部分的社會科學家認為並不存在所謂的人類本性，眼前的證據如山，他們卻依然緊抓著信條不放，認為所有社會行為是經由學習而來，文化全都是代代相傳出現的產物。保守宗教的領導者則相反，他們一直都傾向相信人類本性是上帝所賜的不變特性，這些特權階級給平民百姓的解釋是，如此才能了解上帝的企望。例如在一九六八年，教宗保祿六世在教皇通諭《人類生命》（*Humanae Vitae*）中解釋道：「人類除非遵守至高上帝銘刻在人類本性中的律法，否則將無法得到全心全力所渴求的真實快樂。我們應明智且深刻地遵循這些律法。」他還特別指出，人類本性的神聖法律禁止使用任何人工避孕的手段。

我相信從科學和人文學許多領域得到的大量證據，能夠讓我們清楚地定義何謂「人類本性」。但在提出這個定義之前，我要先解釋哪些不是人類本性。人類本性並不是那些基因。那些基因會主宰腦部發育、感覺系統以及行為，凡此種種營造出的才是人類本性。人類學家所發現文化的共通點集合起來，也不能當成人類本性的定義。例如穆道克（George P. Murdock）在一九四五年匯編的「人類關係區域檔案」（Human Relations Area Files）中，詳列了在數百個社會中，人類共有的社會行為和習俗，羅列如下：

年齡階級、運動、身體裝飾、日曆、清潔訓練、社區組織、烹飪、合作勞動、宇宙觀、求偶、舞蹈、裝飾藝術、占卜、分工、解夢、教育、末世論、倫理、民俗植物學、禮節、信仰治療、家庭節日、生火、民俗傳說、飲食禁忌、葬禮、遊戲、手勢、餽贈禮物、政府、迎接儀式、髮型、待客、住家、衛生、亂倫禁忌、繼承法、玩笑、親屬團體、親屬命名規則、語言、法律、祈運迷信、魔法、婚姻、用餐時間、醫學、生產方式、刑事制裁、個人名字、人口政策、產後照顧、懷孕習俗、財產權、安撫超自然存在、青春期習俗、宗教儀式、居住規矩、性禁忌、靈魂概念、地位分化、外科手術、工具製作、貿易、拜訪活動、天氣控制、編織。

我們會很想認同這個清單中的項目不僅僅是人類的特徵。我們會希望就算是在其他恆星系中演化出來的生物，如果擁有和人類一樣高的智能，也具備複雜的語言，那麼不論他們的遺傳體質為何，也必定擁有這些特徵。不過實際上幾乎不可能如此，因為我們可以想像，另一個星球上的陸生生物最後演化出來的，會具備了不同的文化特徵組合。推定這些理論上的共同特徵是在本質上遺傳下來的，為時尚早。無論如何，這些人類共同之處最好看成是某種更深層東西的可預期產物。

如果潛藏在人類本性之下的遺傳密碼是分子基礎，過於細微而難以探究，文化上的共同特徵又離人類本性太遠，那麼研究人類遺傳本性的最好位置應該是在兩者之間，也就是基因所引導的發育規則，這個規則創造出文化上的共同特徵。

人類本性是遺傳而來的規律，這些規律是人類這個物種心智發展出的共同產物，屬於「外遺傳規則」(epigenetic rule)，這些規則是在長久的史前時代中，遺傳演化和文化演化交互作用下的產物。這些規則是我們偏好用來感知這個世界的方式，是我們描繪這個世界的象徵符碼，是我們自動做出的選擇，是我們最容易做出也是報償最高的反應。外遺傳規則在許多方面一開始主要影響我們的生理，然後在有些方面影響到遺傳，改變了我們看世界的方式，以及區分顏色的詞彙。它也讓人類根據抽象的元素形狀以及複雜程度來評估美學與藝術設計。它讓我們能判斷哪些人最有性吸引力。它讓我們各有其害怕與恐懼的自然事物，例如怕蛇或懼高，這些事物會造成危險。它讓我們能夠藉由特定的臉部表情和肢體語言溝通，對嬰兒親愛，能夠維繫婚姻。許多範疇的行為和思想都受到外遺傳規則的影響。很明顯地，大部分外遺傳規則都非常古老，起源於很久以前的哺乳類祖先。而另一些諸如語言發展階段等，就只有數萬年的歷史。不過至少有一項是在數千年前才出現：一些人類族群的成人具備了耐受乳類中乳糖的特性，有潛能發展出以乳製品為基礎的文化。

正如同「外遺傳」中外這個字所指，生理發育的外遺傳規則並不是刻在基因上，也非意識掌握之外的，像是心跳和呼吸那樣自動的「行為」；也不是如同眨眼或膝反射那樣單純的反射動作。最複雜的反射動作是驚嚇反應（startle response）。當你偷偷到一個人背後大叫一聲，或是兩個人撞在一起，那麼那個人在快於大腦額葉處理速度的幾分之一秒內就會做出以下反應：身體放鬆、眼睛閉上、嘴巴張開、低額朝前、膝蓋微彎。不論在自然狀態下還是在現代生活中，這種快速而不自覺的反應讓人預備好面對即將可能發生的衝突與風暴，以便逃過敵人或掠食者的殺害。驚嚇反應完全由基因控制，並不如我們直觀認為那樣屬於人類本質。它也是典型的反射動作，完全不屬於意識掌控。

由外遺傳規則產生的行為不像反射動作那樣已經事先刻在基因上，基因不代表人類本性，外遺傳規則才是人類本性的核心。這些行為可以經由學習得來，但是照心理學家的說法，這個學習過程是「先備的」（prepared）。在先備學習中，我們本來就會有學習的傾向，會強化某些選項而捨棄某些選項。要做出某些抉擇時，我們是「逆先備的」（counterprepared），也就是會主動地避開某些選項。舉例來說，人類很快就能學習到要「害怕蛇」，這是先備的，而且很快就能夠發展到成為恐懼症的地步。但是人類對於其他的爬行類動物，像是烏龜和蜥蜴之類的，並不具備這種先備學習，也就是發自內心的厭惡程度沒有這麼高。先備學習讓我們覺得有小溪流過的公園很漂亮，逆先備學習則讓我們不想進入黑暗森林的深處。我們似乎覺得這種反應很「自然」，其實這是需要學習的，這才是重點。

這種學習的外遺傳規則是如何演化出來的？我從一九七〇年代起就一直花很多心思在這個問題上，那個時候「遺傳對抗環境」與「基因對抗文化」的爭議正戰得火熱，同時也演變成政治議題。我當時認為這個問題的根源應該是「基因演化的方式如何影響了文化演化的方式」。在這樣的相互影響之下，使得發展相關的理論成了非常有趣卻又極度困難的挑戰。[1]

一九七九年，我邀請年紀輕輕就展現實力的物理學家朗斯登（Charles J. Lumsden）和我共同研究這個主題。我們很快就了解到，如果要解決這個謎團，就不能把它當成一個問題，而是兩個。第一個問題是要確認出那些屬於天生的，也就是人類本性中非文化的基礎。第二個問題更難追索，要找出基因演化和文化演化之間的因果關係，我們決定將之稱為「基因－文化共同演化」。許多人類社會行為的特性有些時候很明顯能夠看出是受到遺傳影響，不僅在人類這個物種中如此，在同一個族群中的個人特性也是如此。人類本性的內在特性，很明顯地，也應該是演化出來的適應。我們也做出結論：要解決這個問題的關鍵是人類在學習文化時的「先備」和「逆先備」本身。在接下來的兩年，朗斯登和我建構了第一個基因－文化共同演化理論，並且發表出來。[2]

其他的研究人員接受了基因－文化共同演化的概念，但是把重點放在文化演化上。他們認為基因演化基本上只是一種驅力，讓人類有能力發展出文化。不然就是把基因演化當成和文化演化分開而並行的另一條演化之路。他們不太注意兩者之間的交互作用、外遺傳規則，或是讓共同演化出現的遺傳成分。

在一九七〇年代和一九八〇年代已經有大量證據指出，有些遺傳性質可以稱之為「人類本性」的一部分，這些性質對於文化演化的影響顯而易見。不禁令人好奇上述那種只注意到一邊的現象。此種偏見可能來自於尊崇「心智如白板」這個觀點而產生的過度警覺。該觀點否認人類本能的存在。在一九七〇年代和一九八〇年代，大眾比較偏好的是「普羅米修斯基因」（promethean gene）＊理論。這個理論的支持者認為，遺傳演化的確會讓文化產生，但是遺傳演化僅僅是讓人類得到了發展文化的能力罷

＊譯註：普羅米修斯盜火給人類，讓人類得以產生文明，故名。

了。在這段期間，社會科學家中除了少數值得一提的例外人士，都接受了白板大腦和普羅米修斯基因的理論，藉以確認社會科學和人文學科的自主性。這樣缺乏生物學思維面向的社會演化觀點，是由第二個重要的理論：心智普同性（psychic unity of mankind）假說推衍而出。這個假說指出，人類文化演化的時間太短，這使得遺傳演化無法在這期間發生，除了讓人類和其他動物有所差異的全功能普羅米修斯基因型。[3]

一開始我們可能會想，文化演化的確傾向抑制基因演化，甚至逆轉基因演化。能夠使用火、封閉的居所，以及能夠保持溫暖的衣物，讓人類得以在其他動物可能無法度過冬天的區域生存與繁殖。除此之外，狩獵技術的進步與種植穀物，使得人類能夠在平常會挨餓的棲地中繁衍。所以會有這樣的問題也很合理：既然文化改變可以在短時間就達到相同的結果，那何必要基因來管呢？

事實上文化會抑制基因演化，這一點毫無疑問。即使如此，人類在世界上許多棲地中，遭遇了許多前所未見的挑戰與機會，經由天擇而造成的遺傳改變能夠因應這些變化，至少因應的效率更高。這些挑戰與機會包括奇特的新食物、疾病和氣候。人類在六萬年前離開非洲之後，新的突變就大量出現，產生了許多有適應潛力的基因。如果說不同的人群散居到世界其他地方時沒有遺傳演化發生，那還真是令人驚訝。

教科書中舉出最近數千年中基因－文化共同演化的例子，是成年人發展出對乳糖的耐受性。在此之前，所有的人類只有在嬰兒時期才能夠生產出乳糖酶，把乳糖轉換成其他身體能夠消化的糖。幼兒斷奶後，身體會自動停止製造乳糖酶。歐洲和東非的人群在距今九千到三千年前各自發展出畜牧業，這讓成年人製造乳糖酶而能夠食用乳製品的突變隨著文化散播。能夠食用乳類和乳製品對於生存和生殖的幫助很大。來自牛、羊與駱駝的乳汁，能夠全年供應，是最豐富可靠的食物來源。遺傳學家已經發現四種讓乳糖酶持續生產的突變，一個在歐洲出現，其他三個在非洲出現。[4]

乳糖耐受性是生態學家和人類演化研究者所稱的「生態區位建構」（niche construction）：能夠馴養牛隻並將其當成主要的食物來源，使得生態區位建立了起來，這是對於含乳糖製品的基因－文化共同演化的結果。突變基因出線的機率非常低，而且很快就會被之前就已經出現的突變所淹沒，這些突變基因不僅僅是製造蛋白質的基因，它們使得特殊組織（在這個例子裡是消化道）發生了改變。

過去半個世紀以來，人類學家和心理學家已經發現了許多這種彼此糾結的共同演化過程。這些過程總加起來，形成了和乳糖耐受性這種地區特性不同類型的遺傳改變。這個過程在現代人類中很普遍，在古代人類中也是，而且可以追溯到現代智人出現之前，有些甚至可以遠至六百萬年前人類與黑猩猩分開之時。這種過程作用於認知與情緒功能上時，對於語言及文化的演化造成深遠又廣泛的效應。我們直覺認為的「人類本性」中，有許多便是由這些過程所造就出來的。

其中一個最重要，也是目前了解得深入的例子是避免亂倫。亂倫禁忌是文化上的共同現象。[5] 人類學家目前已經研究了數百個社會，有的接受甚至鼓勵堂手足或是表手足通婚，但是親手足、同父異母或同母異父手足通婚則完全禁止。有非常少數的社會在歷史中非常少數的時候，某些特定成員有兄妹／姊弟婚配的制度，其中包括印加、夏威夷、某些泰國人、古埃及、辛巴威的莫諾莫塔帕帝國（Monomotapa）、安卡爾（Ankale）、布干達（Buganda）、烏干達的布尼歐羅（Bunyoro）、剛果的尼揚札（Nyanza）、蘇丹的桑德（Zande）與希魯克（Shilluk），以及達荷岷（Dahomeans）。在這些案例中，亂倫行為都是在儀式中進行，而且只限於皇族或其他高階族群。政治權力是經由父系傳遞，這些男性有多個妻子，因此可以有其他非亂倫而生的小孩。

在其他地方都會極力避免兄妹／姊弟亂倫，大部分的文化都使用禁忌與法律來加強個人對於這種行為的厭惡。我們都很清楚亂倫容易產下有缺陷的後代。平均來說，每個人的二十三對染色體中，至少帶有兩個會造成某些程度缺陷的隱性基因，有些嚴重的缺陷可能會致死。在某個染色體上有缺陷基因的部位，成對的另一個染色體上相同位置的基因通常是正常的。當同一對染色體中的兩個都攜帶了那個缺陷基因，那麼具有這對染色體的人會出現疾病，至少得到疾病的機率會提高。這個缺陷可能在胎兒於子宮中發育時就已經出現，而使得胎兒流產。如果兩個基因中有一個是正常的，就可以消除缺陷基因造成的影響。「隱性」這個詞的意思是那個基因可以「隱藏」在正常的「顯性」基因之下。那個讓疾病容易產生的位置可以位於製造蛋白質的基因中，也可以位於基因之間負責調節的DNA區域上。這些由完全隱性或是近乎隱性的基因所造成的疾病，包括黃斑部退化（macular degeneration）、不明原因腸道炎（inflammatory bowel disease）、攝護腺癌、肥胖症、第二型糖尿病，以及先天性心臟病。[6]

亂倫造成的災難性結果是普遍的現象，不只在人類，其他的植物和動物中也有。幾乎所有會發生中度或嚴重近交衰退（inbreeding depression）的物種，都會以某些設定好的生物方式避免近親交配。在猿類、猴類以及其他非人類的靈長類中，避免的方式有兩個層次。首先，在十九個研究過其婚配模式的社會性物種中，年輕的個體傾向有類似人類的「異族通婚」。這些年輕個體在完全成年之前，會離開出生的群體而加入其他的群體。馬達加斯加的狐猴以及舊世界和新世界的猴類中，雄性會遷出原來的群體。紅疣猴（red colobus monkey）、阿拉伯狒狒（hamadryas baboon）、大猩猩以及非洲的黑猩猩，是雌性離開。中非和南非的吼猴（howler monkey）則是雌雄都會離開。這麼多不同的靈長類物種中，年輕的個體就是沒有辦法好好待著，牠們不是被有攻擊性的成年個體趕走，完全是自願離開的。

人類的情況完全相同，實行的方式是異族通婚，各部落之間會交換年輕人，而交換的通常是女性。異族通婚在文化上產生了多種結果，其中的細節已經由人類學家分析過了。要把異族通婚解釋成對於遺傳有重大貢獻的本能行為，只需要看看其他所有靈長類都會遵守的行為模式就足以了解。

不論亂倫禁忌的終極演化起源是什麼，或是它對於生殖成功又有什麼影響，年輕的靈長類在完全性成熟之前離開原來的群體，會大幅減少近親交配的可能性。不過還有第二條防線用來避免同留在出生群體中的近親個體之間發生性行為。在仔細觀察過所有非人類靈長類社會性物種的性行為發展過程，包括了南美洲的絨猴、亞洲的恆河猴、狒狒與黑猩猩，在這些靈長類的成年個體身上，不論雌雄，都看得到韋斯特馬克效應（Westermarck effect）：幼年時代關係親近的個體，彼此並不會想要發生性行為。母親與兒子幾乎不會交配，異性手足就算一起生活，交配的機會遠低於其他親緣關係較遠的個體。

除了猴類與猿類，在人類也發現了同樣的效應。芬蘭的人類學家韋斯特馬克（Edward A. Westermarck）於一八九一年在他的代表作《人類婚姻史》（*The History of Human Marriage*）中首次報告了這個現象。在接下來許多年，許多不同來源的觀察都支持了這種現象的存在。其中最有說服力的莫過於美國史丹佛大學的武雅士（Arthur P. Wolf）在台灣進行的「童養媳」研究。童養媳原本盛行於華南地區，有些家庭會收養年輕女嬰，將她與年幼的兒子如手足一般扶養長大，之後再讓童養媳與兒子結婚。這種習俗看來是因為男女比例失衡，再加上經濟繁榮，使得適婚女性在婚姻市場上十分搶手，父母為確保兒子能夠找到伴侶而出現。

武雅士從一九五七到一九九五年，將近四十年中，研究了十九世紀末到二十世紀初童養婚中的一萬四千兩百位台灣女性。除了統計數字，還有許多童養媳的個人訪談資料。這些被收養的女童在閩南語中稱為「新婦仔」。武雅士同時也留下了這些「新婦仔」的朋友與親戚的訪問紀錄。

武雅士巧遇了實驗的控制組（雖然這並不是一開始有意造成的控制組），這是一個研究人類重要社會行為起源的實驗。新婦仔和丈夫沒有血緣關係，因此所能想到血緣親近而造成的因素通通都消失了。在那些台灣的家庭中，新婦仔和丈夫如同手足一般親近地長大。

調查結果明確地支持了韋斯特馬克的假說。將來會當成妻子的女嬰，如果是在三十個月大之前就被收養，那麼之後通常會抗拒與那個實際上如兄弟般生活的男性結婚。雙親通常會強行舉行婚禮，有的人甚至會因此施以體罰。在同一個社群中，童養婚最後以離婚收場的比例是正常婚姻的三倍，生下後代的數量少了四成，其中有三分之一的女性承認自己有出軌行為，而正常婚姻只有一成。

在一系列嚴密的交互分析之後，武雅士和同僚找到了最重要的限制因子：在出生後三十個月和伴侶親近的生活。這段關鍵期中，彼此在一起生活的時間越久、越親近，後來產生的效應便越明顯。這份資料可以減少或是消除其他想像中可能參與其中的因素，包括收養的經歷、收養家庭中的經濟狀況、健康、結婚時的年紀、手足之間的競爭。和真正血親手足之間自然發生的亂倫厭惡所造成的混淆，在這裡也被排除了。

另一個同樣也是無意造成的實驗是在以色列的合作農場（kibbutzim）中進行。在農場中，小孩子就如同家庭中的兄弟姊妹一般，在托兒所中成長。在這樣環境中長大的年輕人後來結婚，在人類學家薛佛（Joseph Shepher）和同僚一九七一年報告指出，接受調查的兩千七百六十九個婚姻中，沒有一個是和出生就在同一個合作農場中長大的同伴結婚。雖然合作農場中的成年人並沒有特別反對他們之間進行異性間的性行為，但就是沒有發現這樣做的案例。

從上面這些例子，以及許多來自於其他社會的非正式證據，很明顯地指出，人類大腦中已經設定好了要遵守一個簡單的基本原則：**不會對年幼時就認識又親近的人發生性趣**。[7]

有沒有可能，人類其實根本就沒有受到韋斯特馬克效應的規範，只是從智識和記憶中知道手足和親子亂倫會造成有缺陷的後代呢？答案並非如此。人類學家德罕（William H. Durham）和同僚檢查了世界各地六十個社會中的信仰，想看看有哪些社會合理地了解亂倫的後果，結果只發現二十個社會多少有注意到這個現象。例如太平洋西北地區（Pacific Northwest）的特林吉特印地安人（Tlingit Amerindian）就直接覺得，近親婚配很常生下有缺陷的小孩。其他的社會知道的沒有那麼多，但發展出了民間理論來解釋這種現象。住在斯堪地那維亞的拉普斯人（the Lapps）會提到馬拉（mara）這種亂倫會產生的詛咒，然後這種詛咒會傳到亂倫者生下的小孩身上。新幾內亞的卡包庫人（Kapauku）也有類似的看法，他們相信亂倫的行為會造成生命本質的衰退。印尼蘇拉威西島（Sulawesi）島上的人做出的解釋更具條理，他們說如果人們和近親婚配，會使得親屬關係產生衝突，讓大自然一片混亂。[8]

有趣的是，德罕發現在這六十個社會中，有五十六個的神話中有亂倫這個主題，只有五個把亂倫歸因為受到惡魔的影響。其中有許多把違背亂倫禁忌歸因於這種行為造成的有利結果，特別是能夠生下巨人和英雄。不過在這些社會裡，亂倫被視為特例，而非反常。

韋斯特馬克效應是由基因－文化共同演化造成的外遺傳規則。這個規則和個人的遺傳得來的傾向有關，同時也轉移到文化中，讓人從多種選項（在亂倫中是兩種）中擇一。與此有關的醫學遺傳學是「容易得到疾病」的基因，包括了癌症、酗酒、慢性憂鬱症（chronic depression），以及其他千種以上已知的遺傳疾病。有了這些基因的人並不一定會發病，但在某些環境下發病的風險高於平均值。如果你具備了容易得到間皮瘤（mesothelioma）的遺傳體質，你工作所在的大樓又會散發出石棉粉塵，那麼你就比同事更容易得到這種疾病。如果你具備容易酗酒的遺傳體質，又和大量飲酒的人交際，那麼你酒精中毒的機會就會比那些沒有這種傾向的人要高。這些影響了文化的外遺傳行為規則是由天擇所篩選出來的，作用的方式相同，但是造成的影響不同。外遺傳規則是規範。嚴重偏離這些規範，很有可能被文化演化或遺傳演化（或兩者一起）所抹殺。從這樣來看，基因－文化共同演化的遺傳規則和容易得到疾病的特性，是和美國國家衛生研究院（NIH）對於「外遺傳」的廣義定義相符合的。美國國家衛生研究院對於外遺傳的定義是「不需要依靠基因序列而能夠調節基因活性與表現的改變」，包括了「在基因活性和表現上可以遺傳的改變（可能是在細胞或個體的後代上），也可以是在一個細胞中長期而且穩定的改變，這個改變可能會影響基因轉錄，而且並不需要是經由遺傳得來的」。[9]

在另一個截然不同的領域中，有第二個充分研究過的基因－文化共同演化例子：顏色詞彙。科學家已經從顏色知覺相關的基因，一路追蹤到了最後表示顏色知覺的語言。

大自然中並沒有顏色存在，至少顏色本身並不是以平常我們想的那種方式呈現的。可見光由連續而不同波長的光波所組成，其中並沒有所謂的顏色。彩色視覺中諸多的顏色變化是因為視網膜中的錐細胞對光線敏感，並且連接到腦中的神經細胞。顏色始於錐細胞中三種不同的色素吸收了光的能量，科學家根據錐細胞所含有的光敏感色素，將錐細胞分成藍色、綠色和紅色。光能量所引發的分子反應造成電訊號，傳遞到視網膜神經節細胞形成的視神經。在視神經中，波長的資訊和視野的資訊結合在一起，這樣產生的訊號分散在兩個軸上，大腦接下來會把一個軸上的資訊解讀成綠色到紅色這個區塊中的顏色，另一個軸的資訊則解讀成藍色到黃色這個區塊中的顏色，黃色本身的定義是由綠光與紅光混合出的顏色。舉例來說，某個特別的神經節細胞，可能會受到來自紅色錐細胞傳來的訊息所激發，或是被綠色錐細胞傳來的訊息所抑制。傳遞電訊號的強弱可以告訴腦，視網膜接收到了多少紅光或是綠光。來自於大量錐細胞和居中傳遞訊號的神經節細胞的資訊，集合在一起往後傳給腦，穿過視神經交叉（optic chiasma），抵達位於視丘中的側膝核（lateral geniculate nuclei），那是由許多神經細胞集合而成的中繼站，靠近腦的中央。最後這些訊號會傳到腦部最後方的主要視覺皮質（primary visual cortex）。

幾毫秒內，已經具備顏色編碼的視覺資訊便散播到大腦各處。大腦會做出什麼反應？這還要看其他同時輸入大腦的資訊，以及這樣的資訊所召喚出的記憶。許多這樣的資訊組合會引發圖形，例如可能會讓某個人想到代表這個圖形的詞彙，就像「這是面美國國旗，其中的顏色有紅色、白色和藍色」。當你覺得這是再明顯不過的人類本質，請把下面這個比較的例子記在心中。一隻飛過你身邊的昆蟲能夠感知到不同的光波波長，然後可以把這些波長轉換成不同的顏色，或不會轉換成顏色，這要看昆蟲的種類而定。如果這隻昆蟲會說話，牠的詞彙也難以翻譯成人類的文字。因為牠是昆蟲，本質上就和人類不同，牠看到的旗子也會和人類所見的不同：「這是面螞蟻旗子，上面的顏色是紫外線色和綠色。（人類看不見紫外線，但是螞蟻可以。人類可以看見紅色，但是螞蟻看不到。）」

我們現在已經知道了三種錐細胞色素的化學組成，也就是色素中胺基酸鏈排列方式，以及胺基酸鏈折疊出的形狀。這些色素的基因位於染色體X，其中的DNA序列也已經解出來，並且知道了因為DNA突變而造成的色盲。

這個我們已經很清楚的分子程序是由遺傳造成的。人類的感覺系統和大腦藉由這個程序，把可見光中連續的各種波長，分解成許多獨立的單元，這些單元組合成為色譜（color spectrum）。就純粹生物的觀點來看，這種色譜的組合方式是武斷的，這只是數百萬年演化出的多種色譜之一。但這個色譜從文化的角度來看卻不是武斷的，因為它是由遺傳演化所產生出來的，無法經由學習或命令所改變，人類文化中和顏色有關的特徵都是由這個統一的過程所衍生出來。顏色知覺屬於生物現象，人類對於顏色的感知和對光強度的感知是不同的，強度也是可見光的本質。當我們慢慢改變光的強度，例如將燈光慢慢地增強或是減弱，我們可以感知到實際上燈光增減這個連續的過程。但如果我們使用的是單色光，也就是只發出一種波長的光，然後漸漸改變這個光的波長，就無法感知到顏色變化的連續性。可見光從短波長連續變化到長波長時，一開始我們會見到的是藍色（至少有一種波長會被看成藍色這個顏色），然後是綠色、黃色，最後是紅色。除此之外還有白色（各種顏色的組合），以及黑色（沒有光）。[10]

世界各地關於顏色詞彙的創造，也受限於這個生物程序。一九六〇年代，柏林（Brent Berlin）和凱伊（Paul Kay）進行了一個著名的實驗，他們找了以各種語言為母語的人，包括阿拉伯語、保加利亞語、廣東話、加泰隆尼亞語、希伯來語、伊比比歐語（Ibibio）、泰語、澤套語（Tzeltal）、烏都語（Urdu）等，共二十種語言。他們測試這些人對顏色的概念。志願者必須以直接與精確的方式描述他們母語的顏色詞彙。研究人員會給他們看曼塞爾色譜（Munsell array），這種色譜上整齊排列著各種顏色的小方塊，從左到右是各種顏色，從下到上是各種顏色的亮度逐漸增加。他們要在色譜上指出和其母語主要顏色詞彙所描述最相近的色塊。雖然各種語言中顏色詞彙的字源與聲音都大相逕庭，但是受試者指出的顏色方塊都集中在某些色譜上某些區域，大致上的主要顏色有四種：藍、綠、黃、紅。[11]

一九六〇年代後期，羅許（Eleanor Rosch）進行了另一個研究色彩知覺的實驗，揭露學習對於色彩知覺造成的影響之深，令人驚訝。羅許找尋的是認知中的「自然歸類」（natural category），她發現新幾內亞的丹尼人（Dani）並沒有用來描述顏色的文字，他們只有mili和mola這樣的字眼，前者大概的意思是「暗」，後者是「亮」。羅許想問的問題是：如果成年的丹尼人開始學習顏色的字彙，如果他們學的字彙是描述那主要的四種顏色，會不會學得比較快？換句話說，遺傳上的限制是否在某種程度上引導了文化發明？羅許把六十八位自願接受測驗的丹尼人分成兩組，其中一組教他們描述色譜上主要顏色群（藍、綠、黃、紅）所發明出來的新字彙，其他文化中描述顏色的自然字彙多是指這些顏色群中的顏色。另一組則是教他們描述主要顏色群之外其他顏色的新字彙。第一組依照「自然」的顏色知覺傾向，學習速度是第二組學習較不自然字彙的兩倍。他們也能較快速地選出這些字彙。[12]

我們必須回答一個問題，才能夠完全拼湊出從基因到文化的轉變過程。由於彩色視覺有遺傳基礎，而且會影響到描述色彩的詞彙，那麼這種影響在各種不同的文化中散播的程度有多大？對於這個問題，我們只有部分解答。韋斯特馬克效應和經由這個效應造成的亂倫避免行為，在所有的社會中幾乎是一致的。不過顏色的字彙在這方面則是各異其趣。有些社會幾乎不注意顏色，因此只有基本的分類。其他的社會則在基本顏色中就色調和強度做出了許多細微的區別，也使用了不同的字彙。

這樣區分描述顏色的詞彙是隨機的嗎？顯然不是。柏林和凱伊在後來的調查中發現，每個社會有二到十一個基本字彙來描述色彩，這些字彙描述的顏色分布在曼塞爾色譜上四個主要顏色區塊的中央。完整的顏色用英語中的字彙來表示，分別是：黑、白、紅、黃、綠、藍、棕、紫、粉紅（pink）、橙（orange）、灰。這十一種顏色在其他的文化中都有意思相同的字彙，或是由數個詞彙連接在一起的描述。例如英文中說pink，在其他的語言中有與pink意思相同的字彙，或是有其他字彙的意思是pink以及（或）orange。例如丹尼語中只用到兩個字彙，英語中有所有的十一個字彙。在社會中，這些描述顏色的字彙由簡單變得複雜、組合基本顏色字彙過程就像是一條規則，會形成有等級架構的系統：

只有兩個顏色字彙的語言，這兩個字彙用來描述黑色和白色。
只有三個顏色字彙的語言，會是黑色、白色和紅色。
只有四個顏色字彙的語言，會是黑色、白色和紅色，然後加上綠色或黃色。

只有五個顏色字彙的語言，會是黑色、白色、紅色、綠色和黃色。

只有六個顏色字彙的語言，會是黑色、白色、紅色、綠色、黃色和藍色。

只有七個顏色字彙的語言，會是黑色、白色、紅色、綠色、黃色、藍色和棕色。

剩下的四種基本色：紫、粉紅、橙和灰如果出現於字彙中，則沒有先後順序。

如果基本的顏色字彙是隨機組合搭配的（很明顯不是如此），那麼經過計算，人類的顏色詞彙組合應該會有兩千零三十六種方式，真是一團亂。而柏林與凱伊發展出的顏色字彙進程指出，大部分只會發展出二十二個詞彙。

接下來的新工作是確定這十一個顏色字彙的真實性，例如某個語言中的字彙在其他的語言中也有，有可能是一個字彙對應到數個字彙，也有可能是數個字彙對應到一個字彙。不過在各個語言中，這些字彙所描述的顏色在色譜上的精確位置並不同。這個定位的方式看來是依照那個顏色在基本色群中的重要性而定。也依據這個位置是否能夠區別這個基礎顏色和鄰近的顏色而定。

對於顏色分類和語言之間的關聯所造成的基因－文化共同演化，還有一個最基本的問題：兩者之間相互影響的程度有多大？沃夫（Benjamin Lee Whorf）在一九三〇年代末期到一九四〇年代初期提出了一個有力的理論，深具影響力。他指出，語言不只能夠讓我們溝通所知覺的內容，也會實際影響到我們的知覺。在顏色字彙這個案例中，研究資料支持中庸觀點：腦的確會在某方面過濾與扭曲顏色，但是並沒有完全決定顏色的分類方式。[13]

最近以磁振造影（MRI）研究腦部活動，得到了顏色和語言關聯的直接證據。讓受試者看一系列不同的顏色，如果看到的是不同範疇的顏色，那麼右方視野的腦部活動模式會比看同一個範疇中的顏色要來得活躍，這是意料中事。但是不同範疇的顏色也會讓左腦的語言區更活躍。這個結果指出，語言區對於視覺皮質多少有些由上而下的控制。[14]

演化生物學家已經開始研究，為什麼人類社會增加新的字彙時，會在描述顏色的狀況中出現上述特定的順序。目前一個相當可行的推測是因為紅色很重要，使得紅色在字彙演化序列中很早就出現了。根據費南德茲（Andre A. Fernandez）和莫里斯（Molly R. Morris）的說法，紅色和橙色是果實成熟的顏色。早期樹棲靈長類如果能夠在幾乎是一片綠色與棕色的背景中發現這種顏色，便能得到很大的利益。[15]這個假設還推衍出，當某些靈長類物種發展出社會性，便選擇用紅色來代表性成熟。在天性演化的一般性理論中，對於古代的舊世界靈長類而言，紅色與紅色系顏色已經被「儀式化」，用在視覺溝通上了。

CHAPTER

·21·

文化如何演化
How Culture Evolved

在剛果的古阿魯格三角森林（Goualougo Triangle forest），有一隻黑猩猩從林下的小樹折下了一根樹枝，把枝上的葉片摘去，把光禿的樹枝插入旁邊的白蟻丘裡。在蟻丘中，柔軟的白色工蟻成群結隊爬到樹枝上，有著針狀大顎的兵蟻奮力向前，緊緊地抓住樹枝。但是這樹枝會讓白蟻走向死亡。黑猩猩知道這點。牠在旁邊等了一下，等著保護家園的白蟻爬滿樹枝，然後牠把樹枝抽出來，撥下兵蟻，飽餐一頓。不是每個地方都會出現這樣的行動，這是某些黑猩猩族群中的地區文化之一，是觀察其他個體的行為之後學來的。

亞諾瑪米人（Yanomamo）居住在巴西和委內瑞拉尼格羅河（Rio Negro）和布蘭科河（Rio Branco）之間的區域。在這裡有一小群村民從村中集體居住的房舍出發，走到三公里外的小溪。他們把有毒的植物樹皮丟入水中，等著收集浮在水面上的死魚。這些獵物會被帶回村中，和其他村民分享。毒魚發生在夏季，其他時候，婦女會單獨去溪邊用手抓魚，然後把魚咬死。在阿拉斯加近海有另一種層級差別很大的捕魚行為。專業的深海魚漁夫會把掛上許多魚鉤的長線放到太平洋的海床上，可能深達一公里，甚至更深。他們會釣到黑魚（sablefish），這種魚也稱為黑鱈或銀鯧（butterfish），如果用在壽司上則稱為銀鱈。這些魚在船上清理後會先冷凍起來，運到岸邊的市場，再分售到世界各地的高檔餐廳或家庭。

捕魚行為是一種特殊的文化，可能已經演化了數百萬年，剛開始演化的速度很慢，然後越來越快、持續變快，到後來變成爆炸性的速度。銀鮒抵達餐桌的路途只是眾多文化範疇中的一支而已，這些文化支流在新石器時代剛開始的時候就從人類的心智中流出，途中經歷分岔、匯整，最後集合在一起，產生了現代巨大的全球文明。文化不是現代人類發明的，黑猩猩和人類的共同祖先就已經發明了文化，我們只是把祖先所發展出的文化變得更精緻，成為現在這個樣子。

人類學家與生物學家給文化的定義，廣義來說，是指能夠區別不同人類群體的一組特徵。文化特徵有可能是由某個群體首先發明，也有可能是從其他群體那兒學來，然後再在這個群體中的成員中散播。大部分的研究人員也同意這樣的定義在動物與人類上都一體適用，如此才會突顯出雖然人類的行為要比動物複雜許多，但依然一脈相傳。[1]

目前已知在動物中最先進的文化出現在黑猩猩和牠的近親巴諾布猿身上。比較研究散布在非洲各地的黑猩猩族群所發現到的文化特徵數量多到讓人吃驚，相鄰各族群之間有不同的文化特徵組合方式。

在兩個黑猩猩群體中進行的實驗已經證明，文化特徵散播時需要個體模仿群體中的其他成員。在這項研究中，研究人員在兩個群體中各挑選了一頭高位階的雌性黑猩猩，示範給牠們看如何從一個特殊設計的容器中取出食物。以這些食物當作報酬，黑猩猩開始學習了。有一頭黑猩猩學會「戳弄」的技術，另一頭學會了「撥起」的技巧。當這兩頭黑猩猩回到各自所屬的群體，會各自繼續使用學會的技巧，而牠們大部分的同伴也很快地就開始使用相同的技巧把容器打開。這樣的技術可能是經由直接模仿那頭雌黑猩猩而傳播開來，但同樣也可能是牠們觀察食物配發器的機械動作而學會的。如果我們能夠證明後面的這個方式，進一步的研究就可能會揭露出黑猩猩和人類的社會學習方式是大不相同的。[2]

目前的確記錄到猩猩和海豚有真正的文化。在海豚中讓人震撼的文化發明與傳播例子發生在澳洲鯊魚灣（Shark Bay），瓶鼻海豚在捕魚的時候用到了海綿。有少數雌性瓶鼻海豚會把一塊海綿接在鼻子上，然後用海綿把緊緊躲在海底的魚趕出來。[3]海豚有文化應該不會太讓人驚訝，因為牠們可以說是智能相當高的動物，僅次於猴子和猿類。由於海豚在社會互動時很喜歡彼此模仿，這些在鯊魚灣做出新發明的海豚可能出現了真正的文化傳播行為。為什麼聰明的海豚和其他鯨豚類動物在那麼長的歲月中沒有發展出更進一步的社會演化？原因有三：牠們不像靈長類有巢穴或營地；牠們的前肢是鰭狀；牠們住在水中，因此永遠都無法用火。

文化在精緻化的過程中需要長期記憶，人類在這方面的能力凌駕於其他動物之上。人類的前腦非常巨大，能夠儲存大量的內容，使得人類成為完美的說故事者。我們在一生當中能夠憶起夢境、回思往事，並且利用這些經驗設想過去與未來的事態。我們生活在心智與行為營造的結果中，這個結果有真實的，也有想像的。我們內心的想法能夠讓我們拋下眼前的欲望而偏愛遲來的樂趣。我們憑藉著長期的計畫來擊敗情緒衝動，至少可以暫時獲得成功。內心活動使得每個人都獨特且珍貴。當一個人死去，他所有的經驗和想像也隨之消逝。

隨著死亡而消逝的東西會有多少？我想關於這個問題的思考是很典型的。有時候我會閉上眼睛，回想一九四〇年代在莫比爾（Mobile）和附近阿拉巴馬格爾夫岸區（Gulf Coast）的時光。我當時還是個男孩，多次騎著沒有變速裝置的氣胎腳踏車去那兒，在附近晃來晃去。之後會有更多的細節清晰浮現。我想起我出身的大家庭，每個成員都有屬於自己的人際關係網絡，每個人都有一些與他人共享的記憶。他們似乎存在於世界的中心、時間的中點。他們所居住的莫比爾在當時看來不會有多大改變。所有重要的事物，每個細節，都暫時不會改變。在集體記憶中的每件事，對每個人來說或多或少都是重要的。現在這些人都已經走了，那麼多集體記憶中的事物也隨之消逝。我知道當我死去的時候，我的記憶、記憶中的世界，以及其中大量的知識什麼的通通都會消失。但是我也知道，這些錯綜複雜的關係、諸多的記憶就算消失，也是人類重要的一部分。我因它們而存在，我因它們而前進。

動物也有長期記憶，這對牠們的生存大有幫助。企鵝能夠記得一千兩百張圖片；在大自然中，北美星鴉（Clark's nutcracker）會像松鼠那樣把橡實藏起來，在實驗中，則可以在一個房間的六十九個儲藏地點中，記得二十五個，而且能夠記住長達兩百八十五天。但是毫無意外地，狒狒更勝過這兩種鳥類一籌。實驗指出，這些看起來就很聰明的靈長類動物能夠記得五千項內容，而且至少能記得長達三年。[4]人類的長期記憶又遠超過所有目前研究過的動物。我不知道是否有任何方式是設計來測量人類的記憶能力，不過人類和其他動物的差距至少有十倍。

人類的大腦具有意識，這個大腦的能力之一是能夠設想事態，而且天生就無法抗拒這種衝動。我們的大腦儲存了許多長期記憶，但是對於一個接一個發生的故事，心智每次都只會招喚出其中的一小部分。這一點是如何辦到的？現在還充滿爭議。有一群神經科學家認為，這種狀況下，在長期儲存狀態的長期記憶中，有些片段會集合起來成為「工作記憶」（working memory），並組織成各種劇情。面對相同的資料，另一派的科學家則相信這個過程只是把長期記憶激發起來罷了。我們並不需要把長期記憶從腦中某個部位，轉移到另一個部位。[5]

不論哪個說法才是對的，在對演化而言如轉瞬的三百萬年中，人屬發展出其他動物從來都不具備的東西：大腦，一個由一百億個神經元組成的記憶庫，每個神經元平均有一萬個分支，藉此和其他的神經元互相聯繫。這樣的連結是腦組織的基本單位，能夠形成複雜又完整的迴路和訊息傳遞站。這樣由迴路與訊息傳遞站所組成的網絡稱為模組（module），在人腦中，所有的本能與記憶就是透過這些模組組織起來的。

腦部的結構極為複雜，因此要建立符合演化理論的腦部遺傳理論會遇到一個困難。人類基因組中只有約兩萬個基因能夠產生蛋白質，其中又僅有一部分和感覺與神經系統有關。問題出現了：這麼少的基因如何能夠設定與產生出如此複雜的細胞結構？

來自發育遺傳學的概念解決了這個「基因短少難題」（gene-shortage dilemma）。研究人員發現，那麼多的模組其實是用同一種程序製造出來的，所以只要一直複製模組就好了。這些模組是因在腦中位置的不同，而各自有特殊的功能，這則是由其他的程序（和不同的基因）所控制的。至於更進一步的特殊化過程，則由腦部接收自環境的訊息所決定。一個簡單的比喻就是蜈蚣不需要有數百個基因來製造數百條腿，只要幾個基因就足夠了。關於遺傳控制腦部的發育過程，有許多地方我們還沒搞清楚，但至少已經證明了一點，就是人類的基因數量足以讓腦部順利發育。[6]

既然讓人類腦部發育的遺傳密碼已不再是無解之謎，我們現在可以轉向人類心智和語言起源這個問題了。科學家很久以前就已經拋棄了「大腦是個白板、文化是經由學習而刻在白板上」這種概念。在這個古老的觀念中，演化所造就的是強大的長期記憶能力，以作為強大學習能力的基礎。現在有了不同的觀念：人類的大腦是遺傳而來的複雜結構，具備意識的心智是這個架構所產生的產物之一，源起於由遺傳演化和基因演化糾結交織而成的基因－文化共同演化。

除了遺傳學家和神經科學家，考古學家也加入了這個行列，一起研究語言和心智的演化起源。他們開創了一個新的研究領域，稱為「認知考古學」（cognitive archaeology），以追溯那些撲朔迷離事件發生的步驟與時間順序。剛開始，這種混合的領域似乎沒有什麼成功的機會。畢竟除了挖掘出來的骨頭，古代人類留下的證據只剩下營火的灰燼、工具的碎片、食物的殘骸和其他垃圾罷了。不過研究人員憑藉著新的分析技術和實驗方法已經能夠提出下面這些結論：抽象思考和有句法的語言，出現時間不會晚於七萬年前。支持這個結論的關鍵證據是有些人工製品保留了下來，而這些製品需要心智的演繹過程才能打造得出來。思考的內容中有一項特別重要，就是能夠把石頭尖簇套在矛桿的一端。歐洲的尼安德塔人和非洲的智人在二十萬年前就能進行這項工作了。這是一項了不起的技術創新，但是我們無法從中知道他們思考與溝通的大概內容。不過最近的分析發現，到了七萬年前，智人有了新的進展，揭露了認知演化的一角。這項研究指出，套上矛頭這個工序變得更為精密繁複。製造矛需要一連串的工作，包括一開始要燒製和敲打當成矛尖的石頭，之後還要用刺槐樹膠、蜂蠟和其他人工製品把矛頭給固定好。[7] 溫恩（Thomas Wynn）指出，這樣的工作告訴我們，各種認知已經可以好好地集結在一起了：

> 這些工匠必須了解到材料的特性（例如黏性），能夠判斷溫度造成的影響，也要能夠隨時注意到快速變化的變因，還要能夠順應材料本來就會具備的各種變化。

那麼說話呢？具備意識的心智能夠產生各種抽象概念，然後把這些概念組合成情節嗎？同時產生具有主詞、動詞和受詞這樣具有句法的語言呢？

在研究任何一種物種的古老起源時，習慣上會使用比較生物學的方式去研究其他血緣相近物種之前的生活方式，以及可能的演化過程。科學家為了研究人類心智的起源，便去詳細研究尼安德塔人，現在我們對他們已經有多方的了解。這個和智人宛如手足的物種占據歐洲的時候，智人正在非洲得到更強大的認知力量。尼安德塔人在歐洲至少生活了二十萬年。我們目前記錄到最後的尼安德塔人大約在三萬年前死於西班牙南部。現在我們幾乎可以確定這個尼安德塔人是因為智人這個適應能力更強的物種逐漸往北與往西散布，橫過歐洲大陸，而被逼到滅絕的地步。

一開始，比賽是公平的，尼安德塔人剛起跑的時候還能夠和還居住在非洲的智人對手並駕齊驅。最初，他們的石器和智人的一般精雕細琢。他們的石刀筆直而尖銳，可能是用來削東西的，其他有著鋸齒緣的則是用來鋸東西的刀鋸。尖細的石器會用簡單的方式做成矛。從尼安德塔人工具的設計方式來看，他們狩獵的對象是大型動物。一如肉食動物的專家所料，尼安德塔人顯然會到處移動。他們會烹煮食物，可能還會煙燻肉類。他們的營地簡陋，會穿衣服，並且會在嚴冬時期藉著營火來取暖。研究人員最近已經將他們的基因密碼定序（這是件傑出的科學成就），我們知道尼安德塔人具有Fox2基因，這個基因和語言能力有關，而且其中有一段特殊的序列是尼安德塔人和智人共有的，因此他們可能有語言的能力。成熟尼安德塔人的腦部平均要比智人的稍微大一些，他們嬰兒和兒童腦部成長的速度比智人快。[8]

尼安德塔人是個驚人的物種，在各方面的發展都和人類平行，是一個能夠作為人類對照組的演化實驗。不過尼安德塔人最引人注意之處並非他們是什麼樣的物種，而是他們未能繼續演變。實際上，在他們存在的二十萬年中，技術或文化並沒有什麼進展，至少在目前我們尚未發現有考古證據顯示他們會修補工具製品、創造藝術與進行個人裝飾。[9]

智人則在這個時候奮勇前進。當尼安德塔人落後的時候，智人的認知能力大幅成長。四萬年前，人類族群首度沿著多瑙河北上，進入歐洲的中心地帶。一萬年後，開始出現了標誌著舊石器時代後期的創新：具象的精美洞窟壁畫、雕像（包括一個獅頭人身像）、骨笛、利用火和補獸圍欄來進行圍獵，以及有著特殊打扮的巫師。

是什麼原因讓智人突飛猛進到這個地步？這個領域中的專家都認為是因為長期記憶的容量增加了，更重要的是這些長期記憶可以再倒入工作記憶中，如此就能在短時間內設想出情節和計畫，讓智人在離開非洲之前與之後，都能夠在歐洲和其他地方成為關鍵角色。是什麼力量讓他們穿過障礙，發展出複雜的文化？看來是群體選擇。如果一個群體在預測競爭群體的行動時，有成員能夠解讀意圖並且和其他的成員合作，那麼將會比沒有這份能力的團體獲得更巨大的利益。群體成員之間當然也有競爭，天擇對於特徵的作用也會讓某些個體更具優勢。但是對於一個進入新環境而且在這環境中有強大競爭對手的物種來說，團結與合作更重要。道德、團結、宗教熱情、戰鬥能力，再加上想像力與記憶力，讓贏家出線。

CHAPTER

·22·

語言的起源
The Origins of Language

把人類提升到世界主宰地位的眾多創新，當然不是一個基因突變所賦予力量就能夠造成的結果。也不太可能傳承自我們祖先篳路藍縷所得到的神祕靈感。當然，新的土地與資源也不會刺激這樣的情況發生，那些土地上還有馬、獅子和猿類這些沒那麼先進的物種生活著呢。最有可能的情況是智人慢慢前進，最後到達顛峰，跨過了門檻，得到的認知能力讓我們具有發展文化的強大力量。

這個爬升的過程至少在兩百萬年前就從非洲開始，最早起步於直立人的巧人祖先。那時，人屬的前腦開始急遽增大，在此之前五億年的動物演化中，從來沒出現這樣複雜的結構。什麼事情引發了這種變化？要發展出真社會（最高等的社會組織）的預先適應，全部都已經準備就緒，當時還有數種南猿也具備了這樣的預先適應，但沒有一個能夠擁有生長快速的大腦。我認為讓南猿前進成為人屬的線索，就隱藏在那些跨過門檻而演化出真社會性的動物所具備的重要預先適應之中。從數十種昆蟲與甲殼動物，到裸鼴鼠等每個支系，無一例外，都要保護巢穴，群體成員以這個巢穴為基地，可以獲取到足以維持群體生存的食物。在罕見的情況下，這些群體能夠競爭過非群居性的個體，同時成員並沒有離巢重新開始非群居性的生活，而是留在原來出生的巢穴之中。

直立人的出現並非巧合，很有可能是在更早的時候，他們的近祖巧人就集結成小群體並開始建立營地了。他們能夠建立這種如同動物巢穴般的營地是因為飲食從單純的植物改變為雜食，也就是他們開始吃很多肉。他們會撿拾屍體，也會狩獵動物，最後還會烹煮肉類以得到更多熱量。考古證據指出，這時候的巧人已經不像現在的黑猩猩和大猩猩那樣，需要一直成群結隊地四處流浪，在自己的領域中收集果實和其他可以食用的植物。他們可以選擇能夠提供保護的地點，並且加強防禦工事，有時候會在營地久留，某些人出去打獵時，某些人留下來保護幼小的後代。當他們可以在營地內控制用火，這樣的生活形式便穩定下來了。

不過光靠肉食和營火還不足以解釋腦部大小為何會快速地增加。對於那塊消失的拼圖，我相信生物人類學家托瑪塞羅（Michael Tomasello）和他的同僚所提出的文化智能理論（cultural intelligence hypothesis）。[1] 生物人類學（biological anthropology）是近三十年發展出的新領域。

這些研究人員指出，人類的認知和其他動物（包括與人類親緣關係最接近的黑猩猩）認知最基本也最重要的差異，在於人類能夠為了達到共同的目標與意圖而合作。人類的特徵是意向性（intentionality），這需要巨大的工作記憶才能形成。我們變成善於讀心的專家，也成為創新文化的冠軍。人類不只像其他具備先進社會組織的動物那樣，個體之間有密切的互動，我們的合作傾向已經到了一種特殊的地步。我們能夠在適當的時機恰如其分地表達意圖，同時也長於解讀他人的意圖。我們能夠密切地合作以打造工具與棲息場所、教育下一代、設計遠征計畫、從事群體競賽，並且完成絕大部分身為人類為了活下去所需要做到的事情。狩獵－採集者和華爾街的執行長在社交場合都喜歡蜚短流長、彼此打量，評估對方是否誠實，並且預估其他人的意圖。我們的領導人以社會智能的手腕編造政治策略，商人在談生意時會讀取對方意圖藉此多占點便宜。許多創造藝術本身就是表現方式。我們每個人每天的生活幾乎都會用到這些文化智能，就算沒有實際從事，這樣的念頭也常出現於我們個人的思緒之中。

人類會陷入社會網絡當中，就像是海裡的魚看不到水一樣。我們一直在這樣的心智環境中演化，我們也很難設想其他不同的環境。人類從一出生就有讀取他人意圖的傾向，如果發現有共同利益，很快就會彼此合作。有個深具啟發性的實驗，實驗內容為研究人員讓兒童觀看要怎樣才能打開一道門，取得門後的容器。當成人想要打開這道門，但假裝不知道如何才能辦到時，兒童會停下手邊的事，穿過房間幫他。同樣的狀況下，缺乏那麼高合作意識的黑猩猩並不會出現這樣的行為。

科學家在其他實驗中測量出黑猩猩的智能差不多等於兩歲半、還沒有上學與識字的幼兒。[2] 而黑猩猩在解決物理與空間問題上的程度也和幼兒相同，這些問題包括找到藏起來的報償品、區別不同的份量、了解工具的性質、利用棍子勾取手碰不到的物品等。換句話說，幼兒在各種社會功能測試中，表現出許多黑猩猩沒有的高階技能。他們能從觀看示範中學到更多東西，比較了解提示報償品位置的線索，能夠隨著他人眼光的移動找到對方所注視的目標，在尋找報償品時也能夠從他人的行動中了解意圖。看來，人類的成功並不只是因為能夠處理各種挑戰的智能提升，而是他們天生就長於各種社會技巧。人類能夠經由溝通與了解他人的意圖而合作，這使得群體能夠做到單獨個人無法完成的事情。

早期的智人族群，或甚至是智人在非洲最近的祖先，在同時具備了三種特質之後便具備高等的社會智能。他們發展出「共享式注意力」（shared attention），也就是有事情發生時，會和其他人一起注意同樣的對象。他們需要深刻地意識到必須一起行動（或是阻礙他人）才能夠達到共同的目標。他們需要「心智理論」（theory of mind），也就是要能夠知道自己和別人心裡想的事情是一樣的。

當這些特性充分發展之後，可與現代語言相比擬的語言也發明出來了。這個進展顯然是出現在非洲人於六萬年前離開非洲之前。在這個時候，那些往外殖民的人在語言上的能力和現代的子孫完全相同，可能也已經開始使用精緻的語言。這種說法主要的證據來自現存的原住民。他們是這些殖民者的直傳後代，仍可見於非洲和澳洲。他們使用的語言非常複雜，也具備發明這些語言所需的心智特性。

語言是人類社會演化的聖杯，而我們最後終於得到了。一旦有了語言，人類便具備了幾乎可說是神奇的力量。語言中有任意使用的符號，再加上字彙，讓人類能夠表達意思，並且可以創造出幾乎無限的訊息。[3]人類所感知的任何事物，人類心智所能夠想像出來的那些夢與經驗，我們進行分析時所構思的每條數學論述，至少都能夠用語言粗略地表達出來。我們甚至可以說是語言創造了心智，而非心智創造了語言。認知評價（cognitive evaluation）的順序，一開始是在早期的居所裡有密集的社會互動，接下來形成集合體，了解其他人意圖的能力同時增加，並且藉此加強活動能力。接下來是得到產生抽象概念的能力，以處理他人和周遭世界發生的事物。最後是得到語言。人類語言中的各種原則，原本可能只是重要的心理特質，而後才彙整並共同演化，且相輔相成。語言本身並不是先出現的。[4]托瑪塞羅和與他一起寫作論文的同事說明了下面這個例子：

語言不是基本特質，而是衍生出來的功能，在語言之下的是認知技巧與社會技巧。同樣的技巧讓嬰兒能夠指著事物，讓其他人清楚明白他所指的事物，其他靈長類動物不會有這樣的行為。這種行為讓人類能夠互助合作，並且和其他人一起從事值得注意的活動，這種狀況也不見於其他的靈長類。重要的問題是，如果不是一些方法集合起來，為的是要讓別人注意某些事情，語言會是怎樣？如果語言溝通的概念實際上沒有這些技巧聯合起來作為基礎，那怎麼可以說語言的目的是為了要了解與分享意圖呢？所以說，語言代表了人類和其他靈長類動物之間最大的不同之處。我們相信，能夠讀取與分享意圖是人類獨有的能力，語言就是從這些能力所衍生出來的。這些能力也造就了其他和語言同時出現的人類特有技巧，例如傳達事情的手勢、合作、藉口，以及模仿學習（imitative learning）。

有的時候我們會說動物有語言，蜜蜂可能是其中最著名的例子。有人說牠們會在蜂巢上方以跳舞的方式傳遞抽象訊息，分巢的時候大批工蜂會一起遷徙到新的巢穴。蜜蜂的舞蹈的確能夠傳達目的地的方向和距離，而這個目的地可能是花蜜與花粉的來源，也可能是適合築新巢的地點。不過蜜蜂舞蹈的規則是固定的，而且可能數百萬年以來從未改變。另外，蜜蜂的舞蹈並不像人類的字彙和句子那樣屬於抽象符號，牠們只是把飛行的內容重新表演出來，讓其他要出門的蜜蜂知道目標在哪兒。如果舞蹈的蜜蜂繞著圈圈，表示目標離巢很近（「在巢附近飛一下就可以找到了。」）。如果進行的是搖擺舞（waggle dance），也就是舞蹈的路徑像個8字，並且持續重複，這就表示目標比較遠，8中間指的方向（就像是「日」字中間的那一橫），表示目標方向與太陽形成的夾角，而那一橫的長度則與目標的距離成正比。這的確很了不起。但是只有人類能夠說出像這樣的話：「從那個入口出去，往右轉，沿著路直走到第一個有紅綠燈的地方，餐廳就在那個街區中。沒有多遠，就在那個角落而已。」

人類的語言和蜜蜂或其他動物之間的溝通方式不同，可以獨立意指事物，也就是不需要用附近的物體作為參考物，甚至不需要這樣的參考物。除此之外，人類的語言會用詩體韻律的方式增添其他訊息，例如強調某些字彙，或是調整說話的速度來帶動情感、強調重點，或是讓措辭有完全不同的意思。人類的語言中充滿了矛盾，能夠精細地使用與調整誇張的語法，同時傳達出和字面措辭上完全不同的意思。語言可以是間接的，可以用暗示的訊息取代直接陳述，因此留下了推諉裝傻的空間。[5]例如明白又老套的性暗示（「你要上樓來看看我的蝕刻版畫嗎？」）、禮貌地提出要求（「如果你能幫我換這個漏氣的輪胎，我會終生銘感五內。」）、威脅（「你的店很不錯，如果發生了什麼事情就太遺憾了。」）、賄賂（「嗯，長官，我可以跟您買票嗎？」）、募款（「我們希望您加入我們的領導計畫。」）。就如平克（Steven Pinker）和其他這個領域的學者所解釋的，間接的說話方式有兩個功能，傳遞訊息，以及調和說者和聽者之間的關係。[6]

語言是人類存在的重要特徵，因此了解語言的演化歷史相當重要。但語言也是人類發明的事物中最容易消逝的，這使得我們對語言演化的研究變得困難重重。考古學的證據只能追溯到五千年前文字的起源，可是那時智人具備的重要遺傳變化都已經出現了，世界各地所有的社會中也都已經發展出精緻的語言規則。

即使如此，在語言中的一些模式依然可說是演化的產物。對話時輪流說話的模式就可說是其中一項演化的遺跡。長久以來流行的印象是，在不同的文化中，輪流說話時中間暫停時間的長短會有所不同。例如我們會認為北歐人在一個人說完和另一個人回答之間暫停的時間比較長；在紐約的猶太人則被認為喜歡幾乎同時開口說話，喜劇作家就會描繪這種情況。不過當研究人員實際測量世界各地的十種語言後發現，說話者全部都會避免同時說話（但不會避免打斷別人的話），而且輪流說話時中間的空檔幾乎相同。另一方面，不同語言的人交談時，輪流的間隔會有很大的變化，因為這時參與對話的人正在費力了解語句的意思和對方的意圖。由此可知，就是這種效應讓人們認為不同文化中的交談速度不一樣。[7]

另一種最近研究記錄到的早期語言演化遺跡是非語言性的發聲，這類聲音可能比語言還要古老。例如科學家發現，人類傳達負面情緒（憤怒、噁心、恐懼和悲傷）所發出的聲音，在歐洲以英語為母語的人當中，以及說辛巴語（Himba language）的人當中是一樣的。辛巴人只居住在納米比亞北方偏遠的地區，而且在文化上與外界隔絕。相較之下，非語言性的發聲在傳達正面情緒（成就、愉快、感官之樂、放鬆）時就不同，我們現在還不清楚為何有這樣的差別。[8]

不過關於語言的起源，最基本的問題不是對話時輪流的方式，也不是在語言產生之前的發音，而是文法。讓字彙和片語連綴成句子的規則是學習而來，還是某種內在本質？一九五九年，史金納（B. F. Skinner）和喬姆斯基（Noam Chomsky）針對這個主題產生了名留青史的論戰。[9]史金納在一九五七年出版《語言行為》（*Verbal Behavior*）一書，而喬姆斯基對此書發表了一篇長如論文的評論。史金納是行為主義的創始者，他認為語言完全是學習得來的。喬姆斯基則不同意這點，他認為學習語言時那些附加的文法太複雜了，幼兒不可能在那麼短的時間中全記下來。乍看之下，喬姆斯基贏了論戰，他接下來強化自己的論點。他提出了一連串的規則，並認為這些規則會在腦部發育的時候，自然地依序出現。[10]

不過這些規則是以幾乎無法理解的方式表達出來的，下面就是一個不成功的例子：

總結一下，假定零階領域中的紀錄已經適當地管理了，那我們便會得到下列結論：

1. VP is α-marked by I.
2. Only lexical categories are L-markers, so that VP is not L-marked by I.
3. α-government is restricted to sisterhood without the qualification (35).
4. Only the terminus of an X0-chain can α-mark or Case-mark.
5. Head-to-head movement forms an A-chain.
6. SPEC-head agreement and chains involve the same indexing.
7. Chain coindexing holds of the links of an extended chain.

8. There is no accidental coindexing of I.
9. I-v coindexing is a form of head-head agreement; if it is restricted to aspectual verbs, then base-generated structures of the form (174) count as adjunction structures.
10. Possibly, a verb does not properly govern its α -marked complement.

學者絞盡腦汁，想要了解這個對於腦部運作相當重要的新見解（在一九七〇年代，我也是其中之一）。這套規則有一些不同的名稱，像是「深層文法」（Deep grammar）或是「普遍文法」（universal grammar），在一些腦袋不清的人所集會的沙龍，或是在大學的研討會，這是個受歡迎的題目。喬姆斯基的論述興旺了好長的一段時間，但可能只是因為這套理論很少受到因為理解而造成的輕蔑。

後來分析學者終於能夠把喬姆斯基和他那些信徒所說的話，用明晰的語言和圖表呈現出來，其中最平易近人的出現在平克一九九四年出版的暢銷書《語言本能》（*The Language Instinct*）中。

而且，即使喬姆斯基解開了密碼，問題依然存在：是否真有所謂的普遍文法？學習語言的強大本能的確存在，幼兒發展時確實有一個對語言很敏感的時期，這段期間學習語言的速度是最快的。事實上，幼兒學習語言的速度之快、學習能力之強大，光憑這可能就足以讓史金納的論點站不住腳。可能在幼兒期中有一段時間，學習字彙和字彙順序的效率非常高，使得腦部不需要有一個專門負責文法的功能區。

事實上，近幾年在實驗和田野調查上的進展，讓一個不同於「深層文法」的語言演化論點浮現出來。這個觀點考慮到了外遺傳規則，納入「先備學習」，認為語言是在個別文化中演化出來的。不過這些規則所設下的範圍很廣。心理學家及哲學家奈托（Daniel Nettle）說明了這個觀點出現的過程，以及它對語言研究可能提出的新方向：

人類所有的語言都具有相同的功能，因而可能讓這些語言完成任務的組合方式有了很大的限制。這些限制來自人類心智普遍的架構，這種架構影響了聆聽語言的方式、發音方式、記憶方式和學習方式，進而影響語言的形式。不過在這些限制的包圍之下，不同的語言之間還是有自由變化的空間。例如主詞、動詞和受詞這些大類的詞彙在不同語言中基本的排列順序是不同的，有些語言明顯的文法特徵基本上是句法，也就是詞彙組合的方式；其他語言的文法特徵主要是詞法學上的變化，也就是字彙的各種變形。[11]

現在有幾條或許能夠深入語言之謎的新路徑，讓語言學的研究不再是沉思於枯燥的圖表，而能夠朝著生物學的方向前進。只是有個重要的問題在於，外在環境會使得語言演化受到的限制時而變得寬鬆、時而更加嚴格，不論這個限制是來自遺傳演化或文化演化，或是兩者皆有。舉一個簡單的例子，在氣候溫暖的地區，語言會演化成較多用母音，少用子音，這讓說話的語調比較鏗鏘有力，至於造成這種傾向的原因可能是單純的聲音效果而已。因為在氣候溫暖的地區，人們待在戶外的時間會比較長、個體的距離比較遠，鏗鏘有力的說話語句可以傳得比較遠。[12]

另一個讓語言產生多樣性的原因可能是遺傳。ASPM和Microcephalin這兩個基因會影響聲音的頻率高低，在地理上，這兩種基因的分布模式和使用音高來傳遞文法與字意的分布模式是有關聯性的。[13]

當然，引導語言發展的重要心智特性幾乎在語言本身出現之前就已經出現了。我們認為這些特性起源於更早、更基本的心智結構。語句的發展是有彈性的，最近演化出來的克里奧爾語（creoles）、涇濱語（pidgin）和手語中都發現到字彙排列的順序有各種變化，在各大洲都有許多人在使用這些語言。[14]假設年幼時接觸到的慣用語言會把句法鎖死，那麼至少有一個案例能夠削弱這種偏斜的影響：賽義德貝都因人（Al-Sayyid Bedouin）的手語。賽義德貝都因人全部都生活在以色列內蓋夫（Negev）地區，而且全部都是天生的聽障者。西方人在兩百年前發現了他們，這個社群當時有一百五十人，全部都是五兄弟中兩人的後代，他們因為染色體13q12這個區域中的一個隱性基因而導致喪失聽力，聽不到所有的頻率。隨著時間近親繁衍的結果，目前大約有三千五百名賽義德貝都因人處於這種狀況。這個社群使用早期發展出來的手語，詞彙的排列順序是獨自衍生出來的。這些順序和他們本身與周遭社群使用的口語不同，也和周遭社群使用的手語不同。[15]

有研究更進一步描繪出自然的變化。受試者得在實驗中進行任務，內容是比較他們用來描述活動的字彙排序。在一項研究結果中，有四種語言（英語、土耳其語、西班牙語和華語）的受試者被要求說話，並且各自將所說的事件用圖片重新建立出來。當像這樣以非語言的方式溝通時，受試者排出的圖片順序是相同的（順序為「行動者－受事者－行為」〔actor-patient-act〕，等同於語言中的「主詞－受詞－動詞」），可見人們在思考動作情節的時候，多少是以這種方式進行；不過在受試者所「說」的語言中並非完全如此。全世界許多語言中有「行動者－受事者－行為」這樣的句法，最重要的是，新發展中的手語也是如此。因此在人類的深層認知結構中的確埋藏著外遺傳規則，偏好某種字彙的順序，但是最後產生的文法彈性很大，而且必須透過學習才能得到。[16]史金納和喬姆斯基都得出了部分答案，不過史金納正確得多一些。

基本句型演化的路徑有很多條，因此就算個人學習語言時受到遺傳規則的影響，影響應該也很少。查特（Nick Chater）等認知科學家最近利用基因－遺傳演化的數學模型，找到了可能的答案：因為語言所處的環境變化得太快，快到無法出現讓天擇來得及發揮作用穩定環境。而語言本身在每一代之間和不同文化之間變化得如此迅速，以致無法發生天擇所造成的演化。[17] 這樣推論下來，我們幾乎沒有理由預期語文結構中那些任意無常的特性（諸如抽象的句法規則以及基因痕跡之類的），會在演化的過程中植入腦中某一個特別的「語言功能區」(language module)。這些研究人員提出了結論：「人類得到語言的遺傳基礎，不是和語言一同演化出來的，而是在語言出現之前就有了。就如同達爾文所提出的：語言和語言背後的機制能夠互相配合，是因為語言演化的過程配合了人類的大腦，而不是大腦去配合語言。」

我相信，如果把天擇無法創造出不受外界影響且普遍的語言文法這件事當成文化多樣性的主要原因，應該也不會出什麼大錯。文化的彈性與潛藏的創造力，讓人類的才能開花結果。

CHAPTER

·23·

文化差異的演化

The Evolution of Cultural Variation

在基因－文化共同演化時，基因會影響文化，文化也會反過來影響基因。這個過程對於自然科學、社會科學和人文學而言都同樣重要，而這方面的研究所理出的因果關係將能夠串連起這三大領域。

如果你認為這樣的宣言過於大膽，請想想看各個社會間的文化差異。一般認為，如果在同一個範疇中，兩個社會之間有差異，例如一夫一妻制相對於一夫多妻／一妻多夫制，或喜好戰爭相對於喜好和平，那麼這樣的變化形式甚至是這種種範疇本身，就是文化演化的產物，和基因沒有關係。

這是在不完全了解基因和演化之間關係的狀況下，才會倉促得出的結論。基因直接影響或間接影響的，並不是彼此有相對差異的特徵，而是文化創新讓這些特徵得以出現時，特徵出現的頻率，以及呈現的樣式。基因表現時可能具有彈性，這使得社會能夠在多種選擇中取出一種或多種特徵；有的基因沒有彈性，所有的文化就只能從這類基因取得某一種特徵。

我們可以看看相似的例子：身體結構上的各種彈性變化。負責指紋發育的基因在表現時具有非常大的彈性，使得人類指紋有很多的變化。全世界沒有兩個人有一模一樣的指紋。相較之下，控制手指頭數量的基因就相當死硬。一隻手五根手指就是五根手指，只有很少見的發育意外或基因突變，才會讓手指多一根出來。

這樣的彈性很容易就可以適切地應用到文化特徵中。不論穿的是纏腰布或是正式晚禮服，穿著服裝這件事是有遺傳基礎的。但由於相關基因表現得非常有彈性（但完全稱不上無限彈性），以及這些基因得以表現出多種又多變的情緒，讓一個人在一生中會選擇數種甚至數百種服裝。極端相反的例子是韋斯特馬克效應（非常年幼時期一起長大的兒童，成人後在心理上無法與彼此建立性方面的連結），這使得所有正常的家庭成員會本能地避免近親相姦。

研究發育的生物學家發現，基因表現時的彈性就和基因出現與否一樣，都受到天擇的篩選而演化。一個人在團體中是否穿著符合自己階級、職業和身分的服裝樣式和徽章衣飾，對於個人能否成功，至關重要。適當的服飾在比較簡單的社會中更重要，甚至攸關生死。而在人類演化的歷史中，這樣簡單社會占據了大部分的時間。韋斯特馬克效應這個例子對於所有地方、所有的社會狀況都適用，因為這讓人類自動免於近親相交所產生的致死後果。

所有社會和每個在社會中的個體都處於爭取遺傳適應的競賽中，這項競賽的規則是無數個世代的基因－遺傳共同演化所捏塑成型的。當某一項規則是絕對不可侵犯的，例如近親相交會造成毀滅，那麼就只有一種玩法：遠系繁殖（outbreed）。當環境中有某些因素無法預測，這時就得採取另一種方式，保持彈性，以智慧使用混合策略，如果某一種特徵無法解決問題，就要改用其他的遺傳特徵。某個文化範疇所具備的彈性高低，並非取決於能夠精準地預測未來會發生的事情，而是取決於在過往世代裡，基因－文化共同演化的過程中，這個範疇中的特徵或行為所遭遇過的挑戰有多艱鉅。[1]

生物學家從一九七〇年代就開始注意到塑造彈性演化的遺傳過程。這個過程可能不是發生在製造蛋白質基因上的突變，這些突變只會改變蛋白質中胺基酸的組成。最有可能發生突變的位置是負責調控的基因，這些基因決定了產生蛋白質的狀況以及頻率。在調節基因上的一個小小變化聽起來好像不算什麼，但這些變化對於解剖構造的比例以及生理活動都會造成深遠的影響。這些突變的作用還可以更精準地影響身體某些部位或特殊的生理程序。除此之外，突變也能夠設定感覺，篩選出生物發育時所能密集接觸到的刺激，這樣就能夠在不同環境下產生特定的變化以適應環境。最後，調節基因上的突變影響的是發育過程中的交互作用，不像蛋白質基因上的突變那麼容易造成傷害。這些突變不會製造出新的蛋白質，新蛋白質的結構或功能會改變，很容易就會擾亂生物體的發育。調節基因的突變只會改變現有蛋白質的數量，細微調整之前就已經存在的結構或行為。[2]

螞蟻和其他真社會性昆蟲極度彰顯了這種適應性彈性的演化。在螞蟻和白蟻群體中的工作階級個體，差異之大，很容易就會誤認為不同的物種。那些只有一個蟻后且這個蟻后只和一個雄性交配所形成的群體，所有同性個體在遺傳上幾乎都是相同的，但因為階級不同，構造和行為則大相逕庭。這是因為個體在尚未成熟時所接受到的食物分量不同，這使得成熟的個體體型有大有小。未成熟個體中各個組織生長的速度不同，因此大型個體和小型個體身體中各部位的比例也會有所不同。除此之外，未成熟個體對於同巢成熟個體所釋放出來的費洛蒙很敏感，這也會影響牠們的發育方向，以及在成熟之前的體型大小。研究人員還記錄到其他讓群體成員分成不同階級的因素——每個階級中的成員特化成為一生中要擔當的角色。一個沒有顯著遺傳變化的群體中包含了處女蟻后、體型微小的工蟻，以及有著怪異大頭和大顎的兵蟻。

螞蟻很特別，那些由彈性而衍生出來的細緻階級區分，只是「適應性個體統計」(adaptive demography）這個繁複程序中的一小部分。各階級的個體不只會從事特別的工作，各階級個體誕生的數量也已經設定成能夠配合自然的死亡速率，因此各階級的數量會維持在對群體最有利的比例。例如在編織蟻中個體數量最多的階級需要負責大部分巢穴外的工作，同時還要保護巢穴、對抗敵人，因此比起其他數量較少階級中的個體（牠們負責打理巢穴中的事務），這個階級的個體死亡率較高。結果很明顯，群體中數量占多數的階級，個體產生速率比較快，這樣兩個階級個體的數量看起來就會維持在最佳的平衡狀態。[3]

人類在文化上的變化主要由兩種社會行為決定，這兩種行為都受到天擇而演化。第一種特性是外遺傳規則的強度，這個強度在衣著服飾上很低，在避免亂倫上很高。第二種影響到文化變化的性質是在相同的文化中，群體中的個別成員模仿其他成員（已經適應了這種特徵的成員）的傾向有多高（也就是對於習俗的敏銳程度）。

基因－文化共同演化的細微難解之處，正是了解人類現狀的基礎。這些細微難解之處很複雜，而且乍看之下似乎奇特而且陌生。但如果使用正確的測量和分析方式，並遵守演化的理論，就可以把這些難解之處分析成重要的基本元素。

CHAPTER

·24·

道德與榮譽的起源
The Origins of Morality and Honor

人性到底是本善，在邪惡的力量之下墮落？還是本惡，之後受善良之力的導正？這兩種說法都對，而且除非我們能夠修改自身的基因，否則一直都會這樣。因為這樣的困境是我們這個物種演化時所形成的，是人類本性中無法改變的部分。人類和人類的社會秩序本質上就無法達到完美的境界。也幸虧如此，因為在這個持續變動的世界中，只有這樣的不完美才能夠提供我們需要的彈性。

造成這種善惡困境的是多階層選擇，個體選擇和群體選擇會作用在同一個個體上，但兩者的效應在大部分時候是相反的。個體選擇是同一群體中的成員彼此為了生存與生殖競爭所產生的結果，這樣所塑造出來的本能對於其他的成員來說，基本上是自私的。相反地，群體選擇是由社會之間的競爭所造成，這樣的競爭可以來自於直接的衝突，也可以來自於利用環境的能力差異。群體選擇塑造了對其他成員（而非其他群體的成員）進行利他行為的傾向。個體選擇造成許多我們稱之為罪惡的行為，而群體選擇則成就了許多高尚行為。我們內心中的善良天使和墮落天使之間的衝突，就是由這兩種選擇所造成的。

如果要精確地定義，個體選擇是與同一個群體中的成員競爭，使得個體有不同的壽命與生殖能力。群體選擇則是在和其他群體競爭時產生的，選到的是那些影響壽命和終身生殖能力的基因，這些基因負責的是同群體中成員之間互動的特徵。

思索與處理由多階層選擇持續發酵出來的騷亂，是社會科學和人文學的事；如何解釋則是自然科學的責任。如果成功了，將會讓能夠貫穿這三大學習領域的途徑更容易出現。社會科學和人文學致力研究的是人類感覺與思考在近期的、外在表現出來的現象。就如同生物學中會描述自然史，社會科學和人文學描述的是人類對自我的了解。這兩個領域描述個體是如何感覺與行動，同時利用歷史和戲劇說明在人類關係中所產生的無數故事裡最具代表性的內容。不過這全都受困在一個箱子中。之所以有這種侷限是因為感覺與思考都受到人類本性的掌控，人類本性也處在一個箱子中。在許多可能的本性之中，只有一個會演化出來。我們的祖先在這數百萬年中，經由一條幾乎不可能出現的路徑，演化成現在的人類，讓人類具備這樣的本性。把人類本性看成是演化軌跡的產物，可以幫助我們解答感覺與思考的終極成因。人類要了解自己，就必須把近因和遠因綜合在一起，這意味著我們要看見真實的自己，然後探索箱子之外的世界。

探索人類現況的終極成因，光是區別作用於人類行為之上的各階層篩選是不夠的。自私行為可能以某些方式，透過創新和冒險精神增進群體的利益，造成偏利近親的親緣選擇也可能有同樣的效果。六萬年前，差不多在人類從非洲出發的前後，那裡可能存在著和梅迪西、卡內基以及洛克菲勒家族一般的群體，成為認知演化完成時的最後一筆。這些家族比較進步，而且進步的方式也有利於他們所處的社會。這時輪到群體選擇促進個體的利益，這種利益便是特權和身分，用來回報他們對部落的傑出貢獻。

不過，遺傳社會演化中有個鐵則：自私的個體能夠擊敗利他的個體，而利他的群體能夠擊敗自私群體裡的個體。哪一方的勝利都是不完整的，因為天擇壓力的平衡不會傾向任何一端。如果個體選擇占了優勢，社會將分崩離析；如果群體選擇占優勢，人類群體將會變得像螞蟻群體那般。

社會中的每個成員都擁有基因，這些基因的產物是個體選擇作用的目標，而基因是群體選擇的目標。每個個體都和其他成員所構成的社會網絡連結在一起。個體自己的生存與生殖能力，有部分取決於個體在這個網絡中和其他成員的互動。親緣關係會影響這個網絡的結構，但並非如總體利益理論所假定的，認為親緣關係是影響網絡演化動態的關鍵。相反地，重要的是否具有那種遺傳特質，能夠結成許多伙伴關係、表現善意、交換訊息，以及背叛，這些在社會網絡中構成每日生活之事。

在整個史前時代中，人類演化出了認知能力。每個人在自己所屬群體的社會網絡中幾乎是一模一樣的。人們小群小群地分開生活，每一群的人數通常是百人或是更少（最常見的是三十個人左右的群體）。每個群體都認識鄰近的其他群體。從現存狩獵－採集者的生活方式判斷，當時的群體間會形成某種程度的聯盟。群體間會從事貿易、交換年輕女子，同時也會出現敵對狀態，或進行報復性的突擊。不過每個個體社會生活的核心是群體，群體的緊密團結則有賴於社會網絡產生的團結力量。

大約在一萬年前的新石器時代，村莊和統治階級出現了，社會網絡的本質產生了巨大的變化，社會變得越來越大，而且開始分裂。這些次社會群體彼此重疊，同時具備了階級體系，也能夠讓成員自由進出群體。這個時候的個體生活在由家庭成員、共同信仰者、工作伙伴、朋友和陌生人所組成的萬花筒中，社會生活遠不如狩獵－採集時代那麼穩定。現代的工業化國家中網絡變得更複雜，讓我們傳承自舊石器時代的心智難以招架。人類的內心深處依然渴望著那纖小緊密的群體網絡，在歷史出現之前，這樣的網絡已經盛行了數十萬年。我們的內心仍然沒有準備好應付文明生活。

這種趨勢使得加入群體這項行為更加讓人困惑。加入群體是人類衝動中最強烈的一種，我們被這種強烈的欲望（更恰當的說法是強烈的需求）所操縱，這種現象從遙遠的靈長類祖先時代就開始了。每個人都患了找尋群體並加入其中的強迫症，也都是熱情參與部落事務的動物。一個人如果在大家族、制度化宗教、意識形態團體、民族團體或是運動俱樂部中受到重用，不論是上述任一，或多個，都會得到滿足感。可能的選擇非常多，我們在所屬的群體中可能會發現個體為了地位而競爭，但也會看到信賴與美德這些群體選擇的標準產物。我們會擔心。我們會想問：在這個由無數群體交疊而成、瞬息萬變的地球，我們的忠誠應該要獻給誰？

人類的種種本性一直都處於領導地位，也處於混亂之中。不過如果我們聰明地遵守一些本性將會大有幫助，例如同情心。但我們縮手不前。最近許多研究看見了道德念頭在腦中運作的可能方式。一個頗具希望的開始是我們發現能夠解釋「黃金守則」（Golden Rule）＊是怎麼來的，這項守則可能是所有制度化宗教中唯一的共同戒律，所有的道德思考都從這條基本的規則出發。偉大的神學家兼哲學家希列爾拉比（Rabbi Hillel）有次受人詰難，要他用快速簡單的方式解釋猶太教律（Torah），他回答道：「會讓自己厭惡的事情，不對其他人做。其他都只是這條戒律的註解罷了。」

這個答案也可以用「強制同理」（coercive empathy）來表達：除非是心理病態，不然人人都會自動地感覺到他人的痛苦。神經科學家裴法夫（Donald W. Pfaff）在《公平競爭的神經科學》（*The Neuroscience of Fair Play*）一書中說道，腦不只分成幾個主要部位，也分成幾個彼此抗衡的部位。對於壓力或憤怒的刺激造成的原始恐懼反應，我們在分子階層與細胞階層上已有深入了解。在適合出現利他行為時，引起恐懼的迴路會自動關閉，讓這種反應受到抑制。當具有敵意和可能產生暴力的行為時，個人心理會「迷失」。在各種情緒的衝突之下，一個人在某些方面可能會變成另一個人。[1]

人類這個雙面物種的大腦是非常複雜的系統，由彼此合縱連橫的神經細胞、激素和神經傳遞物所組成。在腦中進行的程序會視狀況彼此增強或消除。

恐懼有一部分是流過杏仁核的神經衝動。杏仁核是在腦中狀如杏仁的結構，其中有許多神經細胞迴路的連接點，其功用是為了產生恐懼、恐懼的記憶，以及抑制恐懼。傳遞到這些連接點的訊息會整合起來，再傳遞到前腦與中腦的其他部位。當恐懼的情緒從杏仁核傳出來，大腦皮質的資訊處理中心會對引起恐懼情緒的某人或某事物出現更複雜的恐懼思緒。

自動抑制恐懼和憤怒的本能還有第二個跡象。研究人員發現前扣帶皮質和腦島（insula）中的神經迴路能夠調節對於疼痛感覺的情緒反應。這些迴路不只會影響自己對疼痛的反應，同時也能感知他人的疼痛。

裴法夫是一位傑出的科學家，他小心謹慎地把這些最近腦科學研究的片段成果串聯成一個巨大的全貌，他也了解到打造一個至少可行理論的價值，因為這個現象顯然對於了解人類行為而言非常重要。大腦迴路中進行的過程模糊難解，不論是引發恐懼、精神壓力或是其他的情緒，實際上都和無數合乎道德的行為選擇有關。裴法夫用一個想像的例子以說明這個過程：

這個理論包含了四個步驟。第一個步驟是有個人想對另一個人採取行動，例如A小姐想把刀子刺進B先生的肚子。在開始行動之前，行動者的腦中會上演整個過程中的每個必要行動。這個想要採取行動的人會了解到這個行動會對對方造成的結果，也能夠預見並且記得這個結果。第二步，A小姐想像要刺的目標B先生。第三步是最重要的一步：她讓自己和其他人之間的差異變得模糊。這時她沒有想見到自己的舉動對B先生造成的後果：肚破腸流的可怕景象，而是在精神和情緒上無法區別對方和自己的肚腸。第四步是下決定，A小姐現在沒有那麼想攻擊B先生了，因為她能感

＊譯註：即《聖經》中所說：「你要別人怎樣待你，你也要怎樣待人。」

受到對方的恐懼。（或是更精確地說，A小姐所經歷到的恐懼是B先生如果知道A小姐的盤算時所產生的恐懼。）

對於神經科學家而言，這個對持刀殺人者下道德決定的解釋有一個非常吸引人的特點：其中只牽涉到資訊的流失，而非資訊的有效提取或儲存。複雜資訊的學習並儲存為記憶，是一個錯綜複雜、費心勞力的過程，但是失去資訊似乎輕而易舉。和記憶有關的許多機制，只要其中一種受到了抑制，就能夠解釋這個理論中需要讓身分變得模糊的部分。在A小姐和B先生這個例子中，由於身分變得模糊（也就是喪失了個體性），攻擊者自己暫時處於另一個人的狀態中，因此感覺到恐懼而避免了不道德的行為。

這應該能夠解釋為何道德決定能夠站得住腳，因為它回應了生物學中對於群體選擇的了解。人類行為有合乎道德的傾向：做對的事情、避免惡行、幫助他人，有的時候甚至可以因此涉險。這是由於天擇偏好這些有利於群體的成員互動。

除了解釋人類天生的同理心，群體選擇也能夠解釋一部分的合作行為，後者是更重要的人類本性。二〇〇二年，費爾（Ernst Fehr）和葛特（Simon Gachter）相當清楚地表達出這個問題：「人類的合作行為是一個演化之謎，人類和其他動物不同，經常和沒有血緣的陌生人合作，往往還是和一大群人合作，這些人可能此後都不會再見到面了，而且從這些合作中得到的生殖利益很小，甚至闕如。這些合作模式無法使用親緣選擇的理論解釋，自私動機搭配訊息理論（signaling theory）或是互惠利他理論（reciprocal altruism）也都不能解釋。」[2]

就如同我在前面所指出的，親緣選擇不會是這個難解問題的答案。有人可能會認為這個理論適用於早期的狩獵－採集者群體，因為這些群體人數少，成員彼此的親緣關係近。但是數學分析已經顯示出親緣選擇本身無法成為驅動演化動態的力量。當親緣關係接近的個體在一起的時候，合作者更容易遇到的其實是其他因遺傳而有合作傾向的個體，光這樣是無法促成合作行為的出現。只有群體選擇能夠讓比較多合作者的群體競爭得過合作者少的群體，使得整個物種發自天性的合作行為越來越深、越來越廣。

在本世紀的頭十年，生物學家和人類學家把大量研究心力集中於合作行為的演化。他們提出的結論是，人類在史前時代藉由一群內在反應的互動，才達成目前的情況。這些反應包括個人對於地位的追求、拉低群體中高地位個體的身分、發自內心地想要懲罰和報復那些偏離群體常規太遠的人。這些行為每個都包含了自私與利他的元素，全部都是由群體篩選而產生，並且由因果關係而連結在一起。[3]

平克在二〇〇二年出版的《心靈白板論》（*The Blank Slate*）中，把這些糾結在一起而造成具備意識大腦的驅動力量仔細地分門別類：

那些非難他人的情緒，包括譴責、憤怒與厭惡，會讓人處罰欺瞞者。那些讚揚他人的情緒，包括感激、景仰、敬畏、感動等，會促進利他行為。那些感受他人受苦的情緒，包括同情、憐憫、同理等，會讓人想要幫助需要幫助的人。那些意識到自我的情緒，例如罪惡感、羞恥與尷尬等，讓人不會去欺瞞或是會補償欺瞞造成的結果。

無止盡的矛盾與猶豫不決的心理，是靈長類動物遺留下來的奇特遺產，控制著人類的心智。人類就是會想要和他人處於同一個階級，特別是那些看起來獲得多於付出的。就算是在菁英階級，那些菁英分子依然玩著精細棘手的遊戲，好超越一級又一級滿懷嫉妒的對手，取得更高的地位。行為謙卑再謙卑，只是必要的策略而已。這是個充滿心機的活動。就如同十七世紀的散文家拉羅希福可（Francois de La Rochefoucauld）所說的：「會謙虛，是因為害怕招致原本應得的嫉妒與藐視。人若因為好運而狂喜，就會招來這種眼光。展現心靈的強韌只是白費功夫。那些已經得到最高地位的人所表現出來的謙虛，只是希望藉此讓自己的地位看起來更高而已。」

透過研究人員所說的「間接互惠」（indirect reciprocity），也有可能贏得更多尊敬。[4] 這是由個人的利他行為和合作行為所激起的尊敬，就算這些行為其實再一般不過，也效果卓著。有個德國諺語說明了這種策略：做善事、說善事（Tue Gutes und rede daruber）。把門打開，得到朋友和伙伴的機會自然會增加。

每個人都知道遊戲規則，因此總是希望在能確保自身安全的前提下反擊這種狀況。人們對於偽善極為敏感。對於地位正在上升的人，如果在資格上有一分一毫的不相符，就會想把他拉下來。幾乎每個人都是這樣的平等主義者，也都配備為了達到這個目標的強大火力。嘲弄、玩笑、無厘頭模仿與搞笑，都能夠用來削弱自大又過度的野心。一如人們所說的，反諷的話語是由機智產出的藝術，是增添對話味道的鹽分，傑出的反諷值得保留珍藏。[5] 其中最有名也最能表彰這種效果的，是福特（Samuel Foote）對第四代山德威至公爵（Earl of Sandwich）孟塔古（John Montagu）的回應。公爵警告他若非死於性病，就是死於吊刑。福特回答：「大人，這要取決於擁抱我的是您的情婦或是您的品行。」

當然，人類的合作行為不僅僅是靠著消除猜忌來提高效率、提供保護。所有的正常人都可能從事真正的利他行為，我們很願意照顧病人和傷患，幫助窮人，安慰失去親屬的人，甚至願意冒著生命的危險去幫助陌生人，這是人類與其他動物不同之處。[6] 許多人在助人急難之後，沒有留下名字就離去了。如果有留下名字，他們往往會貶低自己的英雄作為，認為只是在盡自己的義務而已：「這是我的工作」，或「我只是做了自己希望別人也這樣做的事」之類的。

就如同鮑爾斯和其他研究人員所認為的，真正的利他行為的確存在。利他行為能夠增加群體的力量與競爭力，在人類演化的過程中，作用在群體上的天擇偏好利他行為。[7]

還有其他的研究指出（不過並非決定性的證據），就算是在最先進的社會中，這種追求平等的行為還是有利的。那些公民生活品質最佳的社會（不論是在教育、醫療、治安和集體自尊等各方面），最富有與貧窮的公民之間的收入差距（income differential）也是最小的。二〇〇九年，威爾金森（Richard Wilkinson）和皮克特（Kate Pickett）分析指出，在全世界二十三個最富裕的國家以及美國各州中，日本、北歐諸國和美國新罕布夏州的財富差距是最小的，平均生活品質也是最高的。吊車尾的是英國、葡萄牙和美國其他各州。[8]

不只有追求平等和合作能夠讓人發自內心地感到快樂，人們也樂於見到不合作者（不勞而獲者、罪犯）受到懲罰，甚至也如此看待那些貢獻不符自己地位的人（很有錢又不做事的人）。小報的爆料和真實犯罪故事完全滿足我們想要打倒惡人的衝動。人們不只熱切期盼幹盡壞事和遊手好閒的人受到懲罰，甚至也願意參與執行正義的工作，就算付出代價也在所不惜。譴責闖紅燈的伙伴、密告上司幹的壞事、告訴警方將要發生的罪行。許多人都願意做這樣的事情，即使他們根本不認識那些惡徒，只是為了盡好公民的義務而冒著付出代價的風險，起碼他們還得花時間做這些事。

大腦在執行這種「利他懲罰」時，雙側前腦島（bilateral anterior insula）會活躍起來，這個腦部的區域也會因為疼痛、憤怒和厭惡而活躍。這樣的付出使得社會更有秩序，同時也減少因為自私而被取走的公共資源。[9]對於從事這樣行為的人而言，這不是出自於理性的計算。他一開始可能反覆思考，認為這種行為會對自己和親屬有所影響。真正的利他行為是以生物天性為基礎，目的是為了部落的利益，而這種行為是由群體選擇促成的，當時還屬於史前時期，由利他者組成的群體數量超越了由自私者組成的混亂群體。但我們的學名不是「經濟人」（*Homo oeconomicus*）。因為到了最後，這個物種變得更複雜也更有趣。我們是智人，是不完美的生物，內心的各種衝動會彼此衝突。我們在這個無法預測、毫不留情又充滿威脅的世界中，竭盡全力，持續地生活下去。

除了一般的利他本能，還有某種更為複雜且只會暫時浮現的本能，但是一旦浮現出來，卻能讓人脫胎換骨。這種本能是榮譽，是一種由天生的同理心和合作心所產生出來的情感。這是利他行為最後的預備隊，我們這個物種可能正是因為這種本能而續存下來。

榮譽當然是一把雙刃劍，其中一邊的刀刃便是為了戰爭而犧牲奉獻。這樣的反應出自於原始的群體本質，這樣才能面對與抵抗威脅群體的敵人。英國的年輕詩人布魯克（Rupert Brooke）便完美地捕捉到這樣的情緒。當時第一次世界大戰已經展開，終將成為難以言喻的悲劇。他死於戰爭之中。

吹響吧號角，吹響我們的死亡
神聖、熱愛與痛苦都已經失去許久
榮譽已經歸來，君臨大地
付給子民輝煌的報酬
我們再次走上高貴之路
我們再次繼承了祖先的遺物

榮譽雙刃劍的另一邊可以讓個人對抗群眾，有時甚至可以對抗普遍為人所接受的道德戒律，甚至宗教。哲學家阿皮亞（Kwame Anthony Appiah）在《榮譽法則：道德革命是如何發生的》（*The Honor Code: How Moral Revolutions Happen*）中，用下面這段對於個人與少數反抗團體對抗制度化正義（organized injustice）的描述，漂亮地說明了這一點。

你可能會想問，在這些故事中，榮譽發揮了道德無法達成的功能。士兵堅守道德，能夠免於做出損及戰俘人類尊嚴的事情，也會讓他們反對其他人凌虐戰俘。道德會讓受到凌虐的女性知道那些凌虐者應該受到懲罰。但是只有榮譽才能夠讓一個士兵在從事本職、譴責錯誤的事之外，當己方的人在從事邪惡之事時，還能夠堅持完成任務。

你需要有尊嚴才能夠排除萬難，在一個幾乎不給予女性尊嚴的社會中堅守公平正義。所有的女性都要有尊嚴，才能夠對於自身遭受到的殘酷暴行做出回應，而且這個回應不是出於憤慨與報復之心，而是來自於要改造國家的決心。做出這樣的抉擇意味著將生活於艱困之中、甚至危險之中，也理所當然活在榮譽之中。

博物學家想要了解道德，並不會導致把道德當成絕對的戒律和真實的評判結果，而是警告不要盲目地把宗教和意識形態的信條當成戒律以及評判的基礎。這些戒律經常受到誤導，會有這樣的結果，是因為無知。在戒律形成的時候，有些重要的因素或其他東西被無意地忽略了。舉例來說，天主教會反對人工避孕。一九六八年，教宗保祿六世當初是本著善意下了這個決定，可見於《人類生命》這份通諭。他的理由一開始看似完全合理，他斷定上帝認為性交的目的應該侷限於懷孕。但是《人類生命》

中的邏輯是錯的，因為忽略了一個重要的事實。在生理學與生殖生物學中有豐富的證據（其中有許多是在一九六〇年代發現的）證明，性交還有另一個目的。女性的外生殖器是隱藏起來的，而且沒有明顯的發情期，這是人類和其他靈長類不同之處。當男性和女性建立關係之後，便有了持續與頻繁的性行為。這種行為是一種遺傳適應：確保女性與她的後代能夠得到孩子父親的協助。能夠帶來愉悅的非生殖性性交，對於確保這種事情是很重要的，在許多情況下甚至是最關鍵的。人類的嬰兒需要很長的發育時間，才能得到健全的大腦袋和聰明才智，而在這段超乎尋常漫長的期間其實都處於無助的狀態。即使在成員關係緊密的狩獵－採集社會，母親還是無法依靠所屬社群給予的同一階層的支持，她必須從經由性和情緒結合的伴侶身上得到支持。

恐同（homophobia），是一個因為缺乏知識而偏誤天條般道德規則的例子。反對同性戀的基礎和反對人工避孕的理由一樣：不是為了生殖而進行的性行為，是過失，是原罪。但是有大量的證據指出其實不然。同性戀以及在童年時期就出現的偏好是可以遺傳的，意味著這種對性的偏好並非永遠固定不變。一個人之所以成長發育為同性戀者，有極大的可能是受到基因的影響，而異性戀者並沒有這樣的基因。後來進一步的研究證明，在全世界各個族群這種由遺傳造成的同性戀發生的頻率太高，是無法用單純的基因突變解釋的。族群遺傳學家以經驗法則解釋，為什麼會多到這樣的程度：如果一個特徵的出現，無法光用隨機突變解釋，而且這個特徵會使得具有特徵的人的生育數量降低，甚至無法生育，那麼這個特徵必定是因為天擇作用於其他目標時篩選出來的，例如少量的同性戀傾向基因（homosexual-tending gene）能夠賦予異性戀競爭優勢。

另一個可能是，同性戀者因為具備特殊的天分、不平凡的人格特質，因此長於扮演某些角色或是專業，使得群體受益。不論在文字出現以前，還是在現代社會，都有許多證據支持這種說法。無論如何，社會都因為同性戀者有著不同的偏好以及生育的後代比較少，而錯誤地反對同性戀。同性戀應該要受到重視，因為他們對人類的多樣性有所貢獻。反對同性戀的社會反而會對自身造成傷害。

在研究道德思考的生物起源時，我們得要知道一項原則：那些最清楚明白的道德戒律，諸如反對奴隸、虐待兒童與種族屠殺，在任何地方、任何人，都毫無疑義。但在此之外，本來就有一片非常大的灰色地帶，是難以探索的。要宣稱道德戒律與基於道德戒律而下的判斷是怎麼來的，需要徹底了解為何人類會在意那些道德規定之事，其中包括要了解相關情緒的生物史。這樣的研究尚未完成，事實上幾乎沒有人想到要研究。

再深入地自我了解之後，我們對於道德和榮譽的看法將會變成怎樣？我毫不懷疑，在許多狀況下，可能是極大部分的狀況下，大多數社會現今共同具備的道德戒律，在生物學的現實主義考驗之下，依然能夠屹立不搖。而其他的道德戒律，例如反對人工避孕、譴責同性戀和逼迫未成年女性結婚等則不會。不論結果如何，道德戒律顯然會在科學基礎與文化基礎上重現，道德哲學也會因此受益。如果這樣的深入了解卻產生了「道德相對主義」（moral relativism），教條式的正義又強烈鄙夷這種結果，那也只能隨便他們了。

CHAPTER

·25·

宗教的起源
The Origins of Religion

如果要用個措詞強烈點的比喻，我會說科學與宗教之間的「末日決戰」在二十世紀末就激烈地展開了。那時科學家開始嘗試從根本上解釋宗教的來源，不把宗教當成人類在其中奮力尋找自身定位時的獨立實體，也不把宗教當成需要崇敬的神聖存在，而是把宗教當成天擇之下的演化產物。從最源頭來說，這不是人與人之間的爭執，而是不同世界觀之間的爭辯。人不可以任意處理掉，但是世界觀可以。

神真的依照祂的形象造人？還是人依照自己的形象造了神？這是宗教觀和科學世俗觀之間最主要的差異。選擇哪一邊對於人類要了解自我、要如何彼此對待，是非常重要的。如果像大部分宗教的創生傳說和圖畫中故事所說的那樣，神依照祂的形象造人，那麼認為祂負責管理人類，也是理所當然的。如果情況相反，神並非依照祂的形象造人，那麼在宇宙眾多恆星系中，太陽系可能就沒那麼特別了。如果大部分的人都接受後面這個想法，對於宗教的奉獻與虔誠將會大幅減少。

我認為在幾個世紀以來，神學家把這個終極問題變複雜了，而這完全沒有必要。神存在嗎？如果神存在，祂是有位格的神（personal God）嗎？我們能夠向祂祈禱並且期待得到答案嗎？如果這是真的，那麼我們可以希望永生，並且從現在開始，平靜安適地度過往後無盡的時光嗎？

針對這些基本的問題，宗教信仰者和世俗科學家之間的分歧，在二十世紀逐漸擴大。一九一〇年，針對《美國科學名人錄》(*American Men of Science*)中所列「偉大」(著名)科學家的調查結果指出，依然有百分之三十二的科學家相信有位格神，百分之三十七的科學家相信永生。到了一九三三年再次調查，相信有神的科學家只剩下百分之十三，而相信永生的只有百分之十五。這樣下降的趨勢持續進行，到了一九九八年，美國國家科學院的院士(由聯邦政府選出來的菁英團體)，幾乎全部都是無神論者，只有百分之十表明相信神或是永生，而在相信的人中，僅僅有百分之二是生物學家。[1]

對身處現代文明中的一般大眾而言，隸屬於某一種制度化宗教已不是那麼重要。例如美國人和西歐人在宗教信仰上就有顯著的差異。在一九九〇年代末期公布的民意測驗結果中，有超過百分之九十五的美國人相信神或某種普遍的生命力量，英國人中只有百分之六十一相信。百分之八十四的美國人認為耶穌是神或是神之子，但是英國人中只有百分之四十六相信。在一九七九年的民意調查中，百分之七十的美國人相信死後的生命。相較之下，義大利人只有百分之四十六相信，法國人只有百分之四十三，而北歐人只有百分之三十五如此相信。現在有百分之四十五的美國人至少每週上教堂一次，英國人只有百分之十三、法國人百分之十、丹麥人百分之三，冰島人只有百分之二。[2]

經常有人問我大西洋的兩岸為何會有這樣的差距，問的人幾乎都是祖先為西歐人的美國人。另一個相當令人費解的事情是，聖經直譯主義(biblical literalism)如此普及，有半數的美國人不承認生物演化。我小的時候屬於南方浸禮會(Southern Baptist)，美國有許多基本主義教派基督徒屬於這個福音教派，所以我對於《欽訂本聖經》(*King James Bible*)的力量非常清楚，也很了解因為《欽訂本》而聚在一起的那些人是如此溫暖與慷慨，也知道他們眼見社會漸漸變得不信神時的愁困之情。所有的靈魂都需要那不朽與不可挑戰的聖經。在聖經中那些崇高的文章段落，蘊藏著深邃的意涵。信徒在孤獨的時候從中找到陪伴，悲傷時找到安慰，犯錯時找到救贖。有一首廣受歡迎的聖歌是這樣唱的：「耶穌是我親愛朋友，背負我罪擔我憂，何等權利能將萬事，帶到主恩座前求！」美國有那麼多基本教義派的新教徒是有歷史原因的，這點由歷史學家來解釋會比較好。不過對那些相信自己的文化可能會被揶揄和理性所破壞的人，我只能說：「再多想想吧。」在某些情況下，理性和受過良好教育的人，會把自己的個性與生活意義當成所信奉的宗教，我便是其中之一。

如果我們在某種程度上無法接受一個有位格的上帝，或是諸神，或是其他非物質的靈魂，那麼創造宇宙的神聖力量究竟會是什麼？我們會崇拜這樣的創造者嗎？就算祂對人類毫無興趣也會崇拜祂嗎？這是「自然神論」（deism）的論點：物質世界的存在是出自於某事或某人的目的。如果真是如此，那麼從大霹靂以來，歷經了一百三十七億年到現在，「為何會有宇宙」這個謎題依然未解。某些認真的科學家認為至少有一位創造神，他們想法核心是「人本原理」（anthropic principle），這是因為物理定律和物理參數必須經過精細的調整，才能讓恆星系演化出來，然後以碳為基礎的生命才能夠在星球上演化出來。人類所處的這個宇宙完全恰到好處，其中的物理實體和物理力量不會太多，也不會太少。舉個例子來說，大霹靂的力量只要稍微強一點，物質就會分離得太遠，無法形成恆星和行星。人本原理的確非常有趣，但就如同歷史學家迪克森（Thomas Dixon）所說的，這個理論有其窒礙難行之處：

> 我們怎麼知道不論面對任何物理常數時都不會感到驚奇？任何物理定律和常數的組合都不可能讓生命出現嗎？我們要如何才能知道這些常數真的如同那些論點所指出的，可以自由調整？說不定這些常數本來就是固定的，或是以我們還不了解的方式彼此連動？就算其他那百萬兆個宇宙確實存在（還只是可能存在而已），真的能夠讓我們對於自己的存在以及我們所處宇宙的物理組成

少了些驚奇之感嗎？（這是假設我們一開始會驚訝，但老實說我不會。）[3]

這個反對的論點反應出休謨（David Hume）藉由筆下人物菲羅（Philo）所道出的想法：「在發現其他許多的議題是如此相似、人類的思維是如此地不完美、甚至彼此矛盾之後，我就再也不預期那些拙劣的猜想對於一個如此崇高且遠在我們觀察範圍之外的議題，會有任何成功的機會了。」

假設我們反對這種想法，而且因為某些原因，我們選擇把宇宙中的物理定律解釋成某個超自然存在的證據，那麼人們就會深信在地球上展開的生命背後有某種神聖的干涉力量。如果來自於生物學和人類學的證據有任何意義，就會犯下和柏拉圖與康德一樣的錯誤，認為宇宙中的道德戒律獨立於人類特質之外。這樣一來，上帝頒下來的道德法律就會如同路易斯（C. S. Lewis）和其他基督教護教者所斷言的那般有說服力了。[4]

展示在我們面前的大量證據都指出，制度化宗教是一種部落意識的表現方式。每種宗教都會告訴追隨者，你們是特殊的一群人，神聖力量所賦予你們的創生故事、道德戒律和恩典殊榮，都會超過其他宗教所宣稱的。宗教信仰者所展現的慈悲或是其他的利他行為，都集中在信奉同一種宗教的人身上。如果展現在外人身上，是希望他們改變原來的信仰，好讓部落與同盟更為強大。沒有宗教領導人會鼓勵信徒考慮改信敵對的宗教，並且選擇對他們個人與社會最有利的宗教。宗教之間的衝突通常會成為戰爭的催化劑，甚至直接導致戰爭。虔誠的教徒把自己的信仰看得比什麼都重要，如果信仰受到挑戰便瞬間憤怒起來。制度化宗教的力量來自於宗教對社會秩序和個人安全的貢獻，而非指出到達真理的途徑。宗教的目的是讓人順服於部落的意志和共同利益。

宗教中不合邏輯之處並非宗教的弱點，反而是宗教最基本的力量。「能夠接受那些怪異的創世神話」，這樣的事情讓信徒緊密結合在一起。在基督教的各大教派中，我們會發現有人相信如果把自己的意志交託給耶穌，肉體很快地便會升到天堂，留下來的人則受苦千年，之後世界將會終結。另一個對立的教派不同意這樣的看法，而是建議經由吃基督的肉、飲基督的血，而達到在地球上與基督溝通的目的。聖餐變體（飲葡萄酒與吃聖餐麵包）就是這樣的行為。如果非教徒公開懷疑這樣的教條，會被認為是侵犯隱私與冒犯個人。如果是信徒有這樣的懷疑，就會被認為是異教徒而受到懲罰。

在真實世界中，這樣緊密的部落本性，只能藉由部落之間的競爭所造成的群體選擇而演化出來。宗教信仰特殊的本質，是在群體這種比較高層級生物組織動態變化下的合理結果。[5]

傳統制度化宗教的核心是創世神話。而在真實世界的歷史中，這樣的神話是如何創造出來的呢？有些神話的內容部分來自民間對於重大事件的共同記憶，這些事件包括遷徙到新的土地、戰爭的勝敗、巨大的洪水與火山爆發。這些記憶在代代相傳的過程中會重新組織並加入儀式之中。神靈降臨的感覺，可能是先知或信徒個人的思維過程所造成的。他們預期神和自己有相同的情緒、推論和動機。例如在《舊約聖經》中，耶和華就和祂的凡人信徒一樣，有的時候慈愛，有的時候嫉妒、憤怒和滿懷報復。

人類也會把自己身為人類的特質投射到動物、機器，甚至虛構的生物上。這樣的投射很容易就可以把人類的統治者轉換成看不見的神靈。例如亞伯拉罕三宗教（猶太教、基督教、伊斯蘭教）起源於沙漠中的國度，這些宗教中的神，性格就很像這些地區的族長。

就算是創世神話中的奇幻元素，不論是惡魔或是天使的外貌、那些看不見的東西所發出來的聲音、復活的死人、在天上停止不動的太陽等，都不需要用到物理定律解釋，光是現代生理學和醫學就足夠說明了。部落領導者和巫師總是傾向在夢裡、在藥物引發的幻覺中，以及在精神疾病發作時談論神與靈魂。這些感覺在半夜鬼壓床的時候會特別鮮明。平常健健康康的人在這時候會進入一個截然不同的世界，其中有令人害怕的動物，會經歷到駭人的驚恐。心理學家錢尼（J. Allan Cheyne）曾經研究過一個對象，他描述道：「一個移動的影子，手臂張著。他確定那絕對是超自然的邪惡之物。」另一個人也同樣地確定他醒來後發現真的有一個「半人半蛇的東西在他耳邊胡言亂語」。這些在鬼壓床時出現的影像栩栩如真，和被外星人綁架的內容非常類似，至少都和腦中頂葉區域過度活躍有關。其他還有人說在鬼壓床的時候感覺自己飛起來又墜落，或是離開了自己的身體。這個時候通常會覺得恐懼，但有的時候會覺得興奮、高興，或狂喜。[6]

在創世神話中更重要的是迷幻藥物，這些藥物能把幻象集結成更長的故事，讓其中充滿象徵符號，遍布著做夢者認為重要的神祕事物。原始社會中的巫師和信徒經常藉由迷幻藥物與靈魂世界聯繫。[7]其中一種已經研究透徹的迷幻藥物是死藤（ayahuasca），亞馬遜流域許多原住民部落普遍使用這種植物。服用這種迷幻藥物後會看到非常真實的景象，一開始經驗會先陷入混亂，但後來就會進入某種故事之中，會看到的景象包括怪異的幾何圖樣、美洲豹、蛇和其他動物，然後會覺得自己死亡並進入另一個世界。[8]下面是一位哥倫比亞的席歐納印地安人（Siona Indian）在使用了「雅給」（yage，死藤的當地名）之後的體驗：

> 那時有一位老婦人出現，用一塊大布把我包裹起來，讓我吸吮她的胸部。然後我飛走了，飛得遠遠的。後來我突然發現身處在一個非常光亮、澄澈的地方，所有的事物都平靜安詳，那裡有服用「雅給」的人生活著，不過日子過得更好。我們最後都會到那裡去。

上述這種狀況可以被解釋成進入天堂。下面的案例則是進入地獄，是一位系出歐洲的智利人服用了藥物後的體驗（文中的老虎指的是美洲豹，一種原生於南美洲的大型貓科動物）：

一開始有許多老虎面孔出現，然後有一隻最大最強壯的出現了，我知道我要跟著牠，因為我讀到牠的心。我看到一片高原，牠堅定地往前直直走去。我跟著去，但是走到高原邊緣時，我看到強光，無法再跟下去了。

然後她看到一個圓形的小池，上面冒著火，有人在池中游泳。

老虎要我去那裡，但是我不知道怎麼下去。我抓住了老虎的尾巴，牠跳了下去。牠的肌肉強壯，所以可以優雅緩慢地跳下去。老虎在冒著火的水上游著，我坐在牠的背上……老虎上岸，我也隨著往上……那裡有一個火山口，我們等了一下，火山開始劇烈噴發。老虎告訴我，我要跳進火山裡面……

這些原始的景象，不會比那些世界主要宗教所提出來的基本真理更怪異。我們很清楚在《新約聖經》的最後一章、聖約翰記錄於〈啟示錄〉中的內容。當時是公元一世紀，可能是在公元九十六年，地點是希臘的帕特莫斯島（Patmos）。聖約翰看到耶穌在天堂，坐在上帝右邊的寶座上，然後回到地上，通過天使說話，那奇特的聲音使得約翰大為驚訝。

我轉過身來，要看是誰發聲與我說話；既轉過來，就看見七個金燈台。燈台中間有一位好像人子，身穿長衣，直垂到腳，胸間束著金帶。他的頭與髮皆白，如白羊毛，如雪；眼目如同火焰；腳好像在爐中鍛鍊光明的銅；聲音如同眾水的聲音。他右手拿著七星，從他口中出來一把兩刃的利劍；面貌如同烈日放光。

耶穌第二次降臨（不是祂等下和約翰說的那個將帶來災難的降臨）時，帶著憤怒的情緒。祂用七燈台代表七座城市，祂對這些城市有著複雜的感情。祂打算把這七座城市中不再信奉祂的人殺死。祂稱「我是首先的，我是末後的」，並且「拿著死亡和陰間的鑰匙」。耶穌特別憎惡「尼哥拉一黨人」的行為。對於帕特莫斯島上那些接受尼哥拉一黨教義的教徒，祂發出了嚴厲的警告：「你當悔改；若不悔改，我就快臨到你那裡，用我口中的劍攻擊他們。」在聖約翰的記錄中，耶穌繼續經由天使的口，預言了「被提」（the Rapture）、「災難」（the Tribulation），以及上帝軍隊與撒旦軍隊之間的戰爭，最後以上帝的勝利作結。

聖約翰可能真的經歷了那些他所說的事情，不過更有可能的是，那些經歷是他服用了迷幻藥物之後做的夢。當時在歐洲東南部和中東地區服用迷幻藥物是很普遍的行為，其中效果最強的迷幻藥物來自於顛茄（Atropa belladonna）、曼陀羅（曼陀羅屬的植物）、麥角（*Claviceps purpurea*，一種生長在禾草和莎草上的真菌，可以提煉迷幻藥LSD），以及大麻（*Cannabis sativa*）。

另一種可能的狀況是約翰有思覺失調症，這也可能產生他所看到的幻象：說話的聲音，以及其他對話和命令的聲音，有些時候會出現強烈和重要的念頭，通常會令人安心，但是有的時候讓人飽受威脅。這些錯覺有的時候會拓展延長，形成故事，這些故事可能組合在一起，形成奇幻的世界觀。

聖約翰的例子特別重要是因為他寫了〈啟示錄〉，這是《新約聖經》的高潮與結尾之章，對於保守的福音派新教徒而言，〈啟示錄〉是行為指南。約翰的夢境深深影響了許多精神完全正常、認真可靠的人，對他們的世界觀與生活造成不同程度的改變。他宣稱的內容有可能是真實的，但是當我冷靜判斷後，〈啟示錄〉中兇惡的基督威脅著要用公元一世紀的寶劍砍劈不守教義者，和《新約聖經》其他篇章中耶穌的形象完全不相符。這讓我開始認為簡單的生物學解釋是更合理的。

無論如何，那些具有演化觀念又不受到傳統神學中超自然設定所影響的歷史學家和學者，已經開始拼湊階級與教條結構在宗教中出現的各個步驟。在舊石器時代晚期的某些時間點，人類開始思考自己終將死亡。目前已知最早具有儀式痕跡的埋葬遺址，有九萬五千年的歷史。在那個時候或更早之前，活著的人可能會問：這些死去的人到哪兒去了？對他們而言，答案很快就浮現出來了。那些已經逝去的人依然還活著，依然在夢中一如往常快樂地生活著。那個夢中的靈魂世界，在引發幻覺的藥物作用之下，更加清晰明顯，他們去世的親屬就住在那個世界，其中也有同伴、敵人、諸神、天使、惡魔與怪物。後來各個社會發現，齋戒、身體衰竭和苦修苦行時也會引發類似的幻象。現在也和以前一樣，人的意識會在睡夢中離開身體，進入那個由腦部神經波濤所營造出來的靈魂世界之中。

在早期的某個時間點，巫師出現了，他們負責解釋這些幻象，特別是解釋自己看到的幻象。他們也認為自己看到的幻象特別重要，並且聲稱這些特異的現象控制了部落的命運。那些超自然存在被認為擁有和活人一樣的情緒，因此得要用儀式去讚頌與撫慰祂們。在人生的轉變階段所舉行的儀式，例如成年禮、婚禮和葬禮，會召喚這些神靈來降福給儀式的主角。當新石器時代的變革發生，特別是國家出現了之後，因為貿易和戰爭使得國家之間建立聯盟，部落之間會為了宗教上至高的神而爭鬥，各種神明有時便被分享出去了。

當社會變得越來越複雜，神也負擔起穩定社會的責任，祂們的人類代理者（祭司）因此具備了由上而下的政治控制力量。當政治、軍事和宗教領域上的領導者們為了達到穩定社會的目的而彼此合作，教條便成了屹立不搖的傳統。當政治革命成功，宗教領導者通常會隨著狀況改變，典型的方式是站到革命者的那方，並讓舊時規定的教條變得比較溫和。[9]

早期，在以色列人中形成的強權「亞伯拉罕」宗教，其前身並不是那麼威權，其中依然由多位神明掌理著那些選民。〈詩篇〉第八十六章第八節吟唱道：「主啊，諸神之中沒有可比你的；你的作為也無可比。」後來耶和華得到統治以色列人的無上權威。之後，在豐年時祂傾向命令要忍耐鄰近諸國所信仰的神明，在荒年時則傾向要嚴厲壓制那些神明。

今日的宗教信仰者就和古代一樣，通常對神學沒多少興趣，對目前世界上宗教出現的演化進程則是完全沒興趣。他們關心的是宗教信仰以及具備這樣的信仰所帶來的好處。創世神話能夠解釋他們需要知道的古老歷史，這樣就足以維持部落的團結了。在變革和危險的時候，個人的信仰能夠帶來穩定與平靜。當面對外來群體造成的威脅和競爭時，這些神話讓信徒確信自己在神的眼中是最重要的。宗教信仰提供了一種只有屬於群體時才有的心理安全感，以及一種神聖的恩典。至少對於全世界信仰亞伯拉罕宗教的那一大群人而言，宗教承諾了死後永恆的生命，而且是永生於天堂而非地獄，特別是當我們在眾多教派中選擇了正確的那一個、並且誓言要忠實遵守該教派的儀式時。

人類的心智能夠容納種種敬畏與奇蹟帶來的刺激，但是多年來這個空間已經被宗教信仰所占據，

圖 25-1｜法國「三兄弟洞窟」（Trois Freres）中舊石器時代的壁畫。畫中的舞者頭上戴著神祕的動物頭型裝飾。

表現在文學、藝術、音樂和建築的傑作中。三千年來沒有其他宗教比得上耶和華對於這些文藝創造的美學影響。就我自身體驗過的事物當中，最感人的莫過於天主教的晚禱經頌讚（*Lucernarium*）時，復活節蠟燭將基督之光散進教堂暗處的那一刻，以及福音派新教徒進行聖壇召喚時合唱團對信仰堅定的隊伍所詠唱的聖歌。

要順從上帝、上帝的兒子救世主耶穌基督、上帝父子，或是祂最後所選的代言人穆罕默德，才能得到這些利益。這太輕鬆了。人們需要做的事情只有順從、鞠躬、反覆唸著誓言而已。讓我們坦白地問一句，我們真實禮敬的對象到底是誰？是一個可能不在人類心智理解範圍之內的實體？或是一個甚至根本不存在的事物？或許禮敬的對象真的是神，但可能也僅僅是由創世神話而團結在一起的部落。如果是後者，那麼最好把宗教信仰解釋成人類這個物種在生物史中無法看見與避免的陷阱。如果這個看法是正確的，那麼當然有其他不需屈服與束縛就能夠讓靈性滿足的方式。人類可以過得更好。

CHAPTER

·26·

創造性藝術的起源

The Origins of the Creative Arts

各個藝術創作領域內容豐富，似乎有無限可能，不過其實每一種都是透過人類狹窄的生物認知通道所呈現出來的。我們藉由感官所察覺到的外在真實世界，其實狹小得可憐。在整個電磁波光譜中，我們的視覺只能感知其中的一個小範圍，電磁波光譜的上限是迦瑪射線，下限是有些通訊形式所使用的超低頻。我們只能「看見」中間的一小段區域，稱之為「可見光譜」（visual spectrum）。我們的視覺器官把這段能夠感知的光譜區域再細分出許多界線模糊的區域，並將這些區域稱之為顏色。在藍色之上是紫外線，昆蟲看得到紫外線，但人類不能。在周遭的聲波中，人類也只能聽見一部分。蝙蝠可以經由超音波引導方向，但那個聲波的頻率太高，人類的耳朵聽不見；大象彼此溝通的哼聲頻率太低，人類也聽不到。

熱帶的象鼻魚（mormyrid fish）演化出人類根本沒有的高效能感覺型態，牠們利用電脈衝在渾濁不透光的水中導航與溝通。除此之外，人類也無法感覺到地球的磁場，但有些遷徙的鳥類能夠利用磁場辨認方向。人類也無法看到陽光的偏振（polarization），但蜜蜂可以，並且會在陰天時利用從烏雲縫隙中透下來的陽光，找到來往蜂巢與花床之間的路徑。

不過人類真正弱到可憐的感官是味覺和嗅覺。超過百分之九十九的生物，從微生物到動物，是藉由化學感覺在環境中行動，牠們也擅長利用費洛蒙這類特殊的化學物質彼此溝通。相較之下，人類、猴子、猿類和鳥類算是極少數主要倚靠聽覺和視覺的生物，他／牠們的味覺能力和嗅覺能力比較弱。比起響尾蛇和獵犬，人類算是低能的。人類貧弱的嗅覺與味覺反映在我們用於形容化學感覺的詞彙很少，因此只能退而求其次，使用比喻和其他形式的象徵。我們會說葡萄酒有細緻的韻味，嚐起來酒體完整、帶有果香，聞起來有玫瑰、松樹，或是剛下雨時泥土的味道。

在這個以化學感官為主的生物圈中，人類被迫要通過各種由化學訊息造成的困境才能過日子。為了在樹上生活，我們演化出以視覺和聽覺作為主要感覺。人類得要藉由科學與科技，才能進入生物圈中其他的感官世界。有了這些設備，我們才能夠將其他生物的感官世界轉換成我們能夠了解的形式。在這個過程中，我們學會了如何看到宇宙的盡頭、估計時間的起點。我們絕對無法藉由感覺地球磁場而找出方向，但是我們能夠把這些訊息全部帶入我們小小的感官王國中。

運用這項額外的能力來檢驗人類的歷史，能夠更深入了解美學判斷的起源與本質。舉例來說，神經科學家在人們觀看抽象設計時測量腦中的阿爾法波受到抑制的程度，發現能夠讓腦部最活躍的圖形是那些含有百分之二十多餘的元素的，大致上來說就是像簡單的迷宮、轉兩圈的對數螺線（logarithmic spiral），或是不對稱的十字架之類複雜度的圖形。巧的是（我相信並不巧），這樣程度的複雜性也可以在許多藝術品中看到，例如建築柱子上的帶狀裝飾、格子花紋、書上版權頁的商標花紋、裝飾性的標語和旗幟。古代中東和中美洲的象形文字剛好具有這種複雜性，現代亞洲的象形文字與字母也有。在原始藝術和現代抽象與設計領域中，這樣程度的複雜性便成了特色之一，因為能夠吸引觀看者的注意。這個原則可能是源於在只看一眼的狀況下，這種程度的複雜性是腦子能夠處理的極限。同樣地，在只看一眼的狀況下，腦子最多只能算出七個物體。如果圖畫的複雜度更高，那麼眼睛得掃視，或刻意從一個區域看到另一個區域，才能觀賞全部的內容。偉大的藝術創作能夠引導觀者的注意力從一處移動到另一處，並且讓觀者愉快、感動，獲得最多。[1]

視覺藝術的另一個領域是人類親近生物的本能（biophilia）。人類會發自內心想要和其他的生物在一起，特別是想要身處於生機盎然的大自然中。研究顯示，在各個文化中，如果能夠自由選擇住家和辦公室的設計，那麼人們希望身處的環境會有三種特徵，景觀設計師和認真的房地產商都自然而然了解到這些特徵：人們希望能夠從高處往下看、人們喜歡點綴著喬木和灌木叢的開闊地面、人們喜歡接近水（例如河流、湖泊或是海洋）。即使這些特徵只是好看而沒什麼用處，買房子的人還是願意出比較多錢買一個好景觀。[2]

換句話說，人類喜歡的環境和數百萬年前在非洲演化出來的環境一樣。我們打從心底深處受到莽原（公園）和草原邊森林的吸引，這種環境能夠監看遠方、保持安全，又能夠取得充足的食物和飲水。如果把這種特徵的組合想成生物現象，那麼這三個特徵就不可能是巧合。所有具備移動能力的動物都會經由本能的指引，找到生存與生殖機會最大的棲息地。人類從新石器時代到現在經過的時間還很短，因此在古代的需求殘留至今，也不會讓人驚訝。

如果要找個理由把人文學和科學拉近，莫過於我們需要知道人類感覺世界的本質，以及人類感覺世界和其他生物感覺世界的不同之處。不過除了要把兩大研究領域結合起來，還有另一個更重要的理由。現在有許多證據指出，人類的社會行為是透過多階層演化後由遺傳造成的。如果這個說法正確（有越來越多演化生物學家和人類學家相信這個說法），那我們可以預期個體選擇所偏好的行為與群體選擇所偏好的行為，兩者之間的衝突將持續下去。作用在個體上的選擇傾向產生出自私自利以及與群體成員競爭行為，包括競爭地位、配偶與穩定的資源。相反地，在群體之間的選擇將會產生無私的行為，表現出慷慨與利他行為，這樣可以增加群體整體的團結與力量。

多階層選擇產生的力量彼此抗衡，無法避免的結果便是人類個人的心智永遠處於掙扎之中，使得人與人之間的聯繫、相愛、從屬、背叛、分享、犧牲、偷竊、欺瞞、救贖、懇求與判決等，會發展出數不清的情況。這些掙扎深植於每個人的腦中，是人文學的根源，也反映在文化演化的巨大超級結構中。螞蟻世界中的莎士比亞是不會因為榮譽與背叛彼此拉扯而深受困擾，牠們同時也受到本能嚴格地控制，情感種類少得可憐，因此可能只會完成一齣喜劇和一齣悲劇。相反地，一般人類能夠創造出各式各樣的故事，其中交織著各種氛圍和情緒。

那麼，人文學到底是什麼呢？最認真盡力的定義成果見於美國國會在一九六五年制訂的法規，美國國家人文學術基金會（National Endowment for the Humanities）與美國國家藝術基金會（National Endowment for the Arts）都是依照這個法規而成立。在法規中說道：

> 「人文學」一詞含括（但不限於）下列的研究：古典與現代語言；語言學；文學；史學；法學；哲學；考古學；比較宗教學；倫理學；藝術的歷史、評論與研究；具有人文內涵和運用到人文方法的社會科學；人類學相關於人類環境的研究與應用，特別是著重在人類的各種遺產、傳統、歷史、以及關於目前國民生活的狀況。

雖然這可能是人文學所包含的範疇，但是這項說明並非意味著我們了解了把這些領域統合成一個學門的認知過程，或是這個學門和人類遺傳天性之間的關係，更沒有指出它在史前的起源。如果沒有了解以上各點，我們當然也無法看到完全發展成熟的人文學。

在十八世紀末到十九世紀初的啟蒙運動已經逝去，結合人文學和自然科學的道路是個難以打通的死胡同。能夠打通方法之一，是比較文學和科學研究之間的創造過程與寫作風格。在這兩個領域中的創新發明者，基本上都是逐夢家與敘事者。在藝術與科學創造的早期階段，心中所想的都是故事，其中有想像到的結局，可能也有開頭，然後有些中間過程的片段。在文學與科學的作品中，兩者相似的地方在於任何內容都是可以改變的，同時會影響其他部分的內容，有些內容會被捨棄，有些會新加進來。在故事形成的過程中，保留下來的片段會移來移去，以各種方式組合與分開。某個情節會出現，然後是另一個情節。不論是文學和科學，這些劇情在本質上會彼此競爭，各種詞彙與文句（或方程式與實驗）都會被嘗試使用。作者在工作開始不久之後就會全力設想結局。這看起來是個漂亮的結局嗎（或是科學突破）？但這是最好的嗎？最真實的嗎？創作者內心深處的目標是得到一個可靠的結局。不論結局可能會是什麼、在哪裡出現、以何種方式呈現，一開始都會像是幻影似地浮現，到最後一刻有可能消失無蹤，並由其他結局取而代之。無法言喻的念頭會在思維離合的邊緣飛過。當最佳的片段成形之後，會安定下來，然後移動，故事便開始成長，走向充滿靈感的結局。奧康娜（Flannery O' Connor）曾經代替我們向作家與科學家提出一個恰當疑問：「我說出來才知道自己說什麼，所以我要怎樣才能知道自己意思？」小說家提的問題是：「這有用嗎？」科學家提的問題則是：「這有可能是真的嗎？」

成功的科學家在思考的時候宛若詩人，但工作的時候則像圖書管理員。他寫的論文希望能夠給「有地位」的科學家審查，希望他們能夠接受他的發現，因為後者成就非凡、名聲卓著。非科學家並沒有好好了解科學發展的方式：科學受到本身聲言的真實內容所引導，也受到同儕贊同的引導，兩者份量相同。科學家生涯中最重要的就是名聲。科學家會如同卡格尼（James Cagney）獲頒奧斯卡終身成就獎時所說的那樣：「在這行中，同行認為你多傑出，你最多就只有那麼傑出。」

但是就長時間來看，科學家的名聲能持久或是墮落，全看對於真實的發現能否保持誠信。科學結論會一再受到測試，必須得經得起考驗。資料得要沒有疑點，同時也不與理論衝突。如果其他人發現了錯誤，會讓名聲敗壞。對於造假行為的懲罰是讓名聲喪失殆盡，而且可能也會賠上未來的生涯。文學上同樣的死罪是抄襲剽竊，但造假不是。小說和其他創造性藝術一樣，理所當然地要能夠運用想像力。如果想像的內容能夠讓人得到美學上的歡欣或其他情緒，那就會受到頌揚。

文學寫作和科學寫作一個重要的區別是使用譬喻的方式。在科學報導中，可以使用譬喻，但要用得簡潔樸素，可能帶有一絲諷刺和自嘲意味。在科學報導的簡介或討論中，可以出現下面這樣的句子：「我們相信，如果這個結果確定了，將可以為未來諸多研究帶來豐富的結果。」而不可以出現這樣的句子：「我們費盡千辛萬苦才得到這個結果。我們可以想見這個結果宛若一道分水嶺，許多新的研究將會順著這道分水嶺流動。」

科學中看重的是發現的重要性，文學所看重的則是原創性和譬喻的力量。科學論文提供了一些這個真實世界的知識。相反地，文學中的抒情表現是設計來把作者的內心情感直接傳遞給讀者。科學家寫作論文的目的，是要藉由證據和推理說服讀者相信這個發現的可靠性與重要性。在小說中，作家更想要的是傳遞情感，因此會使用更抒情的語言。在更極端的狀況下，那些敘述可能一看就知道是假的，因為作者和讀者都想要這種表現方式。對詩人來說，太陽東昇西落，一天的運行可以比喻成為一個人的出生、生命中的高潮、死亡，以及重生，可是事實上太陽根本沒這樣移動。這只是早期祖先看待天球和星空的方式。他們將天上的許多神祕難解之事，連繫到自己生活中的神祕難解之事，代代寫成神聖的經文和詩句。實際上，地球是繞著太陽這個小的恆星運轉，但這個真實的太陽系面貌要在文學中獲得類似的崇高地位，還需要一段很久的時間。

為了這樣不同的真實，那些特別是在文學中所追尋的真實，多克托羅（E. L. Doctorow）問道：

> 誰會因為「真實的」歷史紀錄就放棄不看《伊利亞德》。當然，不論是嚴肅的歷史詮釋者或諷刺作家，都有責任為了揭露出真相而寫作。不論用什麼媒體，我們對所有的創作藝術家都有這樣的要求。除此之外，小說讀者在小說中發現熟悉的公眾人物，說著和做著這個人物在其他地方都沒有記載的事情時，知道自己讀的是虛構的故事。讀者知道小說家說這樣的謊，是希望帶出比真實的報導文學更深的真實。小說是一種真實的表現方式，能夠描繪出公眾人物的面貌，就如同畫像一般。讀小說和讀報紙不同，我們讀的時候知道內容是自由的心靈創作出的文字。[3]

畢卡索用一句話總括了相同的概念：「藝術是幫助我們看見真實的謊言。」

創造藝術是當人類發展出抽象思考的能力之後，才有可能出現的演化進展。有了抽象思考的能力，人類的心智中能夠出現某種形狀、物體或是行動的模版，把概念具體地表現出來讓其他人知道。因此最早出現的是由多變的文字和符號所建構出來真實且豐富的語言。在語言之後的是視覺藝術、音樂、舞蹈、祭典，以及宗教儀式。

我們現在還不知道引領真正創造性藝術出現的過程是在何時發生。早在一百七十萬年前，現代人類的祖先（很有可能是直立人）會打磨淚滴型的石器。這種石器能夠握在手中，可能是用來搗碎植物和肉類用的。這時他們心中是否有抽象概念，或只是模仿群體中其他成員？這點依然不明。

五十萬年前是海德堡人（*Homo heidelbergensis*）的時代，他們的腦比較大，在時間上和構造上是介於直立人與智人之間的物種。他們的手斧打造得更為精緻，一起出現的還有仔細打造的石匕首和拋投武器。在接下來的十萬年中，人們開始使用木製長矛，那得花費好幾天和多個步驟才能夠製作完成。這個時期屬於中石器時代，人類的祖先已經具備了真正以抽象思考為基礎的文化，進而發展出這種技術。

接下來出現的是有穿孔的貝殼，這被認為是用來當成項鍊，同時出現的還有其他更為精緻的工具，包括設計良好的石針。最引人好奇的是赭石雕刻物，其中有一件具有七萬七千年的歷史，上面有一排九個X形的刻痕，有三條橫線穿過這九個X。這個刻痕如果有意義，那我們目前還不知道其中的意思，但這很明顯是抽象的圖樣。

埋葬死者的行為最晚出現於九萬五千年前，證據是在以色列卡夫澤洞穴（Qafzeh Cave）挖掘出的三十具遺體，其中有一位九歲的死者腿部被擺成彎曲的姿勢，同時在手部放了一隻鹿角。只有他一個人是這樣的埋葬方式，意味著當時的人不只有抽象的死亡概念，也確實存在著悲傷情緒。現在的狩獵－採集族群，也會在葬禮中運用到儀式與藝術。

我們可能永遠都無法得知現代所見的創造性藝術起源。不過始於三萬五千年前、由遺傳演化和文化演化促成的「創造爆發」（creative explosion）在歐洲出現時，創造性藝術就已經充分發展了。從那時候起到舊石器時代晚期的兩萬年中，洞穴藝術大放異彩。從法國西南部到西班牙東北部之間（庇里牛斯山南北麓），考古學家在數百個洞穴中發掘出數千座雕像，主要是大型獵物。這些雕像和世界其他地方的壁畫，讓我們能夠窺見文明興起之前人類生活的驚奇之處。[4]

舊石器時代藝術展示場所中，法國南方阿爾代什地區（Ardeche）的肖維洞穴（Grotte Chauvet）堪稱羅浮宮等級。其中的一幅傑作是某位藝術家獨自完成的，他用了紅色赭石、木碳，並且加上雕刻，繪製了四匹馬（當時歐洲的本土野生種）一起奔跑的模樣。每匹馬都只繪出頭部，且各具特色。四匹馬緊緊相連，傾斜朝前，似乎是微微地朝左上方看去，每一匹馬的口鼻部分還用上了浮雕技法（bas relief）刻成，使得形象更為突顯。仔細分析這些圖畫後發現，最先是由多位藝術家繪製了兩頭犀牛頭與頭相接的爭鬥場面，然後是兩頭遙遙相對的野牛。在這兩群動物中間的區域，某一位藝術家登場，繪製了馬群。

犀牛和野牛是在三萬兩千年到三萬年前繪製的，推測馬匹也是在這個時候繪製的。不過這些馬匹如此優雅，並且運用到特殊的技術，使得有些專家認為這幅圖畫是在一萬七千年到一萬兩千年前馬格德林文化期（Magdalenian period）的作品，可能與法國拉斯科壁畫和西班牙阿爾塔米拉洞穴（Altamira）中的傑作同一時期。

肖維洞穴古代動物藝術除了無法確認明確的繪製時間，它們的功能也尚未確認。沒有證據顯示那些洞穴是史前時代的教堂，人們會在裡面集合，向諸神禱告。洞穴中的地面覆蓋著爐火的遺跡、動物的骨骸，以及一些其他的證物，顯示人們長時間居住其中。智人最早在四萬五千年前進入東歐和中歐，在這段期間，洞穴很明顯是用來躲避草原在冬天時的嚴酷氣候，當時這片有草原猛獁漫遊的廣大草原，從大陸冰原南方開始往南延伸，覆蓋了整片歐亞大陸，並且延伸到美洲。

有些作者可能會爭論這些壁畫和交感巫術（sympathetic magic）有關，目的是希望能夠增加野外狩獵成功的機會。畫中大型的動物占多數可以支持這種見解。除此之外，畫中的動物有百分之十五受到了矛傷或箭傷。

還有其他的證據支持歐洲洞穴藝術具備了儀式性的內涵。有幅壁畫很像是描繪帶著鹿頭裝飾的巫師，那個裝飾可能真的是用鹿頭製成的。另外也有三個獅面人身雕像保留了下來，這可能是後來中東早期歷史中半人半動物神祇的起源。無可否認地，對於巫師的作為或是獅面人身雕像，我們並沒有任何可供驗證的概念。

野生動物學家賈斯禮（R. Dale Guthrie）對於洞窟藝術的用途有截然不同的看法。他著有《舊石器時代藝術的本質》（*The Nature of Paleolithic Art*）一書，是目前對這個主題最透徹的論述。他把那些藝術品解釋成奧瑞納文化（Aurignacian）和馬格德林文化中的日常生活。那些動物是穴居人平常狩獵的對象（有一些則是牠們把人類當成獵捕對象，例如獅子），牠們很自然地出現在言談之中，也出現在繪畫與雕刻之中。在許多關於壁畫的論述中很少提及其實也有許多人類的雕像，或是具有人類身體部分的雕像，因為這些雕像看起來平凡乏味。那些穴居者經常在牆上蓋個五指分開的掌印，用嘴把赭石粉末噴在牆上。從手掌的大小判斷，幹這些事的大多數是兒童。除此之外還有許多塗鴉，滿是沒有意義的線條，其中含有許多男女性器官的草圖。藝術品中還有怪異的肥胖女性雕像，可能是用來獻給精靈或神祇，以祈求生育。這些群體人數少，因此希望成員多多益善。從另一個角度來看，這些雕像也可以解釋成希望女性能夠肥胖，好度過猛獁草原冬季頻頻出現的嚴酷狀況。[5]

洞窟藝術的實用性理論指出那些繪畫和鑿痕描繪的是日常生活，這當然有部分是正確的，但是並非全然正確。有少數專家也考慮到那時有個截然不同的藝術領域出現了，就是音樂的起源與應用。有個別的證據指出，至少有些繪畫和雕刻是跟穴居者生活中的魔術部分有關。有些作者認為，音樂在達爾文的天擇理論中沒有意義，其中一位把音樂形容成從語言中突然冒出來的「聽覺的起司蛋糕」（auditory cheesecake）。目前關於音樂本身的證據真的很少，就像我們並沒有希臘時代和羅馬時代的樂譜（當然也沒有唱片），只有樂器留了下來。不過其實在「創造爆發」的初期就已經有樂器留下來了。當時的「笛子」就技術上來說應該歸類成管子，由鳥骨製成，具有三萬年以上的歷史，因此實際出現的時間可能更早。在法國的伊斯蒂里特（Isturitz）和另外幾個地點，出土了兩百二十五根可以分類成樂器的管子。有些真的是樂器，其中最好的有指孔，這些指孔在管子上排列的方式是順時鐘斜轉的，傾斜的程度剛好適合手指按壓。指孔本身的斜面也適合讓手指壓住時能讓指孔完全密合起來。[6] 現代長笛家勞森（Graeme Lawson）曾經吹奏過這隻長笛的複製品，不過他手邊當然沒有舊石器時代流傳下來的樂譜。

有其他可以解釋為樂器的人造物品留了下來，其中包括一些薄的燧石片，掛起來輕敲時，會發出風鈴般悅耳的聲音。另外，有可能是意外的巧合：有些牆壁上的壁畫能夠讓附近發出的聲音產生奇妙的回音。

音樂是達爾文式天擇的產物嗎？對於舊石器時代的部落而言，從事音樂活動能夠帶來什麼生存利益呢？調查目前世界各地的狩獵－採集文化，也很難提出其他的結論。歌唱（通常伴隨著舞蹈）出現在所有的文化中，澳洲原住民的祖先在四萬五千年前抵達澳洲之後，就一直絕世獨立，但是他們的歌曲和舞蹈形式跟其他的狩獵－採集文化的群體類似，因此推測這些歌舞跟其舊石器時代的祖先相似是很合理的。

人類學家比較少注意到現代狩獵－採集者的音樂，把這些研究丟給音樂專家去做。人類學家也比較偏好研究語言和民俗植物學（研究部落對於植物的使用方式）。不過，對於所有的狩獵－採集社會而言，歌與舞都是生活中重要的元素。除此之外，這些歌舞是屬於社區的，其中描述了各個生活面向。學術界深入研究過因紐特人、加彭矮人族（Gabon pygmies）和澳洲阿納姆地原住民（Arnhem Land aboriginal）的歌曲，詳盡與仔細的程度可以媲美對於先進現代文明歌曲的研究。現代狩獵－採集者的音樂通常作為鼓舞精神的工具。這些音樂作品的主題包括了部落的歷史與神話，以及關於土地、植物和動物的實用知識。

就像是在歐洲舊石器時代洞穴藝術中，獵物具有特別重要的意義，在現代部落的歌舞大多也和狩獵有關，他們在歌曲中提及了各式各樣的獵物，也因為有了狩獵工具（包括獵犬）而讓力量大增。他們安撫那些被殺或是將要被殺的動物，並且在歌中頌揚獵場所在的大地。他們會回憶並且慶祝過往成功的狩獵行動。他們會尊崇死者，並且希望主宰他們命運的靈魂能夠降下福祉。[7]

不用多說，這些現代狩獵－採集民族的歌舞對個人和群體都是有利的。歌舞能夠凝聚部落的成員，營造共同的知識和目標，經由動作傳遞情感。歌曲容易記憶，能激勵人心，使得有助於部落形成共同目標的資訊能夠流傳下去。還有，在部落中最通曉歌舞的人，也因為這些歌舞知識而擁有權力。

創造與表演音樂是人類的天性，所有的人類都具備這種天性。舉一個極端的例子：神經科學家巴特爾（Aniruddh D. Patel）指出，巴西亞馬遜地區有一個稱為皮拉罕（Piraha）的小部落，「這個部落文化成員所說的語言中，沒有數字，也沒有算數的概念。他們的語言沒有固定的詞彙來形容顏色，他們也沒有創世神話。除了簡單的火柴人圖案之外，他們也不繪畫。但是他們的音樂很豐富，有各種形式的歌曲。」[8]

巴特爾認為音樂和文學、語言一樣，都屬於「造成轉變的科技」（transformative technology），改變了人們看待世界的方式。學習演奏某一種樂器能夠改變腦部的結構，包括解析聲音的皮質下迴路、連接兩個腦部半球的神經纖維，以及大腦皮質某些區域的灰質密度。音樂能夠強烈地影響人的情感，以及對於事物的理解方式，因此其中牽涉到極為複雜的神經迴路，能夠經由至少六種不同的腦中機制激發情緒。

在心智發展的過程中，音樂和語言的關係緊密。在某些方面，音樂可能是從語言衍生出來的，兩者在區別音調的上行和下行是類似的。不過兒童學習語言的速度很快，而且主要是自發學習；學習音樂的速度很慢，同時需要大量的教學和練習。除此之外，學習語言具有一個關鍵時期，在這個期間內能夠輕鬆快速地獲得語言技巧，但目前還沒有發現有這樣能快速學習音樂的時期。不過音樂和語言一樣，都有句法，都有不連續的組成單元：文字、音符、和聲。有百分之二到百分之四的人天生在知覺音樂上有缺陷，在這些人中有百分之三十也不能辨識音調輪廓（pitch contour），這是一種在口語中也會使用到的能力。

綜合以上來看，我們有理由相信音樂是人類新近演化出來的能力，也可能是語言的副產品。不過就算這樣假設，也不能就因此提出結論，說音樂只是語言在文化上的精緻產物。音樂有個特性是語言中所缺乏的：拍子，這能夠讓舞蹈的節奏和歌唱的節奏配合在一起。

我們可能會這麼想：語言的神經處理程序可以是音樂的預先適應，一旦起源自語言的音樂本身能提供足夠的優勢，便能夠取得自己的遺傳特質。這個領域會結合人類學、心理學、神經科學和演化生物學的元素，非常值得進一步深入研究。

VI

我們要往哪兒去？

WHERE ARE WE GOING?

CHAPTER

·27·

新啟示
A New Enlightenment

科學知識與科技依領域的不同，每十到二十年就會呈現翻倍的變化，這種指數型的成長速度讓預測十年後的發展都不可能，遑論百年或是千年之後。所以未來學家傾向詳細說明他們認為人類應該前進的方向。不過，由於人類是缺乏自我了解的悲慘物種，目前比較好的目標可能是我們不會選擇前進的那個方向。那麼，哪些是我們要小心避免的呢？在思索這個問題時，我們注定得繞個圈子，回到那些攸關人類存在的問題：我們從何處來？我們是誰？我們往何處去？

人類是故事中的演員，我們是一個未完成史詩的成長點。攸關人類存在的問題，答案一定就藏在人類的歷史中，而這當然屬於人文學的領域。不過目前傳統的歷史學本身是斷裂的，就時間上前面的部分被截斷了，對人類的認識也不完整。如果不包含史前時代的內容，歷史本身不完整；史前時代的內容如果不包含生物學，也不完整。

人類是生存於生物世界的生物物種。人類的身體和心智上各個階層的功能，都精巧地適應了這個獨特星球上的環境。人類誕生於這個生物圈，也屬於這個生物圈。雖然人類有許多地方凌駕於其他動物之上，但依然是地球動物相中的一個物種。我們的生活依然受到兩條生物學定律的限制：所有生物實體與生物過程都遵守物理定律和化學定律，所有生物實體和生物過程都源起於天擇推動的生物演化。

我們對人類本身這個實體的存在了解得更多，就越能清楚看到，就算是最複雜的人類行為最終也是生物性的，這些行為是人類的靈長類祖先在經過數百萬年的演化中所特化而來。在人類特有的行為中，鮮明地呈現著難以去除的演化印記：在沒有其他工具的幫助下，人類的感官讓我們對於真實世界的認識變得狹隘。人類的心智發展過程中已經設定好的遺傳程序，以及對抗設定好的遺傳程序也讓我們確認了這一點。

還有，我們不能逃避自由意志這個問題。有些哲學家依然認為自由意志是人類與眾不同之處。其實自由意志是腦部在下意識的決策中心產物，它讓大腦皮質產生了獨自行動的幻象。當我們在科學研究中發現越多意識活動的實際過程，能夠照直覺標記成自由意志的現象就會越來越少。我們是自由而獨立存在的個體，但是我們所下的決定並非自由於生物程序之外，個人的腦和心智是由這些生物程序所創造出來的。因此自由意志到最後很明顯還是生物性的。

當然，從任何可以想見的標準而言，人類都還沒有達到生命最高的成就。我們是生物圈的心智、太陽系的心智，可能也是銀河系的心智，誰都說不準。看看人類自己，我們已經知道如何將自身狹窄的聽覺與視覺系統，擴大到其他生物能夠感覺到的範圍。我們已經了解人類生物學中許多物理化學基礎，我們很快就能夠在實驗室中製造出簡單的生物，我們了解了宇宙的歷史，並且能夠觀察到幾近宇宙邊緣之處。

在整個動物界中，只有幾十條演化支系出現了真社會性物種，人類是其中之一。真社會性是在生物個體之上另一個重要的生物組織階層。在真社會性組織中，兩到三代的成員住在一起，彼此合作，照顧下一代，分工的模式會讓有些個體產下的後代比其他成員更多。人類祖先的體型遠大於其他真社會性昆蟲和無脊椎動物，而且人類在一開始就有了個更大的腦袋。隨著時間前進，他們偶然具備了以符號為基礎的語言、文學；以科學為基礎的科技，使人類具有凌駕於其他生物之上的優勢。現在的人類除了許多時候還有猿類般的行為，以及受到遺傳限制而有限的壽命以外，幾乎就像是神了。

是怎樣的動力把我們提升到這樣的高位？這是自我了解中最重要的問題，而答案很明顯是多階層的天擇。在生物組織的兩個相關的階層中，比較高的階層是群體，群體之間的競爭偏好群體成員彼此合作這樣的社會特徵。在比較低的個體組織中，同一個群體的成員彼此競爭而導致了自私的行為。天擇在這兩個階層作用的結果彼此衝突，使得每個人的基因型都是混合的，混合著聖人與罪人。

在這本書中，我以最近的研究為基礎，解釋了作用於人類之上的天擇，其中的論點和總體利益理論相反，取而代之的是應用了多階層天擇的標準遺傳學模型。總體利益理論的基礎是親緣選擇，在這種選擇中，個體是否會和其他個體合作，端視他們的親緣遠近。以前有人認為這種形式的選擇如果定義得夠寬鬆，就能夠解釋所有的社會行為以及複雜的社會組織。反對總體利益理論的論述，包括數學上的批評，在二〇〇四到二〇一〇年之間已經發展完備。[1]

由於這個領域很重要，而且有許多複雜的專業內容，新的研究所引起的爭論應該會持續好多年，時間可能會長到等到最後新的資料出現時，我已經無法理解了。有許多人直到最後還是會持續利用總體利益的理論，就算知道了群體選擇是人類過往歷史與未來走向的驅力，應該也不會發生多少影響力。即使數學上已經證明不可能，總體利益理論學家還是爭論說，親緣選擇可以轉換成群體選擇。更重要的是，複雜的社會行為很明顯是由群體選擇造就出來的。群體選擇還擁有兩個對演化而言很重要的元素。第一，我們已經在人類身上發現，群體階層中的特徵，包括合作、同理心和社會網絡的形式等，都是可以遺傳的，只是在不同人之間遺傳的程度有高有低。第二，對於處在競爭狀況下群體而言，合作與團結顯然會影響群體的生存。

除此之外，群體選擇是演化主要驅力的想法能夠漂亮地解釋人類最典型同時也難解的本性，也可以回應來自社會心理學、考古學和演化生物學等不同領域的證據，說明人類是天生的「部落人」。人類本質中有一項基礎的元素：人類想要隸屬於群體，加入了群體之後希望自己所屬的群體要優於其他競爭群體。

多階層選擇（群體選擇加上個體選擇）同時也能夠說明人類本性中的衝突。每個正常的人都會感覺到良心掙扎，例如英勇與膽小、誠實與欺瞞、守諾與反悔。我們在這個充滿危險、暴戾乖張的世界中出生，每天在大大小小各種兩難的困境折磨之下過生活，這是人類的命運。我們有酸甜苦辣各種感覺，我們無法確定行動的真正原因。我們知道得很清楚，沒有人能夠聰明又偉大到不會犯下災難性的錯誤，也沒有任何組織高貴到不會有任何貪腐。我們每個人的生活中都有衝突與爭執。

因為多階層選擇而產生的各種掙扎也是人文學和社會科學思索的主題，人類會受到其他人的吸引，就像靈長類會被同類吸引。我們一直都很喜歡觀察和分析自己的親人、朋友和敵人。空閒時最愛做的事就是聊八卦，不論是在狩獵－採集群體中，或是在皇家宮殿裡。盡可能準確地評估那些會影響自己生活的人心中的意圖，以及是否值得信賴，不但非常地人性化，也是適應的結果。另一個適應的結果是能夠判斷其他人的行為對於群體整體福利的影響。當別人心中的天使與惡魔一直在彼此拉扯，我們很能看出他們的意圖。但不可避免會有失敗的時候，法律就是為了減緩這方面的損失而設立的。

當人類居住在一個充滿神話、鬼魂出沒的世界，會使得這種混亂加深。這是人類早期的歷史所造成的。大約在十萬年到七萬五千年前，我們的遠祖完全了解到人每個人終將死亡這件事。自己是誰？這個自己只能當個匆匆過客的世界有什麼意義？他們汲汲追尋這些問題的答案。他們一定會問：那些死者去了哪兒？許多人相信他們進入了靈魂世界。要怎樣才能再見到他們？可能會在夢中吧，或是在藥物、魔法，或是自我剝奪與折磨所引發的幻覺中。

早期人類對於地球的知識，僅限於他們的領域和貿易網絡之內的事物。他們的知識淺薄，認為太陽、月亮與星星是在天球內側表面上移動。為了要解釋自身存在這個難解的奧祕，他們相信有其他長得與自己很像的高等存在，這些神聖的存在不只能夠製造石器和居所，也創造了整個宇宙。當統治階級和政治國家接連演化出來，人們便開始想像除了在地球上有他們必須跟隨的統治者，一定還有其他超自然的統治者存在。

那些對自身而言重要的事物，早期人類都需要故事解釋其來龍去脈。人類的心智如果沒有故事、缺乏解釋，將無法運作。我們祖先所能夠想到解釋自身存在的最佳故事便是神話。每個創世神話，毫無例外地，都聲稱發明這個神話的部落優於其他所有部落。相當然耳，每個宗教的信徒都認為自己是受到眷顧的選民。

制度化宗教和其中所信奉的神，雖然絕大多數是在真實世界中無意間設想出來的，但是很不幸卻已經在早期歷史中扎根。一開始，宗教雖然無所不在，但只是部落意識的表現方式，部落成員用來建立自己的身分以連接超自然世界。信徒對於宗教戒律所編造出的行為法規會毫不猶豫地接受。質疑神聖的神話，就等於質疑相信這些神話的人的身分與價值。因此那些懷疑論者，包括信奉其他一般荒謬神話的人，受到厭惡也是理所當然。在某些國家這些人甚至會有坐牢或死亡的風險。

讓人類陷入無知泥沼中的生物與歷史狀況，卻在另一方面帶給人類好處。在人一生的重要儀式上，從出生到成年、從結婚到死亡，制度化宗教都居於指揮地位，他們讓部落的功能發揮到極致：虔誠的社群能夠提供真誠的情緒支持、接納與原諒。不論信仰單一神或是多位神，能夠讓社區中的公共活動變得神聖，這些行為包括任命領導者、遵守法律和宣告開戰。相信能夠永生不死，以及有最終的神聖審判，能帶給人無上的寬慰，在艱難的時刻能夠讓人下定決心、勇往直前。數千年來，制度化宗教也是許多藝術傑作的靈感來源。

那麼，為何公開質疑制度化宗教中的神話與神明會是明智之舉呢？因為這些宗教讓人思維遲鈍、造成分裂。因為每一種宗教都彼此競爭，聲言自身所描述的狀況才是真實的。因為宗教鼓勵無知，轉移人類對真實世界問題的了解，而且往往轉移到錯誤的方向，引發出災難的行為。宗教有生物性的起源，宗教強烈鼓勵對團體中其他成員的利他行為，並且全面拓展到團體之外（雖然通常帶有額外的目的，例如使外人改變信仰）。就定義上來說，信奉某一種特殊的信仰就是宗教偏執（religious bigotry）。沒有一個基督新教傳教士會建議他的群眾思考天主教或伊斯蘭教是否可能是更好的宗教這個問題，他得暗示這些宗教比較差。

制度化宗教已經根深蒂固。如果認為理性思考者對於道德的熱情能夠很快地取代宗教，這種想法無異於痴人說夢。比較有可能的方式是漸進式的取代，就像現在歐洲那樣，和其他多種趨勢一起推進。其中最有潛力同時也在增加的趨勢是把宗教視為生物演化的產物，用科學的方式加以仔細重構。當重構的內容與創世神話，以及從神話延伸出來的神學相衝突，那麼只要稍微打開心胸，就能夠逐漸接受這些科學研究的結果。另一股能夠對抗獻身宗教所帶來災害的潮流是網際網路的成長、全球化機構的增加，以及越來越多的人在使用它們。最近一項分析顯示增加世界各地人們的聯繫，能夠削弱因種族、地區和國籍而產生的身分認同，加深四海一家的看法。這個趨勢還能助長另一個趨勢，就是經由婚姻使得人類的種族逐漸同化。毫無疑問地，這樣會減弱人們對創世神話和宗派教條的信賴。[2]

要讓人類從部落意識的壓迫中解放出來，恭敬地拒絕那些聲稱或許是個好的開始，那些聲稱來自於自稱為神的代言人的掌權者、那些代表神的人，或那些只有自己知道神明意志的人。那些供應神學自戀的人包括自稱是先知的人、成立教派的人、慷慨激昂的福音牧師、伊斯蘭什葉派的宗教領袖、大清真寺中的教長、首席拉比、猶太神學院院長、達賴喇嘛，以及天主教教宗。要拒絕的還有那些以威權戒律為基礎的頑固政治意識形態（不論左派右派），特別是那些引用制度化宗教戒律讓自身正當化的意識形態。這些聲言或許含有值得一聽的直覺智慧，他們的領導人可能心存善意。但是人類已經因為這些錯誤先知所說的錯誤歷史，受盡了苦難。

我記得一個故事。很久以前一位醫學昆蟲學家告訴我在西非由鈍緣蜱（Ornithodorus tick）傳染的回歸熱（relapsing fever），他說在熱病大流行時，有一種做法是把整村村民都遷到別的地方。有天正準備要搬家的時候，他看到有位老者從家中髒汙的地板上捉了好幾種親緣關係相去甚遠的醜陋蜘蛛，小心翼翼地把這些蜘蛛裝到一個小盒子中。我問他為什麼要這樣做，他說他要把這些蜘蛛帶到新家，因為「牠們的靈魂會保護我們免於熱病」。

我們需要展開新啟蒙時代的另一個論點，那就是不論我們怎麼盡力思考與探索，都依然是這個行星上唯一的智慧生命，而身為這樣的物種，我們要對自己的行動負責。我們占領的這個行星，並不是我們前往某個更好世界途中短暫停留之處。我們都同意的一條道德戒律是要停止繼續摧毀這個出生之地，這個人類未來唯一的居所。主要由工業汙染造成的氣候變遷，其證據已經鋪天蓋地而來。隨便調查也能夠發現熱帶森林、草原和其他生物多樣性最高的棲息地正在快速消失當中。如果造成全球變遷的棲地破壞（Habitat destruction）、外來種入侵（Invasive species）、汙染（Pollution）、人口過多（Overpopulation）與濫採濫捕（Overharvesting）這五種狀況（依照影響嚴重程度排序，簡稱為HIPPO）沒有減緩，那麼地球上動物和植物約有一半的物種將會在本世紀末滅絕，或是以「雖生猶死」的狀態存活著（也就是將要滅絕）。我們正毫無必要地把祖先遺留下來的珍寶轉變成廢物，我們的後代會因此唾棄我們。

這個生命世界中生物多樣性的消逝，並不如氣候變遷、非替代性資源減少，和其他實體環境改變等那樣受到關注。如果我們夠聰明，就應該會遵守下面這個原則：如果我們保護了生命世界，就自動保護了實體環境。因為要辦到第一點，我們也得辦到第二點。如果我們只保護實體世界（我們現在的趨勢看來是這樣），最後兩者都將失去。近來還能夠看到的許多種鳥類，將無法再看到牠們飛翔的模樣，在溫暖的雨夜將再也聽不到許多滅絕蛙類的鳴叫聲，在死寂的湖泊與溪流中也看不到翻騰的魚兒銀色身軀。

再次檢視科學以及宗教，對於了解「研究客觀真實」的真正本質，將會大有幫助。科學不同於醫學、工程或是神學這類事業，科學是知識的泉源，讓我們了解這個世界，這些知識受得住檢驗，並且和之前就已經存在的知識吻合。科技和推論數學（inferential mathematics）在區分真實和虛假的時候需要科學知識。科學有系統地闡述了原理和方程式，將所有的知識整合起來。只要有足夠的資訊，世界上的任何人都能夠挑戰科學的某部分內容。科學不會如宗教那樣宣稱有「另一種知曉的方式」。科學知識和制度化宗教教誨之間的衝突是無法調和的。只要宗教領袖持續對於現實的事物一直做出缺乏證據支持的超自然主張，那麼科學和宗教之間的鴻溝只會越來越大，並且引發無窮盡的麻煩。

我相信依照目前的科學證據也能夠證明沒有人能夠從這個星球遷徙出去，根本不行。就以我們所處的太陽系來說，一直把太空人送上月球探險根本沒什麼道理，更別說是火星了。在更遠之外，木星的衛星歐羅巴（Europa，木衛二）上面蓋滿冰雪，那裡可能有我們尋找的簡單外星生命，土星的衛星恩克拉多斯（Enceladus，土衛二）地質活動激烈，可能也有外星生命的存在。用機器人來探索太空既不用冒著失去生命的危險，花費也少得多。目前的火箭推進、機器人、遠端分析、資訊傳輸都已經發展完善，不論是依現況決策還是傳遞高品質的影像和資料回到地球，送機器人去都比送人類去更有用。想到人類（某一個人類）能夠在遙遠的天體上行走，如同許多年前探險家在沒有地圖的大陸上前進，當然會讓人心情激動。但真正讓我們興奮的是深入了解那些天體，並且透過代理我們雙腳的機器人，看見兩公尺外景象中的清晰細節。然後經由機器人的手，採集土壤和其中可能存在的生物，並且加以分析。我們很快就能夠辦到這些。如果送人過去，花費會非常高，有失去人命的風險，整件事情都只是引人注意的噱頭而已。

目前另一個目光短淺的宇宙事業，不消多說是夢想要移民到其他的恆星系。妄想移居到太空中就能夠解決地球上的麻煩問題，更是危險非常。現在我們可以認真地提問，在生物圈三十五億年的歷史中，從來沒有外星人造訪過地球（除了天上不明飛行物體的光，以及在可怕惡夢中來到臥室的訪客）。而且「尋找外星智慧計畫」(Search for Extraterrestrial Intelligence, SETI）探索了銀河系那麼多年，為什麼都沒有發現來自外太空的訊息呢？理論上這種形式的接觸是有可能的，而且這個計畫應該也要持續下去。但是想像一下，在銀河系中數千億個恆星系中的一個，具有適合生命居住的地方，上面出現了先進的文明，為了拓展銀河系中的居所而征服其他恆星系。這樣的事情很有可能在十億年前發生。假設這種征服行動需要花一百萬年才能抵達另一個可以居住的行星，而之後的擴張探索要再花一百萬年才能夠讓新的移民出發到其他可以居住的行星。那麼在很久以前，這個外星種族老早就征服了銀河系中所有能夠棲息的地方了，當然也包括太陽系。

當然，有一種說法可以解釋為什麼沒有外星人：在這數十億年來，人類是銀河系中僅有的文明，只有人類具有在太空中旅行的能力，整個銀何等著人類去征服。但這真的不太可能。

我偏好另一種可能性。外星生命可能正在成長，文明正在演進，他們也發現了許多問題，這些問題無法經由各種宗教信仰、意識形態以及好戰國家之間的競爭來解決。他們發現這些嚴重的問題需要有非凡的解決方式，就算是有造成分裂的派系之爭，用合作的方式仍能夠合理地解決問題。如果他們能夠走到這一步，就會了解到沒有必要移民到其他恆星系。在自己的母星上，探索無窮的可能性，就已經滿足了。

現在我要坦白我迷信的東西。如果我們願意，地球在二十二世紀將會成為人類永久的樂土，或至少有好的開始，將要成為這樣的樂土。在這一路上，我們依然會對人類和其他生物造成許多傷害，但只要能夠彼此以合宜簡單的道德相待、持續堅定的理性作為，加上接受人類真實的面貌，那麼我們的夢想終究會實現。

至於高更，你為何會在那幅畫上留下幾行字呢？我很容易就會想到的答案是，你希望在這以大溪地景象為主題的圖畫裡，能夠將人類生老病死的活動象徵清楚地表達，以防有人沒看出來。不過我覺得還有其他意義。你用這種方式提出的三個問題，答案並不存在。在你所拋棄並且離開的文明世界，或是你移居想要尋找平靜的原始世界中，都沒有答案。或者你的意思是，藝術走到你所完成的境界後，已經無法再前進了，因此你能做的，只有把這些難以解決的問題以文字的方式寫下來。我認為你留下這個謎題，還有別的原因，這個原因並不會和其他的推測衝突。我認為你寫的句子是勝利的呼喊，因為你曾滿懷熱情到遠方遊歷，發現並且擁抱了全新的視覺藝術形式，用新的方式提出問題，也藉此打造出原創的藝術。就此來看，你的藝術生涯將流傳久遠，一切的付出都有了回報。我們現在把理性分析和藝術融會在一起，讓科學與人文學建立合作關係，將能夠更接近那些問題的答案。

致謝
Acknowledgments

在寫作這本書的時候，我很幸運得到威爾（Robert Weil）這位傑出編輯的建議與鼓勵，經紀人威廉斯（John Taylor Williams）長年來的支持，以及哈頓（Kathleen M. Horton）專業的稿件處理與研究。

讀後記

社會性征服與物種思維

物種「真社會性」可以讓我們思考什麼？

李宜澤／東華大學族群關係與文化學系助理教授

愛德華・威爾森（E. O. Wilson），大名鼎鼎的螞蟻生態學家，哈佛大學有機與演化生物學系名譽教授，不斷地拓展「社會生物學」這個學科的實用場域。而他這次從「真社會性」（eusocial）如何演化的角度，試圖來解析人類文化發展至此與物種演化之間的關係。這本題為「群的征服」（或者更平實一點應該說，「物種的社會性」如何擴及地球的生態區間）的新書，一開始以畫家高更在大溪地的最後畫作上所提的三個「永恆疑問」起始：「我們從何處來？我們是誰？我們往何處去？」

這幾個問題充滿人文與哲學意涵。但是威爾森不打算走哲學路線，他認為人類的起源問題是生物演化的精密結果，且與地球上現有的另一個重要物種，也是他的最愛——蟻類——有絕對的相似性。在這本書裡，威爾森用人類與螞蟻這兩個物種的演化與表現型態，說明在不斷受到演化天擇壓力以及群個體交錯變化的過程中，「真社會性」的特質如何發展出來，並且成為占領地球的重要推力。關於人類與蟻類的相似點，威爾森提出很有趣的說法：除了這兩個物種在地球上多半遍布在各種可能的地理環境當中（這點人類略勝一籌），透過特別的推算方式，地球上的人類總重量以及形成的總立方體積（就是把所有的人都當作肉球擠在一堆之後形成的大立方體），和所有的蟻類放在一起之後形成的體積質量大約是相同的，約莫都可塞進大峽谷！

這是什麼樣的特質？從以人類為中心的角度來看或許不甚清楚，但是如果把所有生物都當作是演化過程中的生存遊戲參與者，人類和蟻類的相似性就很有趣了。生物的物理性質以及可以獲取的食物資源、控制的環境空間，隨著生物的社會性質可以運用多少的資源而相關。另一方面，最重要的「真社會性」特質，保證這個生物族群可以取得個體以上的優勢，並且在各種活動能力中都透過社會性的增強與互補，擴散到該族群的個體生存能力。作為具有「真社會性」的物種，威爾森列舉了幾個發展出該能力的演化階段原則，包括：一、形成群體；二、在群體中可以發展出特殊能力的組織與生活特徵，最重要的是特殊且可以具備防禦能力的巢穴（在這之後才能發展具有適應能力的分工）；三、出現讓群體可以持續存在的突變，用來打消透過分立門戶而傳播族群的方式；四、出現代理人（或是用威爾森的話：「機器人」）般的工作階級，讓環境的力量對群體進行篩選；五、群體階層的篩選會使物種（主要是昆蟲或者蟻類為例）的生活史和社會結構進行改變，因而產生複雜的超生物。

這些原則看來有點抽象，但對於了解螞蟻為何成為昆蟲界中，甚至是動物當中最有演化成就的物種，頗有幫助。另一個在書中對於「真社會性」如何成為重要演化成果的討論，是對於「總體利益理論」（inclusive-fitness theory，或者平常也稱為「親緣選擇理論」kin selection theory）的評論與修正。從書中的例子，讀者可以發現具有（類似）真社會性的昆蟲，當不同種被放在一起時，會試圖形成有階層性「組織」，並且維持其巢穴的特殊狀態。而更進一步推翻親緣選擇的例子是從觀察的角度而言，蟻后所繁衍出的工蟻，其實都可以看成是她「演化行為」的代理機器人。當演化選擇把個體轉換成這個層次來看的時候，我們可以發現威爾森如何用「大角度」來看待現有的物種行為，並且把牠／他們的生存模式從個體的集合利他觀點，轉變為個體的衍生競爭觀點。相較於親緣選擇理論裡若有似無但不時令人感到從「親族意識」的主動行為論，威爾森的修正與說明，更接近演化與天擇過程中，不含任何「保護」與「維持」特定族群的整體利益觀點。

說了這麼多演化知識的增進，但這個論述對作為人類學者的啟示究竟為何呢？這裡以四個疑惑以及兩個啟發，來說明我對於威爾森「演化社會性」的閱讀與思考。

先說第一個啟發：在閱讀的過程中，我不斷思考，人類學有考古、體質、文化，和語言四大分支，但為何並沒有威爾森看待螞蟻這種討論演化社會性的論述？某個部分來說，我覺得是時間性觀點的切割，那是對於物種行為研究的時間觀，甚至我們可以說是地質年代觀點。以生態學與演化生物學的觀點思考，可以把原來以現代智人的環境以及條件為中心思考的方式，轉移為以時間演化以及物種競爭的多層次歷史演化過程。這個論述其實很值得討論體質、考古，甚至當代文化人類學的觀點加以採用。也就是，如何以「整體物種」（或者我們可以替換成「文化」？）的角度，來思考現有行為或者文化表現性質的特殊性；而這個特殊性也需要透過時間的轉變，進行不同規模的思考。

第二個啟發是關於，什麼是文化，或什麼是人類活動特殊性的思考。我在學校曾經與環境學院研究生態的老師合開「友善農業」課程。第一堂課我們兩個就針對一個問題起了「爭論」：農業到底是不是人類獨有的現象？從本書的例子，我們很明顯地發現螞蟻也會養蚜蟲，甚至會種植某些「作物」使得牠的生存環境符合其需要。但這似乎不是「農業」的全部內容。至少以人類社會而言，農業還包括交易，為了該活動的需要而改變地形地景，甚至尋找資源（灌溉）等等。某些論述者認為，農業是「人類世」（Anthropocene）開始的證據以及與先前地質年代的最大差別。而我特別閱讀到的部分，卻是關於演化與生態共同形成壓力的思考：真社會性生物都會建造「可以永久使用且有防禦功能的巢穴」，但這個巢穴以及相鄰的環境所需要供給的環境資源，在人類與螞蟻的操作方式上卻有相當大的不同。人類為何越過與其他物種或者環境資源的合作模式，變成改變地表型態最主要的動力？這在本書的閱讀過程當中，似乎也可以得到一些啟示。

然而作為研究文化的人類學者，在驚嘆威爾森精密又博學的生物演化知識之餘，更關注的卻是他在第四部分之後關於人類文明與文化的討論。雖然他從人類學者關於亂倫的研究（尤其引用了武雅士在台灣做的童養媳研究）以及語言發展研究中，試圖把人類文化跟演化的生物規避性，或生物內在發展性質加以連結，但相較於他的螞蟻生物生態以及演化知識，這些證據都顯得微弱不足。筆者也對於演化學者試圖把人類文化與其他物種發展連結起來比較的方法論，提出四個疑惑。第一是將人類作為物種的觀點中，關於群體與個體進行「演化反身性思考」的困境：當進入到單一物種為何可以使用某個演化特質的時候，這些生態特性以及長時間演化形成的動態歷史，就變回扁平的、單一物種本身的演化「企圖」。這樣的論述方式仍然是演化生物學談論人類特殊發展之所以出現盲點的原因。

第二，生物演化與生態學觀察的「限制」（或意圖「解釋」），來自於從「人」的角度觀察與思考的物種意義。這使得生物學者反省以人類中心所展現出來的生態演化效益，並以這樣的機制或歷史成果來判斷其他物種的演化發展。但這也使得「演化」成果與「文明」的相關性，無法進行連續的討論。第三，作為「社會性」的討論與個體性的不斷交錯與矛盾，在本書中雖然說明了群體與個體的競爭不見得指向同樣的演化結果，也可能因此對演化形成更複雜的多樣性，以利演化的進行，但卻仍無法明確說明社會性到底在何處造成有效擴張，以及當代智人的最適合分布。

最後，將社會性（Sociality）定義為人類活動與其他物種在生態領域上最相近之處，是將社會性「功能化」以及「個體－群體二分化」之後的比較。從考古學角度來看，人類文明的改變是「拉馬克型」。如同在文化辯論甚久的認同觀點：身分認同並非天生，而是在社會環境中表現且得到他人或環境認同而得。從這個角度看，「真社會性」對文明出現的效果——尤其在威爾森試圖討論尼安德塔人與智人的競爭之間，似乎缺乏一些更精細的儀式與創造性表現時，作為讀者的我無法理解，為何同樣具有社會性的尼安德塔人，會在演化上被智人淘汰呢？功能性的論點似乎讓社會性具有文化指涉的細緻層面消失了。

演化生物學配合體質以及考古學，是個令人目眩神迷的理論工具。本書用生物演化中的特殊物種「蜂蟻」對比人類演化中從原始靈長類到智人之間的「南猿」，似乎能夠表達昆蟲與人在演化相似性上的證據，但這樣的對比讓筆者想到視差（parallax）效果的推論觀點。這原本是天體的觀察形式，以近處星體的光線變化，推斷較遠星體可能有的溫度與重力差別。在物種演化上，似乎也有類似的效果：以現存的物種及其適應生態關係，來推論該物種可能出現時期所遇到的生態與演化事件。但這樣的問題在於，演化的情境是否能夠假設其生活環境背景並沒有特殊變動，而用同一種屬的發展過程來推論？或者更進一步，到底現存的生態演化原則，是否合適假設其適應的後果，並且向前推進到該物種出現的地質年份時代？另一方面，將種屬群體的發生原則連結生物的社會性行為原則，是否仍然有過度跳躍的理論疑慮？

閱讀本書的過程中，威爾森的好伙伴「螞蟻」不斷地躍然於紙上，讓我想到人類學家秦安娜（Anna Tsing）在丹麥科技與社會研究學會上的演講。該演講名為「異形 vs. 掠食者」（Alien vs. Predator）。＊在演講中，秦安娜提到在科技與社會研究（STS）當中非常火紅的且不斷出現引用「行動者網絡理論」（Actor-Network Theory，簡稱 ANT，就是螞蟻），但這個理論過於著重在結構的網絡性，使得在其中的所有行動者（Actor）似乎都變成了整個理論（螞蟻）作為掠食者的掠奪對象，看不到不同行動者間的

＊ http://www.dasts.dk/wp-content/uploads/2008/11/tsing-anna-2008-alien-vs-predator.pdf

特殊性以及能動性。因此她借用英國知名人類學者史特崔森（Marilyn Strathern）在新幾內亞的研究，來思考部分與整體之間的動態關係。簡言之，史特崔森認為人要透過與他人的互動才能成為被認可的個體，而這些互動的媒介也存在於社會網絡中不斷地將「社會性」的意義編織進去，例如女人日常使用的繩袋bilum。從這個例子來看，社會性不是「外在」於生物或物種互動當中的功能性存在，而是不斷以其中的行動（也許是威爾森認為不足以成為語言的蜜蜂舞蹈，也許是尼安德塔人的石斧製作過程）進行生產，才能夠被「認識且傳遞」出去的動態意義。作為人類學者，我對威爾森的螞蟻提出這個反思。

終究，人類（學）可以從真社會性的演化學習到什麼呢？這是值得我們不斷詢問的好問題。

註釋
References

序言

1 介紹高更的一生與藝術的最佳作品。Belinda Thomson, ed., with Tamar Garb and multiple authors, is *Gauguin: Maker of Myth* (Washington, DC: Tate Publishing, National Gallery of Art, 2010).

CHAPTER 2——占領地球的兩條路徑

1 真社會性昆蟲的地理起源。白蟻：Jessica L. Ware, David A. Grimaldi, and Michael S. Engel, "The effects of fossil placement and calibration on divergence times and rates: An example from the termites (Insecta: Isoptera)," *Arthropod Structure and Development* 39: 204–219 (2010). 螞蟻：summary of estimates by Edward O. Wilson and Bert Holldobler, "The rise of the ants: A phylogenetic and ecological explanation," *Proceedings of the National Academy of Sciences, U.S.A.* 102(21): 7411–7414 (2005). 蜜蜂：Michael Ohl and Michael S. Engel, "Die Fossilgeschichte der Bienen und ihrer nachsten Verwandten (Hymenoptera: Apoidea)," *Denisia* 20: 687–700 (2007).

2 舊世界靈長類的早期演化。Iyad S. Zalmout et al., "New Oligocene primate from Saudi Arabia and the divergence of apes and Old World monkeys," *Nature* 466: 360–364 (2010).

CHAPTER 3——演化迷宮

1 智人整個支系中所有個體的數量。在地質時間上，我選擇的長度是1000萬年，在智人支族中能夠有生殖能力的平均壽命是10年，因此在這個地質時間中繁殖了1000萬代，每代有一萬個個體。

2 垂臂步行與直立步行。Tracy L. Kivell and Daniel Schmitt, "Independent evolution of knuckle-walking in African apes shows that humans did not evolve from a knuckle-walking ancestor," *Proceedings of the National Academy of Sciences, U.S.A.* 106(34): 14241–14246 (2009).

3 持續性狩獵。Louis Liebenberg, "Persistence hunting by modern hunter-gatherers," *Current Anthropology* 47(6): 1017–1025 (2006).

4 方德（Shawn Found）談持續性奔跑。Bernd Heinrich, *Racing the Antelope: What Animals Can Teach Us about Running and Life* (New York: HarperCollins, 2001).

5 投擲物體的能力是一種預先適應。Paul M. Bingham, "Human uniqueness: A general theory," *Quarterly Review of Biology* 74(2): 133–169 (1999).

CHAPTER 4———抵達

1 小型哺乳動物與大型哺乳動物的滅絕速度。Lee Hsiang Liow et al., "Higher origination and extinction rates in larger mammals," *Proceedings of the National Academy of Sciences, U.S.A.* 105(16): 6097–6102 (2008).

2 社會群體的破碎化。Guy L. Bush et al., "Rapid speciation and chromosomal evolution in mammals," *Proceedings of the National Academy of Sciences, U.S.A.* 74(9): 3942–3946 (1977); Don Jay Melnick, "The genetic consequences of primate social organization," *Genetica* 73: 117–135 (1987).

3 關於巧人的看法。Winfried Henke, "Human biological evolution," in Franz M. Wuketits and Francisco Ayala, eds., *Handbook of Evolution,* vol. 2, *The Evolution of Living Systems* (*Including Humans*) (Weinheim: Wiley-VCH , 2005), pp. 117–222.

4 氣候變遷與早期人族的演化。Elisabeth S. Vrba et al., eds., *Paleoclimate and Evolution, with Emphasis on Human Origins* (New Haven: Yale University Press, 1995).

5 黑猩猩的挖掘工具。R. Adriana Hernandez-Aguilar, Jim Moore, and Travis Rayne Pickering, "Savanna chimpanzees use tools to harvest the underground storage organs of plants," *Proceedings of the National Academy of Sciences, U.S.A.* 104(49): 19210–19213 (2007).

6 具有大型腦部鳥類的智能。Daniel Sol et al., "Big brains, enhanced cognition, and response of birds to novel environments," *Proceedings of the National Academy of Sciences, U.S.A.* 102(15): 5460–5465 (2005).

7 肉食性動物的腦部大小與社會性組織的關連。John A. Finarelli and John J. Flynn, "Brain-size evolution and sociality in Carnivora," *Proceedings of the National Academy of Sciences, U.S.A.* 106(23): 9345–9349 (2009).

8 古代工具。J. Shreeve, "Evolutionary road," *National Geographic* 218: 34–67 (July 2010).

9 轉移到肉食的演化過程。David R. Braun et al., "Early hominin diet included diverse terrestrial and aquatic animals 1.95 Ma in East Turkana, Kenya," *Proceedings of the National Academy of Sciences, U.S.A.* 107(22): 10002–10007 (2010); Teresa E. Steele, "A unique hominin menu dated to 1.95 million years ago," *Proceedings of the National Academy of Sciences, U.S.A.* 107(24): 10771–10772 (2010).

10 巴諾布猿的掠食行為。Martin Surbeck and Gottfried Hohmann, "Primate hunting by bonobos at LuiKotale, Salonga National Park," *Current Biology* 18(19): R906–R907 (2008).

11 尼安德塔人是大型獵物的狩獵者。Michael P. Richards and Erik Trinkaus, "Isotopic evidence for the diets of European Neanderthals and early modern humans," *Proceedings of the National Academy of Sciences, U.S.A.* 106(38): 16034–16039 (2009). 尼安德塔人如果有機會，也會吃各種植物。G. Henry, Alison S. Brooks, and Dolores R. Piperno, "Microfossils in calculus demonstrate consumption of plants and cooked foods in Neanderthal diets (Shanidar III, Iraq; Spy I and II, Belgium)," *Proceedings of the National Academy of Sciences, U.S.A.* 108(2): 486–491 (2011).

CHAPTER 6——創造之力

1 親緣選擇與人類演化。在1970年代，我提倡親緣選擇在真社會性的起源與人類演化中，占據了核心地位。in *Sociobiology: The New Synthesis* (Cambridge, MA: Belknap Press of Harvard University Press, 1975) and *On Human Nature* (Cambridge, MA: Harvard University Press, 1978). 我現在相信我當時大錯特錯。See Edward O. Wilson, "One giant leap: How insects achieved altruism and colonial life," *BioScience* 58(1): 17–25 (2008); Martin A. Nowak, Corina E. Tarnita, and Edward O. Wilson, "The evolution of eusociality," *Nature* 466: 1057–1062 (2010).

2 真社會性演化的新理論，包括了在社會性昆蟲中蜂后蟻后之間的篩選。Martin A. Nowak, Corina E. Tarnita, and Edward O. Wilson, "The evolution of eusociality," *Nature* 466: 1057–1062 (2010).

CHAPTER 7——人類的基本特徵：部落生活

1 運動勝利帶來的熱情。Roger Brown, *Social Psychology* (New York: Free Press, 1965; 2nd ed. 1985), p. 553.

2 形成團體是人類的本能。Roger Brown, *Social Psychology* (New York: Free Press, 1965; 2nd ed. 1985), p. 553; Edward O. Wilson, *Consilience: The Unity of Knowledge* (New York: Knopf, 1998).

3 在形成團體的過程中，人偏好與說母語的人在一起。Katherine D. Kinzler, Emmanuel Dupoux, and Elizabeth S. Spelke, "The native language of social cognition," *Proceedings of the National Academy of Sciences, U.S.A.* 104(30): 12577–12580 (2007).

4 大腦活化與控制恐懼。Jeffrey Kluger, "Race and the brain," *Time*, p. 59 (20 October 2008).

CHAPTER 8——人類的遺傳詛咒：戰爭

1 詹姆斯對於戰爭的看法。William James, "The moral equivalent of war," *Popular Science Monthly* 77: 400–410 (1910).

2 蘇聯與納粹德國發動的戰爭與種族屠殺。Timothy Snyder, "Holocaust: The ignored reality," *New York Review of Books* 56(12) (16 July 2009).

3 馬丁・路德談論在戰爭中利用上帝的方式。Martin Luther in *Whether Soldiers, Too, Can Be Saved* (1526), trans. J. M. Porter, *Luther: Selected Political Writings* (Lanham, MD: University Press of America, 1988), p. 103.

4 雅典人擊敗梅洛斯人。William James, "The moral equivalent of war," *Popular Science Monthly* 77: 400–410 (1910); Thucydides, *The Peloponnesian War*, trans. Walter Banco (New York: W. W. Norton, 1998). 這裡引用的句子由詹姆斯（William James）英譯。

5 史前戰爭的證據。Steven A. LeBlanc and Katherine E. Register, *Constant Battles: The Myth of the Peaceful, Noble Savage* (New York: St. Martin's Press, 2003).

6 佛教與戰爭。Bernard Faure, "Buddhism and violence," *International Review of Culture & Society* no. 9 (Spring 2002); Michael Zimmermann, ed., *Buddhism and Violence* (Bhairahana, Nepal: Lumbini International Research Institute, 2006).

7 戰爭的持續。Steven A. LeBlanc and Katherine E. Register, *Constant Battles: The Myth of the Peaceful,*

Noble Savage (New York: St. Martin's Press, 2003).

8 早期群體選擇的模型。Richard Levins, "The theory of fitness in a heterogeneous environment, IV: The adaptive significance of gene flow," *Evolution* 18(4): 635–638 (1965); Richard Levins, *Evolution in Changing Environments: Some Theoretical Explorations* (Princeton, NJ: Princeton University Press, 1968); Scott A. Boorman and Paul R. Levitt, "Group selection on the boundary of a stable population," *Theoretical Population Biology* 4(1): 85–128 (1973); Scott A. Boorman and P. R. Levitt, "A frequency-dependent natural selection model for the evolution of social cooperation networks," *Proceedings of the National Academy of Sciences, U.S.A.* 70(1): 187–189 (1973). 對於上述文章的評論，見於：Edward O. Wilson, *Sociobiology: The New Synthesis* (Cambridge, MA: Belknap Press of Harvard University Press, 1975), pp. 110–117.

9 人類與黑猩猩的暴力行為與死亡。Richard W. Wrangham, Michael L. Wilson, and Martin N. Muller, "Comparative rates of violence in chimpanzees and humans," *Primates* 47: 14–26 (2006).

10 人類與黑猩猩攻擊行為的比較。Richard W. Wrangham and Michael L. Wilson, "Collective violence: Comparison between youths and chimpanzees," *Annals of the New York Academy of Science* 1036: 233–256 (2004).

11 黑猩猩的戰爭。John C. Mitani, David P. Watts, and Sylvia J. Amsler, "Lethal intergroup aggression leads to territorial expansion in wild chimpanzees," *Current Biology* 20(12): R507–R508 (2010). 一篇傑出的報導與評論：Nicholas Wade in "Chimps that wage war and annex rival territory," *New York Times*, D4 (22 June 2010).

12 人口控制。史伯雷爾（Carl Sprengel）在公元1828年提出「最小限制因子」（*minimum-limiting factor*），當初應用在農業上，後來經由李比希（Justus von Liebig）之手，成為正式的理論，所以有的時候也稱為「李比希最小限制定律」。原始的理論指出，限制農作物生長的，不是所有養分的總量，而是其中含量最少的成分。

13 人口衝擊與同盟結成。E. A. Hammel, "Demographics and kinship in anthropological populations," *Proceedings of the National Academy of Sciences, U.S.A.* 102(6): 2248–2253 (2005).

14 人類族群的大小，區域性的限制因子。R. Hopfenberg, "Human carrying capacity is determined by food availability," *Population and Environment* 25: 109–117 (2003).

CHAPTER 9——從非洲突破

1 直立人的足跡。Report in "World Roundup: Archaeological assemblages: Kenya," *Archaeology*, p. 11 (May/June 2009).

2 現代智人的出現。G. Philip Rightmire, "Middle and later Pleistocene hominins in Africa and Southwest Asia," *Proceedings of the National Academy of Sciences, U.S.A.* 106(38): 16046–16050 (2009).

3 非洲人的基因組。Stephan C. Schuster et al., "Complete Kohisan and Bantu genomes from southern Africa," *Nature* 463: 943–947 (2010).

4 在人類遷徙的過程中，連續產生的始祖效應。Sohini Ramachandran et al., "Support from the relationship of genetic and geographic distance in human populations for a serial founder effect originating

in Africa," *Proceedings of the National Academy of Sciences, U.S.A.* 102(44): 15942–15947 (2005).

5 氣候變遷與人類離開非洲而散播。Andrew S. Cohen et al., "Ecological consequences of early Late Pleistocene megadroughts in tropical Africa," *Proceedings of the National Academy of Sciences, U.S.A.* 104(42): 16428–16427 (2007).

6 抵達尼羅河流域的移民者，發生遺傳橫掃。Henry Harpending and Alan Rogers, "Genetic perspectives on human origins and differentiation," *Annual Review of Genomics and Human Genetics* 1: 361–385 (2000).

7 發現新的人族物種「丹尼索瓦人」。David Reich et al., "Genetic history of an archaic hominin group from Denisova Cave in Siberia," *Nature* 468: 1053–1060 (2010).

8 在舊世界中智人的散播。Peter Foster and S. Matsumura, "Did early humans go north or south?" *Science* 308: 965–966 (2005); Cristopher N. Johnson, "The remaking of Australia's ecology," *Science* 309: 255–256; Gifford H. Miller et al., "Ecosystem collapse in Pleistocene Australia and a human role in megafaunal extinction," *Science* 309: 287–290 (2005).

9 人類入侵新世界。Ted Goebel, Michael R. Waters, and Dennis H. O'Rourke, "The Late Pleistocene dispersal of modern humans in the Americas," *Science* 319: 1497–1502 (2008); Andrew Curry, "Ancient excrement," *Archaeology*, pp. 42–45 (July/ August 2008).

CHAPTER 10———創造力爆發

1 智人進入歐洲與尼安德塔人的消失。John F. Hoffecker, "The spread of modern humans in Europe," *Proceedings of the National Academy of Sciences, U.S.A.* 106(38): 16040–16045 (2009); J. J. Hublin, "The origin of Neandertals," *Proceedings of the National Academy of Sciences, U.S.A.* 106(38): 16022–16027 (2009).

2 文化入侵的中斷。Francesco d'Errico et al., "Additional evidence on the use of personal ornaments in the Middle Paleolithic of North Africa," *Proceedings of the National Academy of Sciences, U.S.A.* 106(38): 16051–16056 (2009).

3 人類演化中最近發生的適應性演化。Jun Gojobori et al., "Adaptive evolution in humans revealed by the negative correlation between the polymorphism and fixation phases of evolution," *Proceedings of the National Academy of Sciences, U.S.A.* 104(10): 3907–3912 (2007).

4 突變基因在族群中的頻率改變。Jun Gojobori et al., "Adaptive evolution in humans revealed by the negative correlation between the polymorphism and fixation phases of evolution," *Proceedings of the National Academy of Sciences, U.S.A.* 104(10): 3907–3912 (2007).

5 與人類認知能力演化相關的基因。Ralph Haygood et al., "Contrasts between adaptive coding and noncoding changes during human evolution," *Proceedings of the National Academy of Sciences, U.S.A.* 107(17): 7853–7857 (2010). 心智特徵的基因遺傳。B. Devlin, Michael Daniels, and Kathryn Roeder, "The heritability of IQ," *Nature* 388: 468–471 (1997). Various estimates for IQ fall between 0.4 and 0.7, most likely toward the lower value.

6 特克海默第一定律。E. Turkheimer, "Three laws of behavior genetics and what they mean," *Current*

Directions in Psychological Science 9(5): 160–164 (2000).

7 社會結構中的遺傳因素。James Fowler, Christopher T. Dawes, and Nicholas A. Christakis, "Model of genetic variation in human social networks," *Proceedings of the National Academy of Sciences, U.S.A.* 106(6): 1720–1724 (2009).

8 人類演化速度隨著人類散播而增加。John Hawks et al., "Recent acceleration of human adaptive evolution," *Proceedings of the National Academy of Sciences, U.S.A.* 104(52): 20753–20758 (2007).

9 在新石器時代與之前發明的概念。Dwight Read and Sander van der Leeuw, "Biology is only part of the story," *Philosophical Transactions of the Royal Society* **B** 363: 1959–1968 (2008).

10 農作物的起源。Colin E. Hughes et al., "Serendipitous backyard hybridization and the origin of crops," *Proceedings of the National Academy of Sciences, U.S.A.* 104(36): 14389–14394 (2007).

11 當代人類中的天擇。Steve Olson, "Seeking the signs of selection," *Science* 298: 1324–1325 (2002); Michael Balter, "Are humans still evolving?" *Science* 309: 234–237 (2005); Cynthia M. Beall et al., "Natural selection on *EPAS1 (H1F2α)* associated with low hemoglobin concentration in Tibetan highlanders," *Proceedings of the National Academy of Sciences, U.S.A.* 107(25): 11459–11464 (2010); Oksana Hlodan, "Evolution in extreme environments," *BioScience* 60(6): 414–418 (2010).

CHAPTER 11——衝向文明

1 從小群體到國家，快速的發展文明。Kent V. Flannery, "The cultural evolution of civilizations," *Annual Review of Ecology and Systematics* 3: 399–426 (1972); H. T. Wright, "Recent research on the origin of the state," *Annual Review of Anthropology* 6: 379–397 (1977); Charles S. Spencer, "Territorial expression and primary state formation," *Proceedings of the National Academy of Sciences, U.S.A.* 107: 7119–7126 (2010).

2 賽鬥的階層原則。Herbert A. Simon, "The architecture of complexity," *Proceedings of the American Philosophical Society* 106: 467–482 (1962).

3 布吉納法索的人格多樣性。Richard W. Robins, "The nature of personality: genes, culture, and national character," *Science* 310: 62–63 (2005).

4 同文化與不同文化之間的人格差異。A. Terraciano et al., "National character does not reflect mean personality trait levels in 49 cultures," *Science* 310: 96–100 (2005).

5 以國家為基礎的文明起源的時間。Charles S. Spencer, "Territorial expansion and primary state formation," *Proceedings of the National Academy of Sciences, U.S.A.* 107(16): 7119–7126 (2010). 原始國家起源的時間。Charles S. Spencer, "Territorial expansion and primary state formation," *Proceedings of the National Academy of Sciences, U.S.A.* 107(16): 7119–7126 (2010).

6 在夏威夷，原始國家快速的出現。Patrick V. Kirch and Warren D. Sharp,"Coral 230Th dating of the imposition of a ritual control hierarchy in precontact Hawaii," *Science* 307: 102–104 (2005).

7 以蛋殼為材料的雕花容器。Pierre-Jean Texier et al., "A Howiesons Poort tradition of engraving ostrich eggshell containers dated to 60,000 years ago at Diepkloof Rock Shelter, South Africa," *Proceedings of the National Academy of Sciences, U.S.A.* 107(14): 6180–6185 (2010).

8 最早的非洲藝術與武器。Constance Holden, "Oldest beads suggest early symbolic behavior," *Science*

304: 369 (2004); Christopher Henshilwood et al., "Middle Stone Age shell beads from South Africa," *Science* 304: 404 (2004).

9 哥貝克力石陣中的古老神殿。Andrew Curry, "Seeking the roots of ritual," *Science* 319: 278–280 (2008).

10 書寫文字的起源。Andrew Lawler, "Writing gets a rewrite," *Science* 292: 2418–2420 (2001); John Noble Wilford, "Stone said to contain earliest writing in Western Hemisphere," *New York Times*, A12 (15 September 2006).

11 古代字跡的意義。Barry B. Powell, *Writing: Theory and History of the Technology of Civilization* (Malden, MA: Wiley-Blackwell, 2009).

12 文化演化與新石器時代的起源。Jared Diamond, *Guns, Germs, and Steel: The Fates of Human Societies* (New York: W. W. Norton, 1997); Douglas A. Hibbs Jr. and Ola Olsson, "Geography, biogeography, and why some countries are rich and others are poor," *Proceedings of the National Academy of Sciences, U.S.A.* 101(10): 3715–3720 (2004).

CHAPTER 12——真社會性的創新

1 社會性昆蟲主宰亞馬遜森林。H. J. Fittkau and H. Klinge, "On biomass and trophic structure of the central Amazonian rainforest ecosystem," *Biotropica* 5: 2–14 (1973).

CHAPTER 13——社會性昆蟲的創新之處

1 遷居的螞蟻與吸食植物汁液昆蟲。U. Maschwitz, M. D. Dill, and J. Williams, "Herdsmen ants and their mealybug partners," *Abhandlungen der Senckenbergischen Naturforschenden Gesellschaft Frankfurt am Main* 557: 1–373 (2002).

CHAPTER 14——真社會性為何如此罕見

1 真社會性的演化。Edward O. Wilson and Bert Holldobler, "Eusociality: Origin and consequences," *Proceedings of the National Academy of Sciences, U.S.A.* 102(38): 13367–13371 (2005); Charles D. Michener, *The Bees of the World* (Baltimore: Johns Hopkins University Press, 2007); Bryan N. Danforth, "Evolution of sociality in a primitively eusocial lineage of bees," *Proceedings of the National Academy of Sciences, U.S.A.* 99(1): 286–290 (2002); Bert Holldobler and Edward O. Wilson, *The Superorganism: The Beauty, Elegance, and Strangeness of Insect Societies* (New York: W. W. Norton, 2009).

2 蝦類的真社會性。J. Emmett Duffy, C. L. Morrison, and R. Rios, "Multiple origins of eusociality among sponge-dwelling shrimps (*Synalpheus*)," *Evolution* 54(2): 503–516 (2000).

3 獨特的演化事件。Geerat J. Vermeij, "Historical contingency and the purported uniqueness of evolutionary innovations," *Proceedings of the National Academy of Sciences, U.S.A.* 103(6): 1804–1809 (2006).

4 鳥類中在巢的協助者。B. J. Hatchwell and J. Komdeur, "Ecological constraints, life history traits and the evolution of cooperative breeding," *Animal Behaviour* 59(6): 1079–1086 (2000).

CHAPTER 15———真社會性昆蟲的利他行為從何而來

1 昆蟲社會的起源。William Morton Wheeler, *Colony Founding among Ants, with an Account of Some Primitive Australian Species* (Cambridge, MA: Harvard University Press, 1933); Charles D. Michener, "The evolution of social behavior in bees," *Proceedings of the Tenth International Congress in Entomology, Montreal* 2: 441–447 (1956); Howard E. Evans, "The evolution of social life in wasps," *Proceedings of the Tenth International Congress in Entomology, Montreal*, 2: 449–457 (1956).

2 取代親緣選擇。Martin A. Nowak, Corina E. Tarnita, and Edward O. Wilson, "The evolution of eusociality," *Nature* 466: 1057–1062 (2010). A later account is provided by Martin A. Nowak and Roger Highfield in *SuperCooperators: Altruisim, Evolution, and Why We Need Each Other to Succeed* (New York: Free Press, 2011).

3 昆蟲真社會性的發展步驟。Edward O. Wilson, "One giant leap: How insects achieved altruism and colonial life," *BioScience* 58: 17–25 (2008).

4 昆蟲中早期真社會性與自然資源的關係。Edward O. Wilson and Bert Holldobler, "Eusociality: Origin and consequences," *Proceedings of the National Academy of Sciences, U.S.A.* 102(38): 13367–13371 (2005).

CHAPTER 16———昆蟲邁開的大步

1 非群居性膜翅目。James T. Costa, *The Other Insect Societies* (Cambridge, MA: Belknap Press of Harvard University Press, 2006).

2 真社會性甲蟲。D. S. Kent and J. A. Simpson, "Eusociality in the beetle *Austroplatypus incompertus* (Coleoptera: Curculionidae)," *Naturwissenschaften* 79: 86–87 (1992).

3 真社會性薊馬與蚜蟲。Bernard J. Crespi, "Eusociality in Australian gall thrips," *Nature* 359: 724–726 (1992); David L. Stern and W. A. Foster, "The evolution of soldiers in aphids," *Biological Reviews of the Cambridge Philosophical Society* 71: 27–79 (1996).

4 真社會性蝦子。J. Emmett Duffy, "Ecology and evolution of eusociality in sponge-dwelling shrimp," in J. Emmett Duffy and Martin Thiel, eds., *Evolutionary Ecology of Social and Sexual Systems: Crustaceans as Model Organisms* (New York: Oxford University Press, 2007).

5 人為促成真社會性蜂類群體。Shoichi F. Sakagami and Yasuo Maeta, "Sociality, induced and/or natural, in the basically solitary small carpenter bees (*Ceratina*)," in Yosiaki Ito, Jerram L. Brown, and Jiro Kikkawa, eds., *Animal Societies: Theories and Facts* (Tokyo: Japan Scientific Societies Press, 1987), pp. 1–16; William T. Wcislo, "Social interactions and behavioral context in a largely solitary bee, *Lasioglossum (Dialictus) figueresi* (Hymenoptera, Halictidae)," *Insectes Sociaux* 44: 199–208 (1997); Raphael Jeanson, Penny F. Kukuk, and Jennifer H. Fewell, "Emergence of division of labour in halictine bees: Contributions of social interactions and behavioural variance," *Animal Behaviour* 70: 1183–1193 (2005).

6 昆蟲中分工現象的固定閾值模型。Gene E. Robinson and Robert E. Page Jr., "Genetic basis for division of labor in an insect society," in Michael D. Breed and Robert E. Page Jr., eds., *The Genetics of Social Evolution* (Boulder, CO: Westview Press 1989), pp. 61–80; E. Bonabeau, G. Theraulaz, and Jean-Luc

Deneubourg, "Quantitative study of the fixed threshold model for the regulation of division of labour in insect societies," *Proceedings of the Royal Society* **B** 263: 1565–1569 (1996); Samuel N. Beshers and Jennifer H. Fewell, "Models of division of labor in social insects," *Annual Review of Entomology* 46: 413–440 (2001).

7 **保護巢穴的價值**。J. Field and S. Brace, "Pre-social benefits of extended parental care," *Nature* 427: 650–652 (2004).

8 **進三步退兩步的蜂類社會性演化**。Bryan N. Danforth, "Evolution of sociality in a primitively eusocial lineage of bees," *Proceedings of the National Academy of Sciences, U.S.A.* 99(1): 286–290 (2002).

9 **螞蟻中無翅工蟻的起源**。Ehab Abouheif and G. A. Wray, "Evolution of the gene network underlying wing polyphenism in ants," *Science* 297: 249–252 (2002).

10 **火蟻中多蟻后的起源**。Kenneth G. Ross and Laurent Keller, "Genetic control of social organization in an ant," *Proceedings of the National Academy of Sciences, U.S.A.* 95(24): 4232–14237 (1998). **火蟻的基因與真社會性行為**。M. J. B. Krieger and Kenneth G. Ross, "Identification of a major gene regulating complex social behavior," *Science* 295: 328–332 (2002).

11 **氣候改變促進社會性行為**。James H. Hunt and Gro V. Amdam, "Bivoltinism as an antecedent to eusociality in the paper wasp genus *Polistes*," *Science* 308: 264–267 (2005).

12 **社會性黃蜂的遺傳與發育**。James H. Hunt and Gro V. Amdam, "Bivoltinism as an antecedent to eusociality in the paper wasp genus *Polistes*," *Science* 308: 264–267 (2005). **獨居性蜂類之間的比較**。Shoichi F. Sakagami and Yasuo Maeta, "Sociality, induced and/or natural, in the basically solitary small carpenter bees (*Ceratina*)," in Yosiaki Ito, Jerram L. Brown, and Jiro Kikkawa, eds., *Animal Societies: Theories and Facts* (Tokyo: Japan Scientific Societies Press, 1987), pp. 1–16. **原始真社會性蜜蜂中蜂后之間的合作**。Miriam H. Richards, Eric J. von Wettberg, and Amy C. Rutgers, "A novel social polymorphism in a primitively eusocial bee," *Proceedings of the National Academy of Sciences, U.S.A.* 100(12): 7175–7180 (2003).

13 **發展出真社會性的方案中，順序的反轉**。Gro V. Amdam et al., "Complex social behaviour from maternal reproductive traits," *Nature* 439: 76–78 (2006); Gro V. Amdam et al., "Variation in endocrine signaling underlies variation in social lifehistory," *American Naturalist* 170: 37–46 (2007).

14 **往真社會性的演化途中，通過了就不會折返的階段**。Edward O. Wilson, *The Insect Societies* (Cambridge, MA: Belknap Press of Harvard University Press, 1971); Edward O. Wilson and Bert Holldobler, "Eusociality: Origin and consequence," *Proceedings of the National Academy of Sciences, U.S.A.* 102(38): 13367–13371 (2005).

CHAPTER 17——天擇創造社會性本能之道

1 達爾文認為本能是遺傳適應的結果。他在一些偉大的著作提到，例如《人和動物的感情表達》（*The Expression of the Emotions in Man and Animals*），以及其他三本書：《小獵犬號航海記》（*Voyage of the Beagle*）、《物種源起》（*Origin of Species*）和《人類起源》（*The Descent of Man*）。

CHAPTER 18——社會演化的驅力

1 漢密爾頓談親緣選擇。William D. Hamilton, "The genetical evolution of social behaviour, I, II," *Journal of Theoretical Biology* 7: 1–52 (1964).

2 親緣選擇的霍爾丹方程式。J. B. S. Haldane, "Population genetics," *New Biology* (Penguin Books) 18: 34–51 (1955).

3 單雙套系統假說的失敗之處。Edward O. Wilson, "One giant leap: How insects achieved altruism and colonial life," *BioScience* 58(1): 17–25 (2008).

4 螞蟻群體中遺傳多樣性的優點。Blaine Cole and Diane C. Wiernacz, "The selective advantage of low relatedness," *Science* 285: 891–893 (1999); William O. H. Hughes and J. J. Boomsma, "Genetic diversity and disease resistance in leaf-cutting ant societies," *Evolution* 58: 1251–1260 (2004). 遺傳上多樣的螞蟻階級。F. E. Rheindt, C. P. Strehl, and Jurgen Gadau, "A genetic component in the determination of worker polymorphism in the Florida harvester ant *Pogonomyrmex badius*," *Insectes Sociaux* 52: 163–168 (2005).

5 社會性昆蟲控制巢內的溫濕度。J. C. Jones, M. R. Myerscough, S. Graham, and Ben P. Oldroyd, "Honey bee nest thermoregulation: Diversity supports stability," *Science* 305: 402–404 (2004).

6 在螞蟻群體中影響分工的遺傳因素。T. Schwander, H. Rosset, and M. Chapuisat, "Division of labour and worker size polymorphism in ant colonies: The impact of social and genetic factors," *Behavioral Ecology and Sociobiology* 59: 215–221 (2005).

7 依序發展出來的多階層理論有許多論文來源，主要的是下面這些，作者也都是重要的推手。Edward O. Wilson, "Kin selection as the key to altruism: Its rise and fall," *Social Research* 72(1): 159–166 (2005); Edward O. Wilson and Bert Holldobler, "Eusociality: Origin and consequences," *Proceedings of the National Academy of Sciences, U.S.A.* 102(38): 13367–13371 (2005); David Sloan Wilson and Edward O. Wilson, "Rethinking the theoretical foundation of sociobiology," *Quarterly Review of Biology* 82(4): 327–348 (2007); Edward O. Wilson, "One giant leap: How insects achieved altruism and colonial life," *BioScience* 58(1): 17–25 (2008); David Sloan Wilson and Edward O. Wilson, "Evolution 'for the good of the group,' " *American Scientist* 96: 380–389 (2008); and finally and definitively, Martin A. Nowak, Corina E. Tarnita and Edward O. Wilson, "The evolution of eusociality," *Nature* 466: 1057–1062 (2010). 書中相關文字主要引用自最後一篇論文。

8 社會性昆蟲的性別比例投資。Robert L. Trivers and Hope Hare, "Haplodiploidy and the evolution of the social insects," *Science* 191: 249–263 (1976); Andrew F. G. Bourke and Nigel R. Franks, *Social Evolution in Ants* (Princeton, NJ: Princeton University Press, 1995).

9 社會性昆蟲中的支配行為與監督行為。Francis L. W. Ratnieks, Kevin R. Foster, and Tom Wenseleers, "Conflict resolution in insect societies," *Annual Review of Entomology* 51: 581–608 (2006).

10 社會性昆蟲中女王所交配的雄性數量。William O. H. Hughes et al., "Ancestral monogamy shows kin selection is key to the evolution of eusociality," *Science* 320: 1213–1216 (2008).

11 總體利益理論的論文。Edward O. Wilson, "One giant leap: How insects achieved altruism and colonial life," *BioScience* 58: 17–25 (2008); Bert Holldobler and Edward O. Wilson, *The Superorganism: The Beauty, Elegance, and Strangeness of Insect Societies* (New York: W. W. Norton, 2009). 總體利

益理論中用到的親緣關係概念。This account and much of the remainder of the chapter is modified from Martin A. Nowak, Corina E. Tarnita, and Edward O. Wilson, "The evolution of eusociality," *Nature* 466: 1057–1062 (2010). 親緣關係的各種定義。Raghavendra Gadagkar, *The Social Biology of* Ropalidia marginata: *Toward Understanding the Evolution of Eusociality* (Cambridge, MA: Harvard University Press, 2001); Barbara L. Thorne, Nancy L. Breisch, and Mario L. Muscedere, "Evolution of eusociality and the soldier caste in termites: Influence of accelerated inheritance," *Proceedings of the National Academy of Sciences, U.S.A.* 100: 12808–12813 (2003); Abderrahman Khila and Ehab Abouheif, "Evaluating the role of reproductive constraints in ant social evolution," *Philosophical Transactions of the Royal Society* B 365: 617–630 (2010). 漢密爾頓不等式無法用於社會理論之中。Arne Traulsen, "Mathematics of kin- and group-selection: Formally equivalent?," *Evolution* 64: 316–323 (2010). 對於群體利益理論的批評。Martin A. Nowak, Corina E. Tarnita, and Edward O. Wilson, "The evolution of eusociality," *Nature* 466: 1057–1062 (2010). See also Martin A. Nowak and Roger Highfield, *SuperCooperators: Altruism, Evolution, and Why We Need Each Other to Succeed* (New York: Free Press, 2011).

12 社會性演化中的弱篩選。Martin A. Nowak, Corina E. Tarnita, and Edward O. Wilson, "The evolution of eusociality," *Nature* 466: 1057–1062 (2010).

13 其他社會性演化的理論。Martin A. Nowak, Corina E. Tarnita, and Edward O. Wilson, "The evolution of eusociality," *Nature* 466: 1057–1062 (2010).

14 微生物中的群體選擇。The driving force of evolution in eusocial microorganisms. A review of literature and presentation of opposing theories is provided by David Sloan Wilson and Edward O. Wilson, "Rethinking the theoretical foundations of sociobiology," *Quarterly Review of Biology* 82(4): 327–348 (2007).

15 單配偶制與親緣選擇。W. O. H. Hughes et al., "Ancestral monogamy shows kin selection is key to the evolution of eusociality," *Science* 320: 1213–1216 (2008). 社會性中的多配偶制與大型群體。Bert Holldobler and Edward O. Wilson, *The Superorganism: The Beauty, Elegance, and Strangeness of Insect Societies* (New York: W. W. Norton, 2009).

16 親緣選擇認為社會性昆蟲中一定會有監督行為。Francis L. W. Ratnieks, Kevin R. Foster, and Tom Wenseleers, "Conflict resolution in insect societies," *Annual Review of Entomology* 51: 581–608 (2006).

17 社會性昆蟲中推定的性別投資比例。Robert L. Trivers and Hope Hare, "Haplodiploidy and the evolution of the social insects," *Science* 191: 249–263 (1976).

18 性別投資比例分析。Andrew F. G. Bourke and Nigel R. Franks, *Social Evolution in Ants* (Princeton, NJ: Princeton University Press, 1995).

19 次社會性蜘蛛。J. M. Schneider and T. Bilde, "Benefits of cooperation with genetic kin in a subsocial spider," *Proceedings of the National Academy of Sciences, U.S.A.* 105(31): 10843–10846 (2008).

20 鳥類中的在巢協助者。Stuart A. West, A. S. Griffin, and A. Gardner, "Evolutionary explanations for cooperation," *Current Biology* 17: R661–R672 (2007).

21 鳥類協助者的自然史。B. J. Hatchwell and J. Komdeur, "Ecological constraints, life history traits and the

evolution of cooperative breeding," *Animal Behaviour* 59(6): 1079–1086 (2000).

CHAPTER 19——新的真社會性理論

1 基本社會性群體的形成。J. W. Pepper and Barbara Smuts, "A mechanism for the evolution of altruism among nonkin: Positive assortment through environmental feedback," *American Naturalist* 160: 205–213 (2002); J. A. Fletcher and M. Zwick, "Strong altruism can evolve in randomly formed groups," *Journal of Theoretical Biology* 228: 303–313 (2004).

2 原始的白蟻社會性組織。Barbara L. Thorne, Nancy L. Breisch, and Mario L. Muscedere, "Evolution of eusociality and the soldier caste in termites: Influence of accelerated inheritance," *Proceedings of the National Academy of Sciences, U.S.A.* 100: 12808–12813 (2003).

3 工蟻其實是機器人。Martin A. Nowak, Corina E. Tarnita, and Edward O. Wilson, "The evolution of eusociality," *Nature* 466: 1057–1062 (2010). 群體選擇與超生物。Bert Holldobler and Edward O. Wilson, *The Superorganism: The Beauty, Elegance, and Strangeness of Insect Societies* (New York: W. W. Norton, 2009).

CHAPTER 20——何謂人類本性？

1 基因與文化。Luigi Luca Cavalli-Sforza and Marcus W. Feldman, *Cultural Transmission and Evolution: A Quantitative Approach* (Princeton, NJ: Princeton University Press, 1981); Robert Boyd and Peter J. Richerson, *Culture and the Evolutionary Process* (Chicago: University of Chicago Press, 1985). In 1976, Marcus W. Feldman and Luigi L. Cavalli-Sforza 發表了一項分析結果："Cultural and biological evolutionary processes, selection for a trait under complex transmission," *Theoretical Population Biology* 9: 238–259 (1976), and "The evolution of continuous variation, II: Complex transmission and assortative mating," *Theoretical Population Biology* 11: 161–181 (1977)，在這篇論文中分析了兩種狀況：「技巧的」和「無技巧的」。這兩者出現的機率，取決於雙親的表現型與後代的基因型。這種特徵屬於一般能力。後來有許多資料顯示外遺傳法則也影響的人類的認知能力。這段歷史以及早期關於基因－文化共同演化的研究工作，總結在這裡：Charles J. Lumsden and Edward O. Wilson, *Genes, Mind, and Culture: The Coevolutionary Process* (Cambridge, MA: Harvard University Press, 1981), pp. 258–263.

2 介紹基因－文化共同演化理論的論文。Charles J. Lumsden and Edward O. Wilson, "Translation of epigenetic rules of individual behavior into ethnographic patterns," *Proceedings of the National Academy of Sciences, U.S.A.* 77(7): 4382–4386 (1980); "Geneculture translation in the avoidance of sibling incest," *Proceedings of the National Academy of Sciences, U.S.A.* 77(10): 6248–6250 (1980); *Genes, Mind, and Culture: The Coevolutionary Process* (Cambridge, MA: Harvard University Press, 1981); Edward O. Wilson, *Biophilia* (Cambridge, MA: Harvard University Press, 1984).

3 基因－文化共同演化理論的延伸。Charles J. Lumsden and Edward O. Wilson, *Promethean Fire: Reflection on the Origin of the Mind* (Cambridge, MA: Harvard University Press, 1983).

4 成年人乳糖耐受的演化。Sarah A. Tishkoff et al., "Convergent adaptation of human lactase persistence

in Africa and Europe," *Nature Genetics* 39(1): 31–40 (2007). 基因－文化共同演化與飲食內容的擴增。Olli Arjama and Tima Vuoriselo, "Gene-culture coevolution and human diet," *American Scientist* 98: 140–146 (2010). 人類飲食內容的演化。Richard Wrangham, *Catching Fire: How Cooking Made Us Human* (New York: Basic Books, 2009).

5 基因－文化共同演化與避免亂倫。The account of incest avoidance given here is drawn mostly from Edward O. Wilson, *Consilience: The Unity of Knowledge* (New York: Knopf, 1998), updated with recent literature.

6 近親交配造成的疾病。Jennifer Couzain and Joselyn Kaiser, "Closing the net on common disease genes," *Science* 316: 820–822 (2007); Ken N. Paige, "The functional genomics of inbreeding depression: A new approach to an old problem," *BioScience* 60: 267–277 (2010).

7 韋斯特馬克效應的證據。Arthur P. Wolf, *Sexual Attraction and Childhood Association: A Chinese Brief for Edward Westermarck* (Stanford, CA; Stanford University Press, 1995); Joseph Shepher, "Mate selection among second generation kibbutz adolescents and adults: Incest avoidance and negative imprinting," *Archives of Sexual Behavior* 1(4): 293–307 (1971); William H. Durham, *Coevolution: Genes, Culture, and Human Diversity* (Stanford, CA: Stanford University Press, 1991). 外婚制與韋斯特馬克效應。人類外婚制的許多文化意義來自於避免亂倫，這也是這本專論的主題：Bernard Chapais, *Primeval Kinship: How Pair-Bonding Gave Rise to Human Society* (Cambridge, MA: Harvard University Press, 2008).

8 對於韋斯特馬克效應的另一個解釋。William H. Durham, *Coevolution: Genes, Culture, and Human Diversity* (Stanford, CA: Stanford University Press, 1991).

9 「外遺傳」與「外遺傳法則」的定義。Charles J. Lumsden and Edward O. Wilson, *Genes, Mind, and Culture: The Coevolutionary Process* (Cambridge, MA: Harvard University Press, 1981); Tabitha M. Powledge, "Epigenetics and development," *BioScience* 59: 736–741 (2009).

10 彩色視覺。關於彩色視覺與詞彙的內容，主要參考下面這本書：The account of color vision and vocabulary here is drawn largely from Edward O. Wilson, *Consilience: The Unity of Knowledge* (New York: Knopf, 1998), 並且參考最新的資料。

11 跨文化的顏色分類模式。Brent Berlin and Paul Kay, *Basic Color Terms: Their Universality and Evolution* (Berkeley: University of California Press, 1969).

12 在新幾內亞進行的顏色分類實驗。Eleanor Rosch, Carolyn Mervis, and Wayne Gray, *Basic Objects in Natural Categories* (Berkeley: University of California, Language Behavior Research Laboratory, Working Paper no. 43, 1975).

13 對於顏色的知覺與分門別類。Trevor Lamb and Janine Bourriau, eds., *Colour: Art & Science* (New York: Cambridge University Press, 1995); Philip E. Ross, "Draining the language out of color," *Scientific American* pp. 46–47 (April 2004); Terry Regier, Paul Kay, and Naveen Khetarpal, "Color naming reflects optimal partitions of color space," *Proceedings of the National Academy of Sciences, U.S.A.* 104(4): 1436–1441 (2007); A. Franklin et al., "Lateralization of categorical perception of color changes with color term acquisition," *Proceedings of the National Academy of Sciences, U.S.A.* 105(47): 18221–18225 (2008). 最近

關於彩色知覺的研究。Paul Kay and Terry Regier, "Language, thought and color: Recent developments," *Trends in Cognitive Sciences* 10: 53–54 (2006).

14 語言與顏色的知覺。Wai Ting Siok et al., "Language regions of brain are operative in color perception," *Proceedings of the National Academy of Sciences, U.S.A.* 106(20): 8140–8145 (2009).

15 顏色知覺的演化。Andre A. Fernandez and Molly R. Morris, "Sexual selection and trichromatic color vision in primates: Statistical support for the preexisting-bias hypothesis," *American Naturalist* 170(1): 10–20 (2007).

CHAPTER 21———文化如何演化

1 文化的定義。Toshisada Nishida, "Local traditions and cultural transmission," in Barbara B. Smuts et al., eds., *Primate Societies* (Chicago: University of Chicago Press, 1987), pp. 462–474; Robert Boyd and Peter J. Richerson, "Why culture is common, but cultural evolution is rare," *Proceedings of the British Academy* 88: 77–93 (1996). 動物文化與人類文化的本質。Kevin N. Laland and William Hoppitt, "Do animals have culture?," *Evolutionary Anthropology* 12(3): 150–159 (2003).

2 黑猩猩學習文化特徵。Andrew Whiten, Victoria Horner, and Frans B. M. de Waal, "Conformity to cultural norms of tool use in chimpanzees," *Nature* 437: 737–740 (2005). 關於「模仿一隻黑猩猩的動作」與「觀察黑猩猩操作人工製品」的差異，請見：Michael Tomasello as quoted by Greg Miller, "Tool study supports chimp culture," *Science* 309: 1311 (2005).

3 海豚使用工具。Michael Krutzen et al., "Cultural transmission of tool use in bottlenose dolphins," *Proceedings of the National Academy of Sciences, U.S.A.* 102(25): 8939–8943 (2005).

4 海豚與狒狒的記憶力。Joel Fagot and Robert G. Cook, "Evidence for large long-term memory capacities in baboons and pigeons and its implications for learning and the evolution of cognition," *Proceedings of the National Academy of Sciences, U.S.A.* 103(46): 17564–17567 (2006).

5 工作記憶的本質。Michael Baltar, "Did working memory spark creative culture?," *Science* 328: 160–163 (2010).

6 基因與腦部發育。Gary Marcus, *The Birth of the Mind: How a Tiny Number of Genes Creates the Complexity of Human Thought* (New York: Basic Books, 2004); H. Clark Barrett, "Dispelling rumors of a gene shortage," *Science* 304: 1601–1602 (2004).

7 抽象思考與有句法語言的起源。Thomas Wynn, "Hafted spears and the archaeology of mind," *Proceedings of the National Academy of Sciences, U.S.A.* 106(24): 9544–9545 (2009); Lyn Wadley, Tamaryn Hodgskiss, and Michael Grant, "Implications for complex cognition from the hafting of tools with compound adhesives in the Middle Stone Age, South Africa," *Proceedings of the National Academy of Sciences, U.S.A.* 106(24): 9590–9594 (2009).

8 尼安德塔人腦部的生長速率。Marcia S. Ponce de Leon et al., "Neanderthal brain size at birth provides insights into the evolution of human life history," *Proceedings of the National Academy of Sciences, U.S.A.* 105(37): 13764–13768 (2008).

9 尼安德塔人的歷史。Thomas Wynn and Frederick L. Coolidge, "A stone-age meeting of minds,"

American Scientist 96: 44–51 (2008).

CHAPTER 22——語言的起源

1 智能假說。Michael Tomasello et al., "Understanding and sharing intentions: The origins of cultural cognition," *Behavioral and Brain Sciences* 28(5): 675–691; commentary 691–735 (2005); Michael Tomasello, *The Cultural Origins of Human Cognition* (Cambridge, MA: Harvard University Press, 1999).

2 黑猩猩與人類兒童的智能。Esther Herrmann et al., "Humans have evolved specialized skills of social cognition: The cultural intelligence hypothesis," *Science* 317: 1360–1366 (2007).

3 先進社會性智能的特質。Eors Szathmary and Szabolcs Szamado, "Language: a social history of words," *Nature* 456: 40–41 (2008).

4 關於語言是由意向性衍伸出來的論點。Michael Tomasello et al., "Understanding and sharing intentions: The origins of cultural cognition," *Behavioral and Brain Sciences* 28(5): 675–691; commentary 691–735 (2005). See also Michael Tomasello, *The Cultural Origins of Human Cognition* (Cambridge, MA: Harvard University Press, 1999).

5 人類語言的獨特性。D. Kimbrough Oller and Ulrike Griebel, eds., *Evolution of Communication Systems: A Comparative Approach* (Cambridge, MA: MIT Press, 2004).

6 非直接語言。Steven Pinker, Martin A. Nowak, and James J. Lee, "The logic of indirect speech," *Proceedings of the National Academy of Sciences, U.S.A.* 105(3): 833–838 (2008).

7 在不同的文化中，隨著對話速度的不同，輪流說話的方式也有差異。Tanya Stivers et al., "Universals and cultural variation in turn-taking in conversation," *Proceedings of the National Academy of Sciences, U.S.A.* 106(26): 10587–10592 (2009).

8 非語言發聲：各種文化中的變化。Disa A. Sauter et al., "Cross-cultural recognition of basic emotions through nonverbal emotional vocalizations," *Proceedings of the National Academy of Sciences, U.S.A.* 107(6): 2408–2412 (2010).

9 喬姆斯基談史金納。Noam Chomsky, " 'Verbal Behavior' by B. F. Skinner (The Century Psychology Series), pp. viii, 478, New York: Appleton-Century-Crofts, Inc., 1957," *Language* 35: 26–58 (1959).

10 喬姆斯基關於文法的說法。Steven Pinker, *The Language Instinct: The New Science and Mind* (New York: Penguin Books USA, 1994), p. 104.

11 文法的限制與變化。Daniel Nettle, "Language and genes: A new perspective on the origins of human cultural diversity," *Proceedings of the National Academy of Sciences, U.S.A.* 104(26): 10755–10756 (2007).

12 溫暖的氣候與聲音傳遞效率。John G. Fought et al., "Sonority and climate in a world sample of languages: Findings and prospects," *Cross-Cultural Research* 38: 27–51 (2004).

13 基因與語言音調差異的關係。Dan Dediu and D. Robert Ladd, "Linguistic tone is related to the population frequency of the adaptive haplogroups of two brain size genes, *ASPM* and *Microcephalin*," *Proceedings of the National Academy of Sciences, U.S.A.* 104(26): 10944–10949 (2007).

14 新演化出來的語言。Derek Bickerton, *Roots of Language* (Ann Arbor, MI: Karoma, 1981); Michael DeGraff, ed., *Language Creation and Language Change: Creolization, Diachrony, and Development*

(Cambridge, MA: MIT Press, 1999).
15 賽義德貝都因人的手語。Wendy Sandler et al., "The emergence of grammar: Systemic structure in a new language," *Proceedings of the National Academy of Sciences, U.S.A.* 102(7): 2661–2665 (2005).
16 非語言表達方式中的自然順序。Susan Goldin-Meadow et al., "The natural order of events: How speakers of different languages represent events nonverbally," *Proceedings of the National Academy of Sciences, U.S.A.* 105(27): 9163–9168 (2008).
17 語言模組的缺乏。Nick Chater, Florencia Reali, and Morten H. Christiansen, "Restrictions on biological adaptation in language evolution," *Proceedings of the National Academy of Sciences, U.S.A.* 106(4): 1015–1020 (2009).

CHAPTER 23——文化差異的演化

1 分散風險與可塑性的演化。Vincent A. A. Jansen and Michael P. H. Stumpf, "Making sense of evolution in an uncertain world," *Science* 309: 2005–2007 (2005).
2 與發育有關的遺傳編碼與調節基因。Rudolf A. Raff and Thomas C. Kaufman, *Embryos, Genes, and Evolution: The Developmental-Genetic Basis of Evolutionary Change* (New York: Macmillan, 1983; reprint, Bloomington: Indiana University Press, 1991); David A. Garfield and Gregory A. Wray, "The evolution of gene regulatory interactions," *BioScience* 60: 15–23 (2010).
3 發育可塑性與螞蟻中各階級個體的壽命。Edward O. Wilson, *The Insect Societies* (Cambridge, MA: Harvard University Press, 1971); Bert Holldobler and Edward O. Wilson, *The Superorganism: The Beauty, Elegance, and Strangeness of Insect Societies* (New York: W. W. Norton, 2009).

CHAPTER 24——道德與榮譽的起源

1 黃金守則的生物學基礎。Donald W. Pfaff, *The Neuroscience of Fair Play: Why We (Usually) Follow the Golden Rule* (New York: Dana Press, 2007).
2 合作行為之謎。Ernst Fehr and Simon Gachter, "Altruistic punishment in humans," *Nature* 415: 137–140 (2002).
3 群體選擇與合作行為的演化之謎。Robert Boyd, "The puzzle of human sociality," *Science* 314: 1555–1556 (2006); Martin Nowak, Corina Tarnita, and Edward O. Wilson, "The evolution of eusociality," *Nature* 466: 1059–1062 (2010).
4 間接互惠。Martin A. Nowak and Karl Sigmund, "Evolution of indirect reciprocity," *Nature* 437: 1291–1298 (2005); Gretchen Vogel, "The evolution of the Golden Rule," *Science* 303: 1128–1131 (2004).
5 幽默感所扮演的複雜角色。Matthew Gervais and David Sloan Wilson, "The evolution and functions of laughter and humor: A synthetic approach," *Quarterly Review of Biology* 80: 395–430 (2005).
6 人類中真正的利他行為。Robert Boyd, "The puzzle of human sociality," *Science* 314: 1555–1556 (2006).
7 群體選擇與利他行為。Samuel Bowles, "Group competition, reproductive leveling, and the evolution of human altruism," *Science* 314: 1569–1572 (2006).
8 收入差異與生活品質。Michael Sargent, "Why inequality is fatal," *Nature* 458: 1109–1110 (2009);

Richard G. Wilkinson and Kate Pickett, *The Spirit Level: Why More Equal Societies Almost Always Do Better* (New York: Allen Lane, 2009).
9 利他性處罰。Robert Boyd et al., "The evolution of altruistic punishment," *Proceedings of the National Academy of Sciences, U.S.A.* 100(6): 3531–3535 (2003); Dominique J.-F. de Quervain et al., "The neural basis of altruistic punishment," *Science* 305: 1254–1258 (2004); Christoph Hauert et al., "Via freedom to coercion: The emergence of costly punishment," *Science* 316: 1905–1907 (2007); Benedikt Herrmann, Christian Thoni, and Simon Gachter, "Antisocial punishment across societies," *Science* 319: 1362–1367 (2008); Louis Putterman, "Cooperation and punishment," *Science* 328: 578–579 (2010).

CHAPTER 25——宗教的起源

1 科學家對神的信仰。Gregory W. Graffin and William B. Provine, "Evolution, religion, and free will," *American Scientist* 95(4): 294–297 (2007).
2 在美國與歐洲的信仰。Phil Zuckerman, "Secularization: Europe—Yes, United States—No," *Skeptical Inquirer* 28(2): 49–52 (March/April 2004).
3 自然神論與終極創造。Thomas Dixon, "The shifting ground between the carbon and the Christian," *Times Literary Supplement*, pp. 3–4 (22 and 29 December 2006).
4 普世倫理與道德規則。Paul R. Ehrlich, "Intervening in evolution: Ethics and actions," *Proceedings of the National Academy of Sciences, U.S.A.* 98(10): 5477–5480 (2001); Robert Pollack, "DNA, evolution, and the moral law," *Science* 313: 1890–1891 (2006).
5 認知傾向讓人容易相信宗教。Pascal Boyer, "Religion: Bound to believe?," *Nature* 455: 1038–1039 (2008).
6 腦部運動與想像內容。J. Allan Cheyne and Bruce Bower, "Night of the crusher," *Time*, pp. 27–29 (19 July 2005).關於腦部功能與相信會有超自然現象（包括宗教創立者與先知）的完整討論，可以參見這本書：*Neurotheology: Brain, Science, Spirituality, Religious Experience*, ed. Rhawn Joseph (San Jose, CA: University of California Press, 2002).
7 迷幻藥物與宗教先知。Richard C. Schultes, Albert Hoffmann, and Christian Ratsch, *Plants of the Gods: Their Sacred, Healing, and Hallucinogenic Powers*, rev. ed. (Rochester, VT: Healing Arts Press, 1998).
8 死藤造成的夢境。Frank Echenhofer, "Ayahuasca shamanic visions: Integrating neuroscience, psychotherapy, and spiritual perspectives," in Barbara Maria Stafford, ed., *A Field Guide to a New Meta-Field: Bridging the Humanities-Neurosciences Divide* (Chicago: University of Chicago Press, 2011). 艾森霍夫（Echenhofer）引用的夢境，最先是由人類學家查韋斯（Milciades Chaves）與精神病學家納朗荷（Claudio Naranjo）所記錄下來的。
9 現代宗教的演化步驟。Robert Wright, *The Evolution of God* (New York: Little, Brown, 2009).

CHAPTER 26——創造性藝術的起源

1 圖形設計引發的視覺衝動。Gerda Smets, *Aesthetic Judgment and Arousal: An Experimental Contribution to Psycho-Aesthetics* (Leuven, Belgium: Leuven University Press, 1973).

2 親生物假說與人類偏好的棲息地。Gordon H. Orians, "Habitat selection: General theory and applications to human behavior," in Joan S. Lockard, ed., *The Evolution of Human Social Behavior* (New York: Elsevier, 1980), pp. 49–66; Edward O. Wilson, *Biophilia* (Cambridge, MA: Harvard University Press, 1984); Stephen R. Kellert and Edward O. Wilson, eds., *The Biophilia Hypothesis* (Washington, DC: Island Press, 1993); Stephen R. Kellert, Judith H. Heerwagen, and Martin L. Mador, eds., *Biophilic Design: The Theory, Science, and Practice of Bringing Buildings to Life* (Hoboken, NJ: Wiley, 2008); Timothy Beatley, *Biophilic Cities: Integrating Nature into Urban Design and Planning* (Washington, DC: Island Press, 2011).

3 對於把想像當成真實的看法。E. L. Doctorow, "Notes on the history of fiction," *Atlantic Monthly* Fiction Issue, pp. 88–92 (August 2006).

4 創造性藝術的起源。Michael Balter, "On the origin of art and symbolism," *Science* 323: 709–711 (2009); Elizabeth Culotta, "On the origin of religion," *Science* 326: 784–787 (2009).

5 舊石器時代洞穴藝術的意涵。R. Dale Guthrie, *The Nature of Paleolithic Art* (Chicago: University of Chicago Press, 2005); William H. McNeill, "Secrets of the cave paintings," *New York Review of Books*, pp. 20–23 (19 October 2006); Michael Balter, "Going deeper into the Grotte Chauvet," *Science* 321: 904–905 (2008).

6 舊石器時代的樂器。Lois Wingerson, "Rock music: Remixing the sounds of the Stone Age," *Archaeology*, pp. 46–50 (September/ October 2008).

7 狩獵者與採集者的歌唱與舞蹈。Cecil Maurice Bowra, *Primitive Song* (London: Weidenfeld & Nicolson, 1962); Richard B. Lee and Richard Heywood Daly, eds., *The Cambridge Encyclopedia of Hunters and Gatherers* (New York: Cambridge University Press, 1999).

8 語言與音樂之間的關係。Aniruddh D. Patel, "Music as a transformative technology of the mind," in Aniruddh D. Patel, *Music, Language, and the Brain* (Oxford: University of Oxford Press, 2008).

CHAPTER 27——新啟示

1 關於總體利益理論的爭議。Martin A. Nowak, Corina E. Tarnita, and Edward O. Wilson, "The evolution of eusociality," *Nature* 466: 1059–1062 (2010); response by critics in *Nature*, March 2011, online.

2 全球化與個人在群體中身分的擴大。Nancy R. Buchan et al., "Globalization and human cooperation," *Proceedings of the National Academy of Sciences, U.S.A.* 106(11): 4138–4142 (2009).

左岸 | 科學人文277

群的征服

人的演化、人的本性、人的社會，如何讓人成為地球的主導力量

作　　者　愛德華・威爾森（Edward O. Wilson）
譯　　者　鄧子衿

總 編 輯　黃秀如
責任編輯　孫德齡
企畫行銷　蔡竣宇
封面設計　日央設計
電腦排版　宸遠彩藝

社　　長　郭重興
發行人暨出版總監　曾大福
出　　版　左岸文化／遠足文化事業股份有限公司
發　　行　遠足文化事業股份有限公司
23141新北市新店區民權路108-2號9樓
電　　話　02-2218-1417
傳　　真　02-2218-8057
客服專線　0800-221-029
E-Mail　rivegauche2002@gmail.com
左岸臉書　https://www.facebook.com/RiveGauchePublishingHouse/
團購專線　讀書共和國業務部　02-22181417分機1124、1135

法律顧問　華洋法律事務所　蘇文生律師
印　　刷　成陽印刷股份有限公司
初　　版　2018年08月
初版四刷　2022年01月
定　　價　400元
ISBN　978-986-5727-75-8

國家圖書館出版品預行編目資料

群的征服：人的演化、人的本性、人的社會，如何讓人成為地球的主導力量 / 愛德華・威爾森（Edward O. Wilson）著；鄧子衿譯. -- 初版. -- 新北市：左岸文化出版：遠足文化發行, 2018.08

面；17×22公分. -- (左岸科學人文；277)

譯自：The Social Conquest of Earth

ISBN 978-986-5727-75-8(平裝)

1. 人類演化　2.社會演化

391.6　　107010441